平面光学导论

易　飞　编著

华中科技大学研究生教材建设项目

科　学　出　版　社
北　京

内 容 简 介

本书以光的电磁理论为理论基础，以光与物质的相互作用为主线，按微纳光学的发展脉络，分别讨论光子晶体光学、等离激元光学、超构材料光学、片上导波光学四个主题。重点介绍电磁波在人工微纳结构中的耦合、传播、谐振与损耗等物理过程，并在此基础上分析光子晶体、等离激元器件、超构材料、超构表面、光波导、谐振腔等微纳器件的工作原理。

本书可作为微纳光学方向的研究生教材，也可供高等院校光学大类专业的本科生和研究生，以及光学相关行业的工程师和研发人员用作参考书。

图书在版编目（CIP）数据

平面光学导论 / 易飞编著. -- 北京 ：科学出版社, 2024. 12.

ISBN 978-7-03-080382-5

I. O43

中国国家版本馆 CIP 数据核字第 20243AC126 号

责任编辑：吉正霞　郭依蓓/责任校对：高　嵘

责任印制：彭　超/封面设计：无极书装

科 学 出 版 社 出版

北京东黄城根北街 16 号

邮政编码：100717

http://www.sciencep.com

武汉中科兴业印务有限公司印刷

科学出版社发行　各地新华书店经销

*

开本：787×1092　1/16

2024 年 12 月第　一　版　　印张：13 1/2

2024 年 12 月第一次印刷　　字数：342 000

定价：60.00 元

（如有印装质量问题，我社负责调换）

作者简介

易飞，华中科技大学光学与电子信息学院教授、博士生导师。研究领域包含光子集成电路、纳米光子学、表面等离激元与超构材料、红外探测成像器件等。本科及硕士毕业于浙江大学信息与电子工程学系。博士期间参与了 DARPA（Defense Advanced Research Projects Agency，美国国防部高级研究计划局）的 Super Molecular Photonics（MORPH）项目，开展了基于透明导电氧化物电极的高速低功耗电光调制器的研发工作，并作为访问学者工作于新加坡科技研究局的数据存储研究所。2011年获美国西北大学电子工程与计算机科学系博士学位。后于宾夕法尼亚大学材料科学与工程学系从事博士后研究，期间开展了基于光学天线的光谱/偏振敏感型红外热探测器的研发工作。2015 年 9 月入职华中科技大学光学与电子信息学院，主持国家自然科学基金青年项目、面上项目，装备预先研究领域基金项目，国家重点研发计划子课题等国家级项目课题，发展了基于超构光学的多维探测成像技术。截至 2024 年，在 *Nature Photonics*、*Nature Communications*、*Science Advances*、*Nano Letters* 等期刊上发表论文 47 篇；美国授权专利 6 项；中国授权发明专利 19 项；参编专著 1 部。

前　言

华中科技大学光学与电子信息学院于 2017 年秋季启动研究生课程体系改革的工作，“平面光学”作为新建设的高水平国际化课程，被纳入光学工程专业核心课程。负责课程建设的主讲教师易飞深入调研了国际著名高校开设的光学类研究生课程，并结合国内的教学特点，精心设计了“平面光学”课程的教学框架和讲义内容。在建设华中科技大学的研究型大学教学体系的总体目标指引下，课程建设注重理论联系实际、紧密联系科研，激发学生探索兴趣。在此方针指导下进行教学理念、教学方法的转变和革新，着重培养学生的创新性思维和独立思考的能力，立足于为武汉光谷及中国光电学科的发展和建设培养优秀的专业人才。

2019 年，“平面光学”课程正式开始授课。为体现课程的国际化，采用“英文课件+中文授课”的方式，而本书是在课程讲义基础上形成的中文教材。本书的出版得到了华中科技大学研究生院和光学与电子信息学院的经费资助。“平面光学”课程的参考学时为 32 学时，以光的电磁理论为理论基础和起点，选取微纳光学研究中的四个有代表性的主题进行重点讲授：光子晶体光学、等离激元光学、超构材料光学、片上导波光学。这四个主题各有特色，但彼此之间又存在诸多关联之处，将它们放在同一门课程中讲授，有助于把握微纳光学的发展脉络和全貌。

微纳光学是现代光学学科中发展最活跃的领域之一，既是科学研究的前沿热点，也是产业发展的重要方向，各种新概念、新原理、新技术不断涌现。所以，本书在编写过程中并不追求面面俱到，而是从一线教学实践出发，力图以简明扼要且不失大局观的方式帮助读者把握微纳光学的基本原理，掌握典型微纳光学器件的分析方法，为从事与微纳光学相关的科学研究和产业实践夯实基础。

由于编写时间有限，书中难免存在不足之处，欢迎广大读者提出宝贵意见和建议。

作　者

2024 年 9 月 1 日于武汉光谷

目 录

第 1 章

绪　论

1.1 概念与内涵

1.1.1 场与波

场，是物理量在全部空间位置和时间点的取值的总和。从数学的角度来讲，场是一个依赖于空间位置 $\boldsymbol{r}$ 和时间 t 的函数。场，可以是静态的，也可以动态的；可以是标量的，也可以是矢量的。如果是矢量场，就需要用矢量函数来描述，例如平板电容中的静电场 $\boldsymbol{E}$，是一个静态矢量场的例子；而气象学用来预测未来天气的温度场 T，则是一个动态标量场的例子。

波，就是传播的场。从数学的角度来讲，波是用于描述一个随着时间的推进而产生位移的场的函数。例如，考虑一个标量场 $u(\boldsymbol{r},t)$，其中 $\boldsymbol{r}$ 是取决于三维坐标 (x,y,z) 的位置矢量，且 $u(\boldsymbol{r},t)$ 具有以下数学形式：

$$u(\boldsymbol{r},t)=f\left(t-\frac{z}{c}\right) \tag{1.1-1}$$

式中，c 为波的传播速度。

函数 $f(t)$ 的取值随时间 t 的变化情况如图 1.1-1 所示。

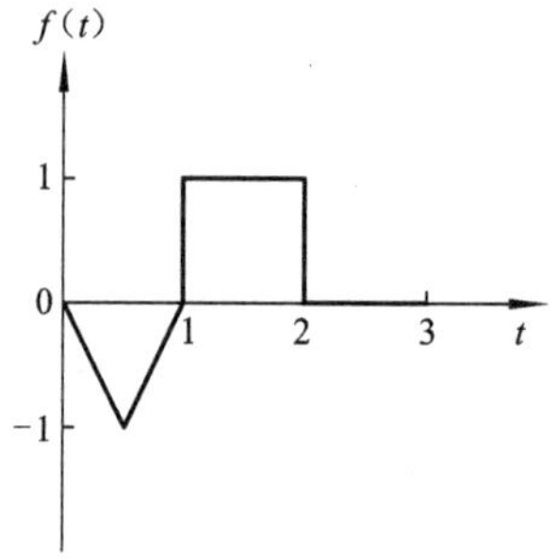

图 1.1-1　一个随时间 t 变化的函数 $f(t)$ 的例子

那么，由 $u(\boldsymbol{r},t)$ 所描述的物理场，在空间位置 $z=0$ 处和空间位置 $z=L$ 处，随时间 t 的取值变化由图 1.1-2 表示。可以看到，在空间位置 $z=L$ 处，函数取值要比空间位置 $z=0$ 处晚 L/c 个时间单位。也就是说，函数 $f(t-z/c)$ 描述一列沿着正 z 方向传播的波，其传播速度为 c。又因为这种特定的函数形式 f 在所有的 x 坐标和 y 坐标处取值均相等，所以它描述的是均匀平面波。

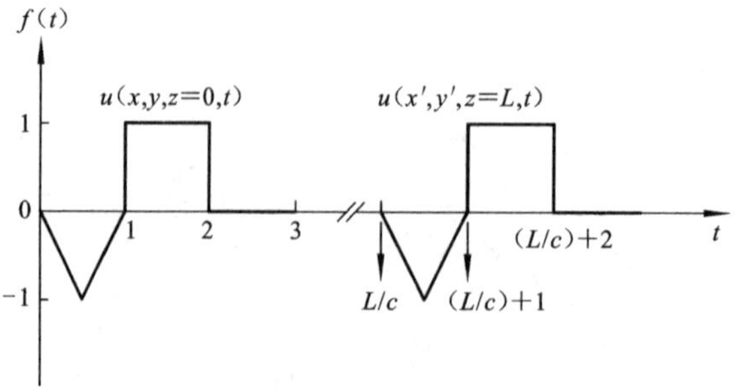

图 1.1-2　波函数 u 在 $z=0$ 和 $z=L$ 处的取值随时间 t 的变化情况

图 1.1-3 展示了 $t=0$ 时刻函数 $f(t-z/c)$ 随位置 z 变化的取值情况。在这个例子中，函数 f 可以代表压力、电场或者其他具有波动特性的物理量。

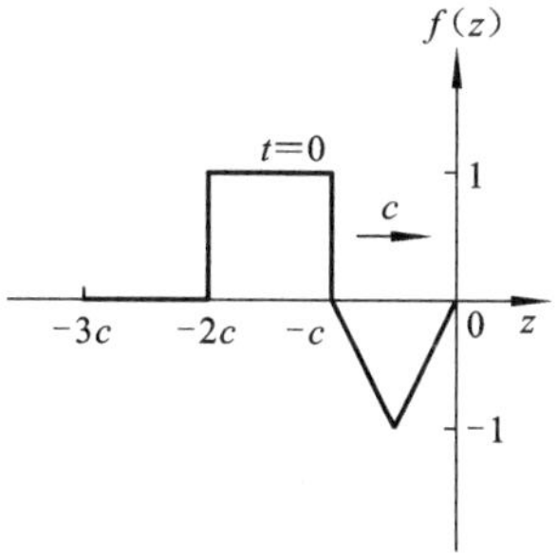

图 1.1-3 波函数 u 的取值在 $t=0$ 时刻随位置 z 的变化情况

1.1.2 光学理论的四个发展阶段

人类对光的认识，是一个从简单到复杂、从直观到抽象的过程。而关于光的理论研究，也经历了四个主要的发展阶段[1]。

1. 几何光学

几何光学将光描述为射线，所以也叫射线光学。光线由光源发出，并被探测器感知。光在其中传播的媒介由一个参量 n 表征，且 $n\geqslant 1$，该参量被称为**折射率**。折射率 n 的取值由光在自由空间中传播的速度 c_0 和光在媒介中传播的速度 c 的比值决定，也即 $n=c_0/c$。因此，光在媒介中传播距离 d 所需的时间为 $d/c=nd/c_0$。该时间正比于折射率 n 和距离 d 的乘积，所以乘积 nd 也被称为**光程**。

在一般的非均匀媒介中，折射率 $n(\boldsymbol{r})$ 是关于位置矢量 $\boldsymbol{r}=(x,y,z)$ 的函数。而光沿某路径从 A 点传播到 B 点的光程为折射率 $n(\boldsymbol{r})$ 沿该路径的积分：

$$OPL=\int_A^B n(\boldsymbol{r})\mathrm{d}s \tag{1.1-2}$$

式中，OPL（optical path length）为光程长度；$\mathrm{d}s$ 为传播路径上的微分单元。而光线沿该路径从 A 点传播到 B 点所需的时间正比于上面的路径积分结果，也即光程。

费马原理：光线在 A 点和 B 点之间传播的路径，是使传播时间（或光程）取极值的路径。该原理的数学表达式为

$$\delta\int_A^B n(\boldsymbol{r})\mathrm{d}s=0 \tag{1.1-3}$$

式中，δ 为光程的变化量。而变化量为 0 表示这个极值可能是极大值或极小值，也可能是函数的拐点。通常，光程取极小值，也即最短时间原理：光线传播的路径是耗时最短的路径。如果存在多条耗时最短的路径，则光同时沿所有耗时最短的路径传播。

从上述几何光学的基本假设出发，就可以演绎出光线在媒介中传播，在不同媒介的界面处反射与折射，以及渡越过各种光学元件时所服从的规则，进而得出适用于大量光学系统的理论模型，而无需再加入其他关于光的假设。

2. 波动光学

波动光学将光描述为一个关于位置 $\boldsymbol{r}=(x,y,z)$ 和时间 t 的实标量函数 $u(\boldsymbol{r},t)$，也即**波函数**。波函数服从一个二阶偏微分方程，也即**波动方程**：

$$\nabla^2 u-\frac{1}{c^2}\frac{\partial^2 u}{\partial t^2}=0 \tag{1.1-4}$$

式中，∇^2 为拉普拉斯算符，在直角坐标系中有 $\nabla^2=\frac{\partial^2}{\partial x^2}+\frac{\partial^2}{\partial y^2}+\frac{\partial^2}{\partial z^2}$。

任何满足波动方程的函数都代表一列可能的光波。又因为波动方程是线性的，波函数满足**叠加原理**：如果 $u_1(\boldsymbol{r},t)$ 和 $u_2(\boldsymbol{r},t)$ 都满足波动方程，则 $u(\boldsymbol{r},t)=u_1(\boldsymbol{r},t)+u_2(\boldsymbol{r},t)$ 也满足波动方程。

从波函数 $u(\boldsymbol{r},t)$ 出发，可以得出光的**强度** $I(\boldsymbol{r},t)$ 的定义，也即波函数 $u(\boldsymbol{r},t)$ 的平方关于时间 t 的平均值：

$$I(r,t)=2\langle u^2(\boldsymbol{r},t)\rangle \tag{1.1-5}$$

由于光的一个振荡周期非常短，例如波长为 600 nm 的光的一个振荡周期只有 2×10^{-15} s= 2 fs，所以这里的时间平均算符 $<\cdot>$ 对 $u(\boldsymbol{r},t)$ 的平方求平均的时间长度远大于光的一个振荡周期，但远小于其他的时间尺度（例如光脉冲的时间长度）。

式（1.1-5）的重要性在于它将抽象的波函数 $u(\boldsymbol{r},t)$ 与实验可测量的物理量，即光的强度 $I(\boldsymbol{r},t)$ 联系起来。式中算符 $<\cdot>$ 前面的系数 2 的选取是出于数学上的方便考虑。

光的强度 $I(\boldsymbol{r},t)$ 的单位是瓦特每平方厘米（W/cm^2），等于单位面积内的光功率。有时候也将 $I(\boldsymbol{r},t)$ 称为**辐照度**。从 $I(\boldsymbol{r},t)$ 出发，可以定义光**功率** $P(t)$，也即光强 $I(\boldsymbol{r},t)$ 在垂直于光的传播方向的面积 A 内的积分：

$$P(t)=\int_A I(\boldsymbol{r},t)\mathrm{d}A \tag{1.1-6}$$

光功率的单位是瓦特（W）。从光功率 $P(t)$ 出发，可以将光的**能量** E[单位为焦耳（J）]定义为给定时间区间内光功率的积分。

从上述的波函数、叠加原理以及光强的概念出发，可以演绎出若干光学现象，例如，光的干涉和衍射的理论模型，而这些现象是几何光学无法解释的。而几何光学可以看作波动光学在光的波长远小于物体的尺度时的近似理论。因此波动光学包含了几何光学，又超越了几何光学。然而，波动光学也有局限性：它无法为光在界面处的反射和折射提供完整的物理图景，也无法处理需要引入矢量概念才能解释的现象，例如光的偏振效应。而这些现象，可以用光的电磁理论，或电磁光学给出完整的解释。

3. 电磁光学

电磁光学将光描述为电磁波，也即电场矢量 $\boldsymbol{E}(\boldsymbol{r},t)$ 和磁场矢量 $\boldsymbol{H}(\boldsymbol{r},t)$ 相互耦合形成的矢量波。因此光与无线电波和 X 射线服从同样的运动规律，该规律由一组耦合的偏微分方程，也即麦克斯韦方程组所规定。

从麦克斯韦方程组出发可以推出波动方程，而光速 c 可以进一步与自由空间的介电常数 ε_0

与磁导率 μ_0 联系起来，所以电磁光学包含了波动光学。波动光学中的标量波函数 $u(\boldsymbol{r},t)$ 对应于电场矢量 $\boldsymbol{E}(\boldsymbol{r},t)$ 的三个分量 (E_x,E_y,E_z) 和磁场矢量 $\boldsymbol{H}(\boldsymbol{r},t)$ 的三个分量 (H_x,H_y,H_z) 中的任意一个。与波动方程一样，麦克斯韦方程组也是线性的，因此在电磁光学中叠加原理仍然成立：如果两组电磁场分别是麦克斯韦方程组的解，则它们之和也是麦克斯韦方程组的解。

电磁光学考虑了光的矢量特性，因而可以处理与光的偏振有关的现象，例如光在界面处的反射和折射过程，进而求解光在光波导、多层膜结构和光学谐振腔中的传播特性。而这些过程都是波动光学无法给出完整解答的，因此电磁光学超越了波动光学。

4. 量子光学

电磁光学通过经典电磁理论成功揭示了大多数光学现象背后的物理机制。然而，经典电磁理论在处理诸如光的量子化特性、光的发射和接收、光的波粒二象性、光子纠缠和非定域性等问题时，却遇到了困难。这些理论上的困难，催生了量子化的电磁理论，也即量子电动力学（quantum electrodynamics，QED）。在处理光学问题时，量子电动力学通常被称作量子光学。在量子电动力学的数学模型中，用于描述光场的矢量 $\boldsymbol{E}$ 和 $\boldsymbol{H}$ 被映射为希尔伯特空间中的算符。这些算符之间的关系以及它们的时域特性由一组算符方程和互易关系式所规定。量子电动力学的方程描述光与物质相互作用的形式，和麦克斯韦方程组描述光与物质相互作用的形式很相似，但量子电动力学的独特性在于，其结论在本质上是量子化的。量子光学可以解释光的量子化特性，定量描述光的发射和接收的微观机理，正确反映光的波粒二象性，处理光子纠缠和非定域性问题。所以，量子光学涵盖并超越了电磁光学，能够解释已知的几乎所有光学现象。

然而，这并不意味着光学学科已经发展到了顶点。对光量子态的认识和理解仍然有待深入，量子纠缠、量子远距离传输、量子退相干、量子计算和量子通信的研究还有相当长的路要走，纳米尺度光子学规律的探索也才刚刚开始，光与物质相互作用的深层次研究正在诱发出新的光学现象和规律，光学研究新的领域还在不断地扩展等，这些都在推动光学学科的发展。对光本质的认识直接关系到对整个自然科学的认识，它依然是自然科学技术的前沿[2]。

几何光学、波动光学、电磁光学和量子光学之间没有截然分开的界限，它们有着内在的联系。在电磁光学和量子光学中，折射率可以表示为微观参量的函数；非线性光学是基于电磁场理论发展起来的，也可以用量子力学的算符处理；衍射极限的光斑和变换限制的脉冲也可以用不确定原理证明；光散射问题也可以用分步傅里叶方法分析；腔模理论已经用了量子力学的量子化条件等。这种殊途同归的一致性，是因为从不同的角度正确地反映了相同的自然现象[2]。

1.2 主题与应用

微纳光子学既是现代光学研究的前沿热点，也代表了光电产业未来发展的重要方向，而本书则围绕光子晶体光学、等离激元光学、超构材料光学和片上导波光学这四个具有代表性且互相关联的主题展开。第 1 章回顾场与波的数学模型，以及光学理论的四个发展阶段，并对本书的理论基础进行定位。第 2 章介绍光的电磁理论和材料的电磁特性，作为全书的理论基础。第 3 章介绍光在介质材料的周期性结构中传播的特性，即光子晶体光学。第 4 章介绍光在导电材料与介质材料的界面处以及导电材料的亚波长结构中传播的特性，它们分别对应了等离激元光学和超构材料光学。第 5 章介绍光在各种片上导波结构，包括介质光波导、光子晶体光波导和等离激元光波导中传播的特性，对应了片上导波光学。第 6 章介绍光在各种微纳谐振腔，包括方形微纳谐振腔、微柱、微盘与微环芯谐振腔、微球谐振腔、光子晶体微腔、等离激元微腔中的谐振特性，对应了微纳谐振腔光学。在章节顺序的安排上，第 2～第 4 章是对光与物质相互作用过程中所涉及的若干重要效应，例如光子带隙、等离激元共振、等效介电常数、负折射率等进行阐释；第 5、第 6 章则是考察这些效应如何革新光波导和谐振腔这两类集成光学器件。

本书可供普通高校光电类专业的高年级本科生和研究生作为微纳光学领域的入门教材使用，所涉及的应用领域包括但不局限于：光传感/探测/成像、光谱/偏振态分析、光通信、光能收集等。

第 2 章

电磁光学

2.1 光的电磁理论

2.1.1 自由空间中的麦克斯韦方程组

电磁场由两个相互关联的矢量场描述，即电场 $\boldsymbol{E}(\boldsymbol{r},t)$ 和磁场 $\boldsymbol{H}(\boldsymbol{r},t)$，它们都是位置 $\boldsymbol{r}$ 和时间 t 的函数。所以，描述自由空间中的电磁场，通常需要用到六个关于空间位置 $\boldsymbol{r}$ 和时间 t 的标量函数。这六个函数是相互关联的，它们必须满足一组耦合的偏微分方程，即麦克斯韦方程组。

$$\nabla\times\boldsymbol{H}=-\varepsilon_0\frac{\partial\boldsymbol{E}}{\partial t} \tag{2.1-1}$$

$$\nabla\times\boldsymbol{E}=-\mu_0\frac{\partial\boldsymbol{H}}{\partial t} \tag{2.1-2}$$

$$\nabla\cdot\boldsymbol{E}=0 \tag{2.1-3}$$

$$\nabla\cdot\boldsymbol{H}=0 \tag{2.1-4}$$

式（2.1-1）～式（2.1-4）是自由空间中的麦克斯韦方程组的微分形式。式（2.1-1）是麦克斯韦-安培定律：即电流与时变电场能产生磁场。由于在自由空间中不存在电流，该项右边只有时变电场的微分项。式（2.1-2）是法拉第电磁感应定律：即时变磁场能产生电场。式（2.1-3）是高斯定律：描述穿过任意闭曲面的电通量与这闭曲面内的电荷数量之间的关系。由于在自由空间中不存在电荷，该项右边为零。式（2.1-4）是高斯磁定律：通过任意闭曲面的磁通量总等于零，即无磁单极子。这里的常量 $\varepsilon_0\approx(1/36\pi)\times10^{-9}\ \mathrm{F/m}$，$\mu_0=4\pi\times10^{-7}\ \mathrm{H/m}$，分别是自由空间中的介电常数和磁导率。矢量运算符 $\nabla\cdot$ 和 $\nabla\times$ 分别表示散度和旋度。

2.1.2 波动方程

可以证明，电场 $\boldsymbol{E}(\boldsymbol{r},t)$ 和磁场 $\boldsymbol{H}(\boldsymbol{r},t)$ 要满足麦克斯韦方程组，则它们各自的三个分量都必须满足波动方程：

$$\nabla^2u-\frac{1}{c_0^2}\frac{\partial^2u}{\partial t^2}=0 \tag{2.1-5}$$

波动方程在数学中是一种重要的偏微分方程，被用来描述自然界中各种波动现象，包括横波和纵波，例如声波、电磁波和水波等。所以波动方程并不局限于描述电磁波。如式（2.1-5）所示，波动方程中的 u 是一个空间 $\boldsymbol{r}$ 和时间 t 的标量函数，∇^2 是拉普拉斯算符，而 c_0 是一个波动方程内嵌的固定常数，代表波的传播速度：

$$c_0=\frac{1}{\sqrt{\varepsilon_0\mu_0}}\approx3\times10^8\ \mathrm{m/s} \tag{2.1-6}$$

波动方程可以通过以下步骤从麦克斯韦方程组推导得出：在式（2.1-2）两边同时使用旋度算符 $\nabla\times$，利用矢量关系 $\nabla\times\nabla\times\boldsymbol{E}=\nabla(\nabla\cdot\boldsymbol{E})-\nabla^2\boldsymbol{E}$，以及式（2.1-1）和式（2.1-3），就能

证明电场矢量 $\boldsymbol{E}$ 的各个分量都满足波动方程。磁场矢量 $\boldsymbol{H}$ 的方法类似。麦克斯韦方程组和波动方程都是线性方程，所以服从叠加定理，即如果两组电磁波都是这些方程的解，则它们的叠加也是这些方程的解。

从以上分析也可以看出光的电磁理论与波动光学理论之间的关系：自由空间中的麦克斯韦方程组内嵌了波动方程，波动方程中的常数 c_0 与自由空间中的麦克斯韦方程组中的常数 ε_0 和 μ_0 通过式（2.1-6）联系起来。而波动方程中的标量函数 u 则代表了电场矢量 $\boldsymbol{E}$ 和磁场矢量 $\boldsymbol{H}$ 的各个分量。光的矢量特性是偏振现象的物理基础，也决定了光在不同材料的界面处的反射与透射，从而也决定了光在光波导、多层膜结构和光学谐振腔中的传播特性。而如果在要研究的问题中，电磁波的矢量特性不重要，则光的电磁理论等效于波动光学理论。

2.1.3 无源材料中的麦克斯韦方程组

假设一种材料中没有自由电荷和电流，则称之为无源材料。为了描述电磁波在这种材料中的传播规律，就需要在电场强度 $\boldsymbol{E}$ 和磁场强度 $\boldsymbol{H}$ 的基础上，增加两个矢量，分别是电通量密度 $\boldsymbol{D}$（又叫电位移矢量）和磁通量密度 $\boldsymbol{B}$（也被称为磁感应强度）。在无源材料中，麦克斯韦方程组的表现形式如式（2.1-7）～式（2.1-10）所示。

$$\nabla\times\boldsymbol{H}=\frac{\partial\boldsymbol{D}}{\partial t}\tag{2.1-7}$$

$$\nabla\times\boldsymbol{E}=-\frac{\partial\boldsymbol{B}}{\partial t}\tag{2.1-8}$$

$$\nabla\cdot\boldsymbol{D}=0\tag{2.1-9}$$

$$\nabla\cdot\boldsymbol{B}=0\tag{2.1-10}$$

此时麦克斯韦方程组中描述电场的量有两个，即 $\boldsymbol{E}$ 和 $\boldsymbol{D}$；描述磁场的量也有两个，即 $\boldsymbol{H}$ 和 $\boldsymbol{B}$。所以我们还需要知道 $\boldsymbol{D}$ 和 $\boldsymbol{E}$ 的关系，以及 $\boldsymbol{B}$ 和 $\boldsymbol{H}$ 的关系，才能对方程组进行求解。

材料中电通量密度 $\boldsymbol{D}$ 和电场强度 $\boldsymbol{E}$ 的关系是由材料的电特性决定的。为描述这种关系，需要引入一个新的物理量，即电极化密度 $\boldsymbol{P}$。对无源材料而言，电极化密度 $\boldsymbol{P}$ 是一个宏观的物理量，它等于单位体积内由外加电场诱导出的电偶极矩的密度。同样，材料中磁通量密度 $\boldsymbol{B}$ 和磁场强度 $\boldsymbol{H}$ 的关系由材料的磁特性决定，可以用磁化密度 $\boldsymbol{M}$ 描述。

在引入电极化密度 $\boldsymbol{P}$ 和磁化密度 $\boldsymbol{M}$ 的概念以后，材料中的电通量密度 $\boldsymbol{D}$ 和磁通量密度 $\boldsymbol{B}$，与电场强度 $\boldsymbol{E}$ 和磁场强度 $\boldsymbol{H}$ 的关系，可以用式（2.1-11）和式（2.1-12）来表达：

$$\boldsymbol{D}=\varepsilon_0\boldsymbol{E}+\boldsymbol{P}\tag{2.1-11}$$

$$\boldsymbol{B}=\mu_0\boldsymbol{H}+\mu_0\boldsymbol{M}\tag{2.1-12}$$

相应地，$\boldsymbol{D}$ 与 $\boldsymbol{E}$ 之间的关系和 $\boldsymbol{B}$ 与 $\boldsymbol{H}$ 之间的关系，就转化为 $\boldsymbol{P}$ 与 $\boldsymbol{E}$ 之间的关系和 $\boldsymbol{M}$ 与 $\boldsymbol{H}$ 之间的关系。从后面章节的分析也可以知道，$\boldsymbol{P}$ 与 $\boldsymbol{E}$ 之间的关系和 $\boldsymbol{M}$ 与 $\boldsymbol{H}$ 之间的关系，也就反映了材料本身的电特性和磁特性。对于某种给定的材料而言，$\boldsymbol{P}$ 与 $\boldsymbol{E}$ 之间的关系和 $\boldsymbol{M}$ 与 $\boldsymbol{H}$ 之间的关系是确定的。将这些关系式代入无源材料中的麦克斯韦方程组，就可以消去电通量密度 $\boldsymbol{D}$ 和磁通量密度 $\boldsymbol{B}$。

在自由空间中，电极化密度 $\boldsymbol{P}$ 和磁化密度 $\boldsymbol{M}$ 均为 0，所以有 $\boldsymbol{D}=\varepsilon_0\boldsymbol{E}$ 和 $\boldsymbol{B}=\mu_0\boldsymbol{H}$，而无

源材料中的麦克斯韦方程组，即式（2.1-7）～式（2.1-10）就退化为自由空间中的麦克斯韦方程组式（2.1-1）～式（2.1-4）。

对于导电材料（例如金属）而言，因为材料中含有自由电荷，式（2.1-7）的右边需要加入电流密度项 J，这种情况将在 4.2 小节中详细讨论。麦克斯韦在 1865 年建立的电磁学方程组包含 20 个方程和 20 个变量，而奥利弗·赫维赛德（Oliver Heaviside）于 1885 年将这些方程凝练成目前的简洁形式。

2.1.4 边界条件

图 2.1-1 给出两种介质材料界面处以及介质材料与完美导体材料界面处的边界条件。

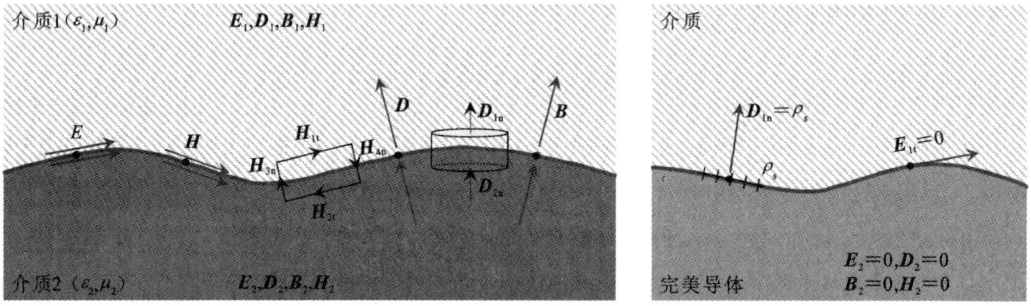

图 2.1-1　两种介质材料界面处以及介质材料与完美导体材料界面处的边界条件

在均匀的材料中，$\boldsymbol{E}$、$\boldsymbol{H}$、$\boldsymbol{D}$ 和 $\boldsymbol{B}$ 的所有分量均为关于位置的连续函数。

在两种介质材料的界面处不存在自由电荷和电流，则电场强度 $\boldsymbol{E}$ 和磁场强度 $\boldsymbol{H}$ 的切向分量，以及电通量密度 $\boldsymbol{D}$ 和磁通量密度 $\boldsymbol{B}$ 的法向分量都必须是连续的。

在介质材料和完美导体材料的界面处，电场强度 $\boldsymbol{E}$ 的切向分量必须为 0。所以，当一列平面电磁波垂直入射到介质材料和完美导体材料的界面处并发生反射时，入射波和反射波的电场强度 $\boldsymbol{E}$ 之和必须为 0，而这就要求入射波和反射波的电场强度 $\boldsymbol{E}$ 的绝对值相等且符号相反。

上述边界条件可以从麦克斯韦方程组推导得出，它们可以用于求解电磁波在各种类型的界面处的反射和透射问题，以及电磁波在周期性结构和波导中的传播问题[3, 4]。

2.1.5 电磁波的强度、功率和能量

电磁波的功率流动可以用一个矢量 $\boldsymbol{S}$ 来描述，$\boldsymbol{S}$ 由电磁强度 $\boldsymbol{E}$ 和磁场强度 $\boldsymbol{H}$ 的向量积决定，这个矢量 $\boldsymbol{S}$ 称为坡印亭矢量：

$$\boldsymbol{S}=\boldsymbol{E}\times\boldsymbol{H} \tag{2.1-13}$$

电磁波的功率流动方向由坡印亭矢量的方向决定，也即功率流动的方向垂直于矢量 $\boldsymbol{E}$ 和矢量 $\boldsymbol{H}$。

光的强度 $I(\boldsymbol{r},t)$ 的物理含义是与坡印亭矢量垂直的单位面积内通过的功率流。数学上，光的强度等于坡印亭矢量的时间平均值的幅值，即 $I(\boldsymbol{r},t)=\langle\boldsymbol{S}\rangle$。在计算时间平均值的时候，

积分时间一般要取得比光频电磁波的一个振荡周期长，但比其他感兴趣的时间尺度，例如一个光脉冲的持续时间要短。要说明的是，光频电磁波的一个振荡周期是极短的，例如波长为 600 nm 的电磁波的振荡周期只有 2×10^{-15} s，也即 2 fm。

如果对坡印亭矢量 $\boldsymbol{S}$ 求散度，并且利用矢量等式 $\nabla\cdot(\boldsymbol{E}\times\boldsymbol{H})=(\nabla\times\boldsymbol{E})\cdot\boldsymbol{H}-(\nabla\times\boldsymbol{H})\cdot\boldsymbol{E}$ 和麦克斯韦方程组式（2.1-7）和式（2.1-8），以及式（2.1-11）和式（2.1-12），可以得到关于电磁波能量守恒的等式，也即坡印亭定理：

$$\nabla\cdot\boldsymbol{S}=-\frac{\partial}{\partial t}\left(\frac{1}{2}\varepsilon_0\boldsymbol{E}^2+\frac{1}{2}\mu_0\boldsymbol{H}^2\right)+\boldsymbol{E}\cdot\frac{\partial\boldsymbol{P}}{\partial t}+\mu_0\boldsymbol{H}\cdot\frac{\partial\boldsymbol{M}}{\partial t}\tag{2.1-14}$$

式（2.1-14）右边括号中的第一项和第二项分别代表电场和磁场中存储的能量的体密度，而第三项和第四项则分别代表电磁波传递到材料的电偶极子和磁偶极子中的功率密度。

式（2.1-14）就是坡印亭定理，它描述了电磁波能量守恒的规律：即从一个单位体积中逃逸的功率流等于该单位体积内存储的电磁能量的时间变化率。

2.1.6　电磁波的动量

电磁波携带线性动量，这导致电磁波对反射或散射电磁波的物体产生压力。在自由空间中，线性动量的体密度是一个矢量，如式（2.1-15）所示，而该矢量正比于坡印亭矢量 $\boldsymbol{S}$，即

$$\varepsilon_0\boldsymbol{E}\times\boldsymbol{B}=\frac{1}{c^2}\boldsymbol{S}\tag{2.1-15}$$

考虑一个长度为 c（m），且底面大小为单位面积的圆柱体，该圆柱体中的平均动量为 $(\langle\boldsymbol{S}\rangle/c^2)\times c=\langle\boldsymbol{S}\rangle/c$。因为携带该动量的电磁波的传播速度为 c（m/s），则该圆柱体中的动量可以在单位时间内全部流过圆柱体的底面，也即电磁波携带的动量穿过垂直于坡印亭矢量的单位面积的速率为 $\langle\boldsymbol{S}\rangle/c$。

除了线性动量之外，电磁波也可以携带角动量，并因此对物体施加扭转力。电磁波传递给物体的角动量的平均速率为 $\boldsymbol{r}\times\langle\boldsymbol{S}\rangle/c$。例如，拉盖尔-高斯光束的波前是螺旋式的，其坡印亭矢量 $\boldsymbol{S}$ 具有方位角方向上的分量，所以可以携带轨道角动量。

2.2　介质材料中的电磁波

下面开始研究介质材料中的电磁波。这里的介质材料，是指没有自由电荷和电流的材料，即无源材料。前面提到过，每种材料的电磁特性，由材料的电极化密度 $\boldsymbol{P}$ 和磁化密度 $\boldsymbol{M}$，与电场强度 $\boldsymbol{E}$ 和磁场强度 $\boldsymbol{H}$ 的关系来描述，这种关系叫作本构关系。

对于大部分材料而言，本构关系可以分解为电极化密度 $\boldsymbol{P}$ 与电场强度 $\boldsymbol{E}$ 的关系，以及磁化密度 $\boldsymbol{M}$ 与磁场强度 $\boldsymbol{H}$ 的关系，前者描述材料的介电特性，而后者描述材料的磁特性。

在这里主要研究材料的介电特性，因此将着重分析各种类型的材料中电极化密度 $\boldsymbol{P}$ 和电场强度 $\boldsymbol{E}$ 的关系，而磁性材料中磁化密度 $\boldsymbol{M}$ 和磁场强度 $\boldsymbol{H}$ 的关系则可以通过类似的分析得到。

分析不同材料的介电特性时，可以借鉴信号与系统的分析方法。将介质材料看作一个系统，外加电场 $\boldsymbol{E}$ 是系统的输入，而电极化密度 $\boldsymbol{P}$ 是系统的响应或者输出，如图 2.2-1 所示。这里 $\boldsymbol{E}=\boldsymbol{E}(\boldsymbol{r},t)$ 和 $\boldsymbol{P}=\boldsymbol{P}(\boldsymbol{r},t)$ 都是空间位置 $\boldsymbol{r}$ 和时间 t 的函数。

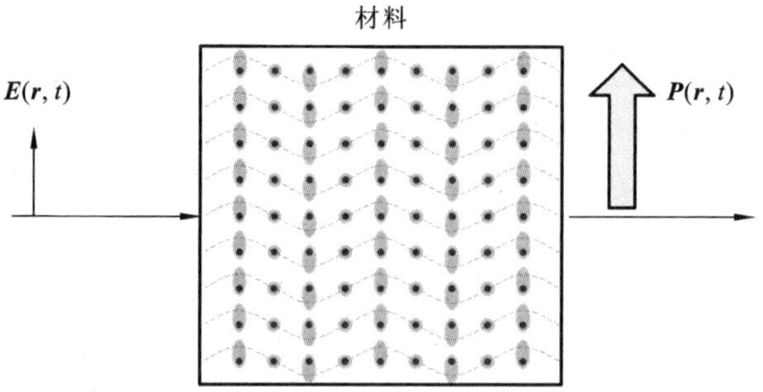

图 2.2-1　在外加电场 $\boldsymbol{E}$ 的激励下，介质材料中产生电极化密度 $\boldsymbol{P}$ 作为响应或者输出

根据上面的分析方法，按照介质材料在外加电场 $\boldsymbol{E}$ 的激励下，产生响应的电极化密度 $\boldsymbol{P}$ 的不同，可以将介质材料分为以下几类。

（1）如果一种介质材料的响应 $\boldsymbol{P}$ 与激励 $\boldsymbol{E}$ 具有线性关系，则该介质材料被称为线性介质，这里的 $\boldsymbol{P}$ 和 $\boldsymbol{E}$ 均为矢量。对于线性介质，叠加定理可以适用。

（2）如果一种介质材料的响应 $\boldsymbol{P}$ 是实时的，也即 t 时刻的响应 $\boldsymbol{P}$ 只取决于 t 时刻的激励 $\boldsymbol{E}$，而与激励 $\boldsymbol{E}$ 在 t 时刻之前的取值无关，那么该介质材料被称为非色散介质。非色散介质是一种理想化的状态，因为所有的物理系统，无论其响应有多快，都存在一个有限长的响应时间。

（3）如果一种介质材料的响应 $\boldsymbol{P}$ 与激励 $\boldsymbol{E}$ 的关系不取决于位置 $\boldsymbol{r}$，则该介质材料被称为均匀介质。

（4）如果一种介质材料的响应 $\boldsymbol{P}$ 与激励 $\boldsymbol{E}$ 的关系与 $\boldsymbol{E}$ 的方向无关，也即对于任意取向的激励 $\boldsymbol{E}$ 而言，响应 $\boldsymbol{P}$ 都是一样的，则该介质材料被称为各向同性的，此时 $\boldsymbol{P}$ 与 $\boldsymbol{E}$ 必然是平行的。

（5）如果一种介质材料的响应 $\boldsymbol{P}$ 与激励 $\boldsymbol{E}$ 之间的关系是局域化的，也即任意位置 $\boldsymbol{r}$ 处的 $\boldsymbol{P}$ 只取决于同一位置 $\boldsymbol{r}$ 处的 $\boldsymbol{E}$，则该介质被称为空间非色散的。这里假设介质材料总是空间非色散的。

2.2.1　线性、非色散、均匀且各向同性的介质材料

首先考察最简单的情况，即线性、非色散、均匀且各向同性的介质材料。此时 $\boldsymbol{P}$ 与 $\boldsymbol{E}$ 在任意空间位置、任意时间点都是互相平行的，并且两者的幅值也成固定比例，即

$$\boldsymbol{P}=\varepsilon_0\chi\boldsymbol{E} \tag{2.2-1}$$

式中，标量常数 χ 为电极化率，如图 2.2-2 所示。

如果将式（2.2-1）代入式（2.1-11），可以得出电通量密度 $\boldsymbol{D}$ 和电场强度 $\boldsymbol{E}$ 之间也是互相平行且呈线性关系的，即

$$\boldsymbol{D}=\varepsilon\boldsymbol{E} \tag{2.2-2}$$

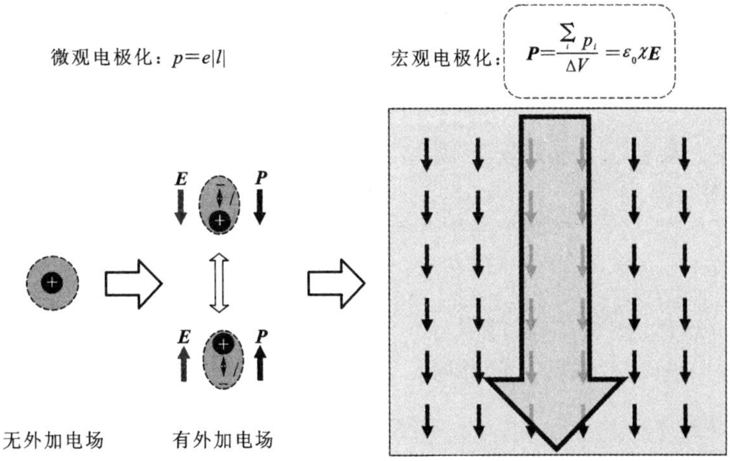

图 2.2-2　电极化率 χ 来描述线性、非色散、均匀且各向同性的介质材料

式中，标量常数 ε 为介质的介电常数，如式（2.2-3）所示，对应 2.1.1 小节中的自由空间介电常数。而用 $\varepsilon/\varepsilon_0$ 得到的 $1+\chi$，则被称为介质的相对介电常数。

$$\varepsilon=\varepsilon_0(1+\chi) \tag{2.2-3}$$

类似地，表示磁的物理量之间的关系也可以写成如式（2.2-4）的形式：

$$\boldsymbol{B}=\mu\boldsymbol{H} \tag{2.2-4}$$

式中，μ 为介质的磁导率，对应 2.1.1 小节中的自由空间磁导率。

在建立了 $\boldsymbol{D}$ 和 $\boldsymbol{E}$，以及 $\boldsymbol{B}$ 和 $\boldsymbol{H}$ 的关系，即式（2.2-2）和式（2.2-4）之后，麦克斯韦方程组式（2.1-7）～式（2.1-10）只剩下 $\boldsymbol{E}$ 和 $\boldsymbol{H}$ 两个矢量，并简化为式（2.2-5）～式（2.2-8）的四个方程，也即线性、非色散、均匀且各向同性介质中的麦克斯韦方程组。

$$\nabla\times\boldsymbol{H}=\varepsilon\frac{\partial\boldsymbol{E}}{\partial t} \tag{2.2-5}$$

$$\nabla\times\boldsymbol{E}=-\mu\frac{\partial\boldsymbol{H}}{\partial t} \tag{2.2-6}$$

$$\nabla\cdot\boldsymbol{E}=0 \tag{2.2-7}$$

$$\nabla\cdot\boldsymbol{H}=0 \tag{2.2-8}$$

很明显，式（2.2-5）～式（2.2-8）与自由空间中的麦克斯韦方程组式（2.1-1）～式（2.1-4）形式相同，只不过将 ε_0 换成 ε，并将 μ_0 换成 μ。所以式（2.2-5）～式（2.2-8）中的 $\boldsymbol{E}$ 和 $\boldsymbol{H}$ 的每个分量都满足式（2.2-9）所示的介质中的波动方程。

$$\nabla^2 u-\frac{1}{c^2}\frac{\partial^2 u}{\partial t^2}=0 \tag{2.2-9}$$

相应地，介质中的光速 c，由式（2.2-10）所描述。与自由空间中的光速计算式相比，也是将 ε_0 换成 ε，并将 μ_0 换成 μ：

$$c=\frac{1}{\sqrt{\varepsilon\mu}} \tag{2.2-10}$$

自由空间中的光速与介质中的光速的比值 c_0/c，被定义为折射率 n，如式（2.2-11）所示。

$$n=\frac{c_0}{c}=\sqrt{\frac{\varepsilon}{\varepsilon_0}\frac{\mu}{\mu_0}} \tag{2.2-11}$$

而自由空间中的光速 c_0 的表达式为

$$c_0 = \frac{1}{\sqrt{\varepsilon_0 \mu_0}} \tag{2.2-12}$$

对于非磁性介质而言，$\mu = \mu_0$，因此非磁性介质的折射率等于介电常数的平方根，如式（2.2-13）所示：

$$n = \sqrt{\frac{\varepsilon}{\varepsilon_0}} = \sqrt{1+\chi} \tag{2.2-13}$$

最后来看一下介质中的电磁能量守恒关系。对介质中的麦克斯韦方程组式（2.2-5）和式（2.2-6）运用坡印亭原理，可以得到

$$\nabla \cdot \boldsymbol{S} = -\frac{\partial \boldsymbol{W}}{\partial t} \tag{2.2-14}$$

式中，$\boldsymbol{W}$ 为式（2.2-15）所示介质中存储的电磁能量密度，满足

$$\boldsymbol{W} = \frac{1}{2}\varepsilon \boldsymbol{E}^2 + \frac{1}{2}\mu \boldsymbol{H}^2 \tag{2.2-15}$$

2.2.2 非均匀、各向异性、色散或非线性的介质材料

接下来讨论一些稍微复杂的非磁性介质。

1. 非均匀的介质材料

考虑一种线性、非色散、各向同性，但是非均匀的介质，例如渐变折射率介质。在这种介质中，电极化密度 $\boldsymbol{P}=\varepsilon_0\chi\boldsymbol{E}$ 和电通量密度 $\boldsymbol{D}=\varepsilon\boldsymbol{E}$ 仍然成立，但是其中的比例系数 χ 和 ε 不再是常数，而变成位置的函数，即 $\chi = \chi(\boldsymbol{r})$ 和 $\varepsilon = \varepsilon(\boldsymbol{r})$，如图 2.2-3 所示。相应地，折射率 n 也是位置的函数，即 $n=n(\boldsymbol{r})$。

图 2.2-3　线性、非色散、各向同性，但是非均匀的介质

从麦克斯韦方程组式（2.1-7）～式（2.1-10）出发，且假设 $\varepsilon = \varepsilon(\boldsymbol{r})$ 是与空间位置 $\boldsymbol{r}$ 相关的函数，对式（2.1-8）两边取旋度，再代入式（2.1-7），可以得到式（2.2-16），也即非均匀介质中电场强度 $\boldsymbol{E}$ 的波动方程。

$$\frac{\varepsilon_0}{\varepsilon}\nabla \times (\nabla \times \boldsymbol{E}) = -\frac{1}{c_0^2}\frac{\partial^2 \boldsymbol{E}}{\partial t^2} \tag{2.2-16}$$

磁场强度 $\boldsymbol{H}$ 满足与 $\boldsymbol{E}$ 的波动方程形式不同的波动方程，如式（2.2-17）所示。

$$\nabla\times\left(\frac{\varepsilon_0}{\varepsilon}\nabla\times\boldsymbol{H}\right)=-\frac{1}{c_0^2}\frac{\partial^2\boldsymbol{H}}{\partial t^2} \tag{2.2-17}$$

式（2.2-16）也可以恒等变形为式（2.2-18）的形式。

$$\nabla^2\boldsymbol{E}+\nabla\left(\frac{1}{\varepsilon}\nabla\varepsilon\cdot\boldsymbol{E}\right)-\mu_0\varepsilon\frac{\partial^2\boldsymbol{E}}{\partial t^2}=0 \tag{2.2-18}$$

式（2.2-18）可以按以下步骤推导得出：

（1）运用直角坐标系下的恒等关系 $\nabla\times(\nabla\times\boldsymbol{E})=\nabla(\nabla\cdot\boldsymbol{E})-\nabla^2\boldsymbol{E}$；

（2）调用式（2.1-9），也即 $\nabla\cdot\varepsilon\boldsymbol{E}=0$，并利用恒等关系式 $\nabla\cdot\varepsilon\boldsymbol{E}=\varepsilon\nabla\cdot\boldsymbol{E}+\nabla\varepsilon\cdot\boldsymbol{E}$，得到 $\nabla\cdot\boldsymbol{E}=-(1/\varepsilon)\nabla\varepsilon\cdot\boldsymbol{E}$；

（3）将上面的结论代入式（2.2-16）从而得到式（2.2-18）。

如果非均匀介质的介电常数 $\varepsilon(\boldsymbol{r})$ 随位置的变化非常缓慢，其取值在波长的尺度上可以认为是常量，那么式（2.2-18）左边第二项与第一项相比可以忽略，则可以得到近似等式（2.2-19）。

$$\nabla^2\boldsymbol{E}-\frac{1}{c^2(\boldsymbol{r})}\frac{\partial^2\boldsymbol{E}}{\partial t^2}\approx 0 \tag{2.2-19}$$

式中，$c(\boldsymbol{r})=1/\sqrt{\mu_0\varepsilon}=c_0/n(\boldsymbol{r})$ 随着空间位置的变化而变化，而 $n(\boldsymbol{r})=\sqrt{\varepsilon(\boldsymbol{r})/\varepsilon_0}$ 为位置 $\boldsymbol{r}$ 处的折射率。这个关系是麦克斯韦方程组的一种近似结果。

下面来看折射率为 n 的均匀介质被随空间位置缓慢变化的附加折射率 Δn 所扰动的情况。此时式（2.2-19）经常被写成式（2.2-20）的形式。

$$\nabla^2\boldsymbol{E}-\frac{1}{c^2}\frac{\partial^2\boldsymbol{E}}{\partial t^2}\approx-\boldsymbol{S},\quad \boldsymbol{S}=-\mu_0\frac{\partial^2\Delta\boldsymbol{P}}{\partial t^2},\quad \Delta\boldsymbol{P}=2\varepsilon_0 n\Delta n\boldsymbol{E} \tag{2.2-20}$$

式中，$c=c_0/n$ 为均匀介质中的光速。根据式（2.2-20），矢量 $\boldsymbol{E}$ 服从一个右边含有辐射源项 $\boldsymbol{S}$ 的波动方程，这里的辐射源项 $\boldsymbol{S}$ 是由电极化密度 $\boldsymbol{P}$ 的扰动 $\Delta\boldsymbol{P}$ 造成的，而 $\Delta\boldsymbol{P}$ 又正比于附加折射率 Δn 和电场强度 $\boldsymbol{E}$。

式（2.2-20）可以按以下步骤推导得出：将式（2.2-19）中的项 $1/c^2(\boldsymbol{r})$ 展开为 $(n+\Delta n)^2/c_0^2\approx(n^2+2n\Delta n)/c_0^2$，并将扰动项移到上式的右边即可。式（2.2-20）中的 $\Delta\boldsymbol{P}$ 是 $\boldsymbol{P}$ 的扰动项，这是因为

$$\boldsymbol{P}=\varepsilon_0\chi\boldsymbol{E}=\varepsilon_0(\varepsilon/\varepsilon_0-1)\boldsymbol{E}=\varepsilon_0(n^2-1)\boldsymbol{E}$$

所以

$$\Delta\boldsymbol{P}=\varepsilon_0\Delta(n^2-1)\boldsymbol{E}=2\varepsilon_0 n\Delta n\boldsymbol{E}$$

2. 各向异性的介质材料

在各向异性介质中，$\boldsymbol{P}$ 和 $\boldsymbol{E}$ 的关系与 $\boldsymbol{E}$ 的方向有关，此时 $\boldsymbol{P}$ 和 $\boldsymbol{E}$ 之间不是必然平行。对于线性、非色散且均匀的各向异性介质，$\boldsymbol{P}$ 的每个分量都是 $\boldsymbol{E}$ 的三个分量的线性组合，如式（2.2-21）所示。

$$P_i=\sum_j\varepsilon_0\chi_{ij}E_j \tag{2.2-21}$$

式中，下标 i，j 分别为 x、y 和 z 分量。

那么这种各向异性介质的介电特性将由一个 3×3 的 χ 矩阵描述，该矩阵叫作电极化率张量，如图 2.2-4 所示。

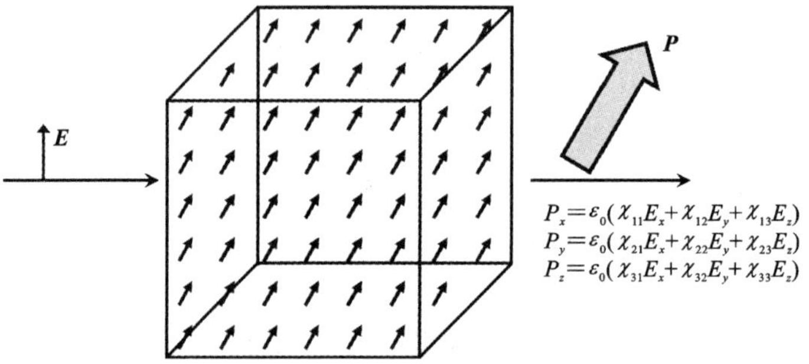

图 2.2-4 线性、均匀、非色散且各向异性的介质材料

类似地，各向异性材料中的 $\boldsymbol{D}$ 和 $\boldsymbol{E}$ 之间的关系由一个 3×3 的介电常数张量 ε 描述，如式（2.2-22）所示。

$$D_i=\sum_j \varepsilon_{ij}E_j \tag{2.2-22}$$

而各向异性材料中的 $\boldsymbol{B}$ 和 $\boldsymbol{H}$ 的关系，与式（2.2-22）的形式类似。

3. 色散的介质材料

色散介质与非色散介质不同，在有色散的介质中，$\boldsymbol{P}$ 和 $\boldsymbol{E}$ 的关系是动态而非实时的。按照信号与系统的分析方法，外加电场矢量 $\boldsymbol{E}$ 可以被看作系统的输入，它能够激励介质中原子的束缚电子的振荡，这种振荡在宏观上就表现为电极化密度矢量 $\boldsymbol{P}$，也就是系统的输出。输入和输出之间存在的时间延迟表明系统具有记忆。只有当延迟时间与其他相关的时间相比很短的情况下，系统才能被认为是实时的，此时对应的介质才是近似非色散的。

对于线性、均匀、各向同性的色散介质而言，$\boldsymbol{P}$ 和 $\boldsymbol{E}$ 的关系可以用一个与简谐振子相关的线性微分方程来描述，即 $a_1\mathrm{d}^2\boldsymbol{P}/\mathrm{d}t^2+a_2\mathrm{d}\boldsymbol{P}/\mathrm{d}t+a_3\boldsymbol{P}=\boldsymbol{E}$，这里 a_1、a_2 和 a_3 都是常数。在 2.5.3 小节（谐振材料）中，我们会按照该式建立的框架对介质的色散特性以及吸收特性的物理机制做更深入的分析。

下面介绍分析材料色散特性的更一般化的方法，即利用线性系统对脉冲信号的响应函数来分析其色散特性。首先假设某个线性材料（系统）对 $t=0$ 时刻输入的脉冲函数 $\delta(t)$ 的响应为时域上展宽的电极化密度 $\varepsilon_0 x(t)$，其中 $x(t)$ 是一个 $t=0$ 时刻开始的标量函数，而且具有有限的时间宽度。因为研究的材料（系统）是线性的，那么当时域上为任意函数的电场 $\boldsymbol{E}(t)$ 输入该材料（系统）时，该材料（系统）在时间点 t 的响应是时间点 t 之前的所有时间点的输入 $\boldsymbol{E}$ 对系统产生的影响的叠加，即该系统的响应电极化密度 $\boldsymbol{P}$ 可以表示为一个时域上的卷积，如式（2.2-23）所示。

$$\boldsymbol{P}(t)=\varepsilon_0\int_{-\infty}^{\infty}x(t-t')\boldsymbol{E}(t')\mathrm{d}t' \tag{2.2-23}$$

因此介质的色散特性可以用它的时域脉冲响应函数 $\varepsilon_0 x(t)$ 完全描述，如图 2.2-5 所示。

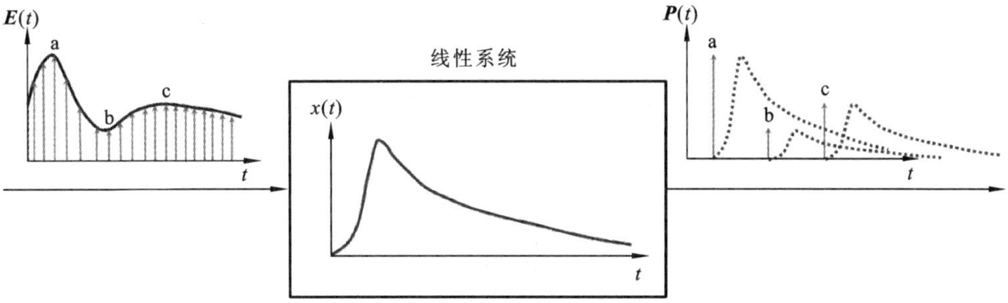

图 2.2-5 线性、均匀、各向同性的色散介质

除了时域脉冲响应函数之外，动态线性系统也可以用频域的传输函数来描述。

系统的频域传输函数是时域脉冲响应函数的傅里叶变换，它描述系统对时域上的单频输入信号的响应，比如我们研究的这个例子中，频率 ν 对应的传输函数是 $\varepsilon_0\chi(\nu)$，而 $\chi(\nu)$ 是 $\chi(t)$ 的傅里叶变换，因此它是与频率有关的电极化率。

对于磁性材料而言，$\boldsymbol{M}$ 和 $\boldsymbol{H}$ 的关系与式（2.2-23）类似。

4. 非线性的介质材料

如果某种介质的 $\boldsymbol{P}$ 和 $\boldsymbol{E}$ 的关系为非线性的，称这种介质为非线性介质，而对于非线性介质而言，式（2.2-9）所示的波动方程不再适用。但是，可以从麦克斯韦方程组出发，推导出适用于非线性介质的非线性波动方程。

先推导一个适用于均匀且各向同性的非磁性介质的广义波动方程。对麦克斯韦方程组（2.1-8）两边运用旋度算符 $\nabla\times$，并运用 $\boldsymbol{B}=\mu_0\boldsymbol{H}$，也即式（2.2-4）和式（2.1-7），可以得到

$$\nabla\times(\nabla\times\boldsymbol{E})=-\mu_0\partial^2\boldsymbol{D}/\partial t^2$$

然后运用 $\nabla\times(\nabla\times\boldsymbol{E})=\nabla(\nabla\cdot\boldsymbol{E})-\nabla^2\boldsymbol{E}$，以及式（2.1-11），可以得到式（2.2-24）。

$$\nabla(\nabla\cdot\boldsymbol{E})-\nabla^2\boldsymbol{E}=-\varepsilon_0\mu_0\frac{\partial^2\boldsymbol{E}}{\partial t^2}-\mu_0\frac{\partial^2\boldsymbol{P}}{\partial t^2} \tag{2.2-24}$$

对于均匀且各向同性介质，有 $\boldsymbol{D}=\varepsilon\boldsymbol{E}$，那么根据式（2.1-9），$\boldsymbol{D}$ 的散度等于 0 可以得出 $\boldsymbol{E}$ 的散度也等于 0。将其与式（2.1-6）一起代入式（2.2-24），可以得到式（2.2-25），也即均匀且各向同性介质中的广义波动方程，该方程可适用于所有均匀且各向同性的介质，无论它们是线性的还是非线性的，色散的还是非色散的。

$$\nabla^2\boldsymbol{E}-\frac{1}{c_0^2}\frac{\partial^2\boldsymbol{E}}{\partial t^2}=\mu_0\frac{\partial^2\boldsymbol{P}}{\partial t^2} \tag{2.2-25}$$

如果一种介质是非线性、非色散且非磁性的，那么它的电极化密度 $\boldsymbol{P}$ 可以写成电场强度 $\boldsymbol{E}$ 的非线性函数式 $\boldsymbol{P}=\Psi(\boldsymbol{E})$，这里的函数 Ψ 是实时的，且对全部空间位置和全部时间点均成立。函数 Ψ 的一个最简单例子是 $\boldsymbol{P}=a_1\boldsymbol{E}+a_2\boldsymbol{E}^2$，这里 a_1 和 a_2 都是常数。在这些假设条件下，式（2.2-25）变形为一个关于电场强度 $\boldsymbol{E}$ 的非线性偏微分方程，也即非线性波动方程，如式（2.2-26）所示。

$$\nabla^2\boldsymbol{E}-\frac{1}{c_0^2}\frac{\partial^2\boldsymbol{E}}{\partial t^2}=\mu_0\frac{\partial^2\Psi(\boldsymbol{E})}{\partial t^2} \tag{2.2-26}$$

对于非线性波动方程而言，叠加定理不再适用。非线性的磁性介质也可以按类似的步骤进行描述。

大部分介质材料都是可以近似为线性的，除非入射光极强，例如使用聚焦的激光光束的情况。

2.3 单频电磁波

下面来研究单频电磁波在光学介质材料中的传播规律。对单频电磁波而言，电场矢量和磁场矢量的全部分量，都是时域的简谐函数，具有相同的频率ν和对应的角频率$\omega=2\pi\nu$。

如果采用复数的表达形式，电场$\boldsymbol{E}$和磁场$\boldsymbol{H}$的六个实分量可以表达为式（2.3-1）的形式。

$$\begin{aligned}\boldsymbol{E}(\boldsymbol{r},t)&=\mathrm{Re}\{\boldsymbol{E}(\boldsymbol{r})\exp(\mathrm{j}\omega t)\}\\ \boldsymbol{H}(\boldsymbol{r},t)&=\mathrm{Re}\{\boldsymbol{H}(\boldsymbol{r})\exp(\mathrm{j}\omega t)\}\end{aligned}\tag{2.3-1}$$

式中，$\boldsymbol{E}(\boldsymbol{r})$和$\boldsymbol{H}(\boldsymbol{r})$分别为电场和磁场的复振幅矢量。类似地，电极化密度$\boldsymbol{P}(\boldsymbol{r},t)$、电通量密度$\boldsymbol{D}(\boldsymbol{r},t)$、磁化密度$\boldsymbol{M}(\boldsymbol{r},t)$和磁通量密度$\boldsymbol{B}(\boldsymbol{r},t)$的实矢量，分别由复振幅矢量$\boldsymbol{P}(\boldsymbol{r})$、$\boldsymbol{D}(\boldsymbol{r})$、$\boldsymbol{M}(\boldsymbol{r})$和$\boldsymbol{B}(\boldsymbol{r})$表示。

2.3.1 无源材料中的麦克斯韦方程组

将复数形式表达的单频电磁波的电场$\boldsymbol{E}$和磁场$\boldsymbol{H}$，即式（2.3-1），代入麦克斯韦方程组式（2.1-7）～式（2.1-10），再利用$(\partial/\partial t)\mathrm{e}^{\mathrm{j}\omega t}=\mathrm{j}\omega\mathrm{e}^{\mathrm{j}\omega t}$，可以得出单频电磁波在无源材料中传播时服从麦克斯韦方程组的表现形式，也即式（2.3-2）～式（2.3-5）。

$$\nabla\times\boldsymbol{H}=\mathrm{j}\omega\boldsymbol{D}\tag{2.3-2}$$

$$\nabla\times\boldsymbol{E}=-\mathrm{j}\omega\boldsymbol{B}\tag{2.3-3}$$

$$\nabla\cdot\boldsymbol{D}=0\tag{2.3-4}$$

$$\nabla\cdot\boldsymbol{B}=0\tag{2.3-5}$$

同样，$\boldsymbol{D}$和$\boldsymbol{E}$的关系式（2.1-11），以及$\boldsymbol{B}$和$\boldsymbol{H}$的关系式（2.1-12），在单频电磁波的假设下，演变为式（2.3-6）和式（2.3-7）的形式。

$$\boldsymbol{D}=\varepsilon_0\boldsymbol{E}+\boldsymbol{P}\tag{2.3-6}$$

$$\boldsymbol{B}=\mu_0\boldsymbol{H}+\mu_0\boldsymbol{M}\tag{2.3-7}$$

2.3.2 强度和功率

在 2.1.5 小节介绍过，电磁波的功率流由其坡印亭矢量$\boldsymbol{S}=\boldsymbol{E}\times\boldsymbol{H}$描述。而在单频电磁波的假设下，将复数形式表达的$\boldsymbol{E}$和$\boldsymbol{H}$代入坡印亭矢量的定义式，可以得到式（2.3-8）。

$$S = \mathrm{Re}\{\boldsymbol{E}\mathrm{e}^{\mathrm{j}\omega t}\} \times \mathrm{Re}\{\boldsymbol{H}\mathrm{e}^{\mathrm{j}\omega t}\} = \frac{1}{2}(\boldsymbol{E}\mathrm{e}^{\mathrm{j}\omega t} + \boldsymbol{E}^*\mathrm{e}^{-\mathrm{j}\omega t}) \times \frac{1}{2}(\boldsymbol{H}\mathrm{e}^{\mathrm{j}\omega t} + \boldsymbol{H}^*\mathrm{e}^{-\mathrm{j}\omega t})$$
$$= \frac{1}{4}(\boldsymbol{E} \times \boldsymbol{H}^* + \boldsymbol{E}^* \times \boldsymbol{H} + \mathrm{e}^{\mathrm{j}2\omega t}\boldsymbol{E} \times \boldsymbol{H} + \mathrm{e}^{-\mathrm{j}2\omega t}\boldsymbol{E}^* \times \boldsymbol{H}^*) \tag{2.3-8}$$

式中，两个光频振荡因子 $\mathrm{e}^{\mathrm{j}2\omega t}$ 、$\mathrm{e}^{-\mathrm{j}2\omega t}$ 在时域取平均的过程中被消掉，所以坡印亭矢量的时间平均值由复振幅矢量 $\boldsymbol{E}$ 和 $\boldsymbol{H}$ 及其共轭项决定，如式（2.3-9）所示。

$$\langle \boldsymbol{S} \rangle = \frac{1}{4}(\boldsymbol{E} \times \boldsymbol{H}^* + \boldsymbol{E}^* \times \boldsymbol{H}) = \frac{1}{2}(\boldsymbol{S} + \boldsymbol{S}^*) = \mathrm{Re}\{\boldsymbol{S}\} \tag{2.3-9}$$

式中，复矢量 $\boldsymbol{S}$ 为复坡印亭矢量，即

$$\boldsymbol{S} = \frac{1}{2}\boldsymbol{E} \times \boldsymbol{H}^* \tag{2.3-10}$$

光的强度由复矢量 $\boldsymbol{S}$ 的实部的幅值决定。

2.3.3 线性、非色散、均匀且各向同性的介质材料

对单频电磁波而言，在线性、非色散、均匀且各向同性的介质中，式（2.2-2）和式（2.2-4）演变为式（2.3-11）的形式，该式也叫材料方程，它描述了单频电磁波的复振幅矢量 $\boldsymbol{D}$ 和 $\boldsymbol{E}$，以及 $\boldsymbol{B}$ 和 $\boldsymbol{H}$ 的关系。

$$\boldsymbol{D} = \varepsilon \boldsymbol{E}, \quad \boldsymbol{B} = \mu \boldsymbol{H} \tag{2.3-11}$$

在运用式（2.3-11）之后，式（2.3-2）～式（2.3-5）所描述的麦克斯韦方程组进一步演变为只有复振幅矢量 $\boldsymbol{E}$ 和 $\boldsymbol{H}$ 两个自变量，也即式（2.3-12）～式（2.3-15）的形式。

$$\nabla \times \boldsymbol{H} = \mathrm{j}\omega\varepsilon \boldsymbol{E} \tag{2.3-12}$$
$$\nabla \times \boldsymbol{E} = -\mathrm{j}\omega\mu \boldsymbol{H} \tag{2.3-13}$$
$$\nabla \cdot \boldsymbol{E} = 0 \tag{2.3-14}$$
$$\nabla \cdot \boldsymbol{H} = 0 \tag{2.3-15}$$

如果将单频电磁波的复数表达式，也即式（2.3-1），代入波动方程（2.2-9），便可得到式（2.3-16）。

$$\nabla^2 U + k^2 U = 0, \quad k = nk_0 = \omega\sqrt{\varepsilon\mu} \tag{2.3-16}$$

式中，标量函数 $U = U(\boldsymbol{r})$ 为矢量 $\boldsymbol{E}$ 的三个分量 (E_x, E_y, E_z) 或 $\boldsymbol{H}$ 的三个分量 (H_x, H_y, H_z) 中的任意一个分量的复振幅；$n = \sqrt{(\varepsilon / \varepsilon_0)(\mu / \mu_0)}$；$k_0 = \omega / c_0$；$c = c_0 / n$。

这里的式（2.3-16）也即亥姆霍兹方程。因此，亥姆霍兹方程是波动方程在单频电磁波假设下的表现形式，亥姆霍兹方程的标量复振幅函数 $U(\boldsymbol{r})$ 对应了波动方程的中的实函数 $u(\boldsymbol{r}, t)$。

2.3.4 色散、非均匀的介质材料

1. 色散的介质材料

对于色散介质，$\boldsymbol{P}(t)$ 和 $\boldsymbol{E}(t)$ 由式（2.2-23）所描述的动态方程联系起来。而为了求复振

幅矢量 $\boldsymbol{P}$ 和 $\boldsymbol{E}$ 的关系，将式（2.3-1）代入式（2.2-23），便可得到式（2.3-17）。

$$\boldsymbol{P}=\varepsilon_0\chi(\nu)\boldsymbol{E} \tag{2.3-17}$$

式中，电极化率 $\chi(\nu)$ 为 $x(t)$ 的傅里叶变换：

$$\chi(\nu)=\int_{-\infty}^{\infty}x(t)\exp(-\mathrm{j}2\pi\nu t)\mathrm{d}t \tag{2.3-18}$$

式（2.3-17）也可以通过运用傅里叶变换中的卷积定理，从式（2.2-23）直接推导出来。

这里的卷积定理是指，两个函数卷积的傅里叶变换是这两个函数各自的傅里叶变换的乘积。即一个域中的卷积对应于另一个域中的乘积。而函数 $\varepsilon_0\chi(\nu)$ 则可以看作是连接 $\boldsymbol{P}(t)$ 和 $\boldsymbol{E}(t)$ 的线性系统的传输函数。

连接复振幅矢量 $\boldsymbol{D}$ 和 $\boldsymbol{E}$ 的关系式如式（2.3-19）所示。

$$\boldsymbol{D}=\varepsilon(\nu)\boldsymbol{E} \tag{2.3-19}$$

式中，与频率相关的介电常数 $\varepsilon(\nu)$ 由式（2.3-20）描述：

$$\varepsilon(\nu)=\varepsilon_0[1+\chi(\nu)] \tag{2.3-20}$$

所以，在色散介质中，电极化率 χ 和介电常数 ε 均与频率有关，并且一般来说是复数。亥姆霍兹方程式（2.3-16）只需将 k 的表达式替换为式（2.3-21）便可适用于色散介质。

$$k=\omega\sqrt{\varepsilon(\nu)\mu_0} \tag{2.3-21}$$

当 $\chi(\nu)$ 和 $\varepsilon(\nu)$ 在感兴趣的频率范围内近似为常数时，介质可以被当作非色散的。而色散介质中 χ 和 k 取复数值的物理含义，将在后面深入探讨。

2. 非均匀介质材料

对于非均匀的非磁性介质而言，式（2.3-12）～式（2.3-15）所示的麦克斯韦方程组仍然成立，只不过此时介质的介电常数 $\varepsilon=\varepsilon(\boldsymbol{r})$ 是一个与位置 $\boldsymbol{r}$ 有关的函数。

而对于 $\varepsilon(\boldsymbol{r})$ 变化较为缓慢的介质，亥姆霍兹方程式（2.3-16）仍然近似成立，但是需要将 k 替换为 $k=n(\boldsymbol{r})k_0$，这里的 $n(\boldsymbol{r})=\sqrt{\varepsilon(\boldsymbol{r})/\varepsilon_0}$。

2.3.5　标量波的基本类型

在下一节讨论电磁光学对几种基本类型的光波的处理方法之前，有必要先讨论波动光学对这几种基本类型的光波的处理方法。

1. 平面波

先来看看波动光学对平面波的处理方法。

首先介绍波前的概念。波前，是指由电磁波的相位因子 $\varphi(\boldsymbol{r})$ 取值相同的那些空间位置 $\boldsymbol{r}$ 所构成的面，即由 $\varphi(\boldsymbol{r})$ 为常数时所确定的那些等相位面。实践中这些常数往往用 2π 的整数倍来代表，即 $\varphi(\boldsymbol{r})=2\pi q$，这里 q 是整数。电磁波的波前在位置 $\boldsymbol{r}$ 处的法线，平行于相位因子 $\varphi(\boldsymbol{r})$ 的梯度矢量，代表相位在空间中变化最快的方向。

然后来看平面波在波动光学中的定义。平面波的复振幅 $U(\boldsymbol{r})$ 与位置矢量 $\boldsymbol{r}$ 的关系，如式（2.3-22）所示。

$$U(\boldsymbol{r}) = A\exp(-\mathrm{j}\boldsymbol{k}\cdot\boldsymbol{r}) = A\exp[-\mathrm{j}(k_x x + k_y y + k_z z)] \tag{2.3-22}$$

式中，A 为一个复数常量，叫作复包络；矢量 $\boldsymbol{k}$ 叫作波矢。将表达式（2.3-22）代入亥姆霍兹方程式（2.3-16），可以得出 $k_x^2 + k_y^2 + k_z^2 = \boldsymbol{k}^2$，因此波矢 $\boldsymbol{k}$ 的幅值也就等于波数 k。

由于平面波 $U(\boldsymbol{r})$ 的相位 $\arg\{U(\boldsymbol{r})\} = \arg\{A\} - \boldsymbol{k}\cdot\boldsymbol{r}$，具有相同相位值的那些面，即波前，必须满足 $\boldsymbol{k}\cdot\boldsymbol{r} = k_x x + k_y y + k_z z = 2\pi q + \arg\{A\}$，这里 q 是整数。

这个式描述了一系列垂直于波矢 $\boldsymbol{k}$ 的平行平面，具有这种等相位面（波前）的电磁波叫作平面电磁波。这一系列平行平面中，相邻的等相位面的间距为 $\lambda = 2\pi / k$，等价于式（2.3-23）。

$$\lambda = \frac{c}{\nu} \tag{2.3-23}$$

式中，λ 为波长。

平面电磁波携带的能量强度 $I(\boldsymbol{r})$ 等于 A 的幅值的平方，在整个空间任意处均为常数，这意味着它在空间中处处存在，而且在任何时间点均存在，所以这种电磁波显然是一种理想化的波。

如果将波矢 $\boldsymbol{k}$ 的方向定义为 z 轴，则复振幅 $U(\boldsymbol{r}) = A\exp(-\mathrm{j}\boldsymbol{k}z)$，对应的波函数 $u(\boldsymbol{r},t)$ 由式（2.3-24）所示。

$$u(\boldsymbol{r},t) = |A|\cos[2\pi\nu t - \boldsymbol{k}z + \arg\{A\}] = |A|\cos[2\pi\nu(t - z/c) + \arg\{A\}] \tag{2.3-24}$$

可以看出，波函数 $u(\boldsymbol{r},t)$ 是时间域的周期函数，周期为 $1/\nu$，同时也是空间域的周期函数，周期为 $2\pi/k$，也就等于波长 λ。关于 $u(\boldsymbol{r},t)$ 在时间和空间上的变化规律，见图 2.3-1。由于波函数 $u(\boldsymbol{r},t)$ 的相位项 $\arg\{U(\boldsymbol{r},t)\} = 2\pi\nu(t - z/c) + \arg\{A\}$ 的取值是变量 $t - z/c$ 的函数，c 被称为波的相速度。

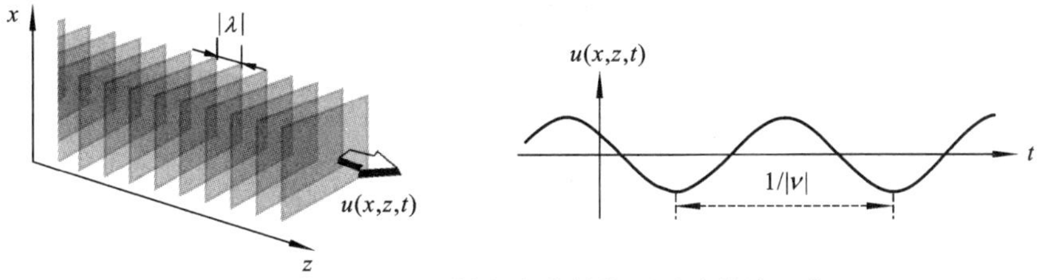

图 2.3-1　一列沿 z 轴方向传播的平面波的波函数

2. 从球面波到近轴波

1）球面波

亥姆霍兹方程在球坐标系中的一种简单解可以用球面波的复振幅函数表示：

$$U(r) = \frac{A_0}{r}\exp(-jkr) \tag{2.3-25}$$

式中，r 为距离球坐标系原点的距离；$k = 2\pi\nu / c = \omega / c$，为波数；$A_0$ 为一个常数。

球面电磁波的强度 $I(r) = |A_0|^2 / r^2$，与距离 r 的平方成反比。为简单起见，一般假设常量 A_0 的相位 $\arg\{A_0\} = 0$，则球面波的波前可由球坐标系下满足等式 $kr = 2\pi q$ 的那些面确定，这里的 q 是一个整数。而满足该式的面为一系列同心球面，相邻球面之间沿半径方向的距离为

$\lambda = 2\pi / k$，且球面沿半径方向以相速度c向外传播，见图 2.3-2。

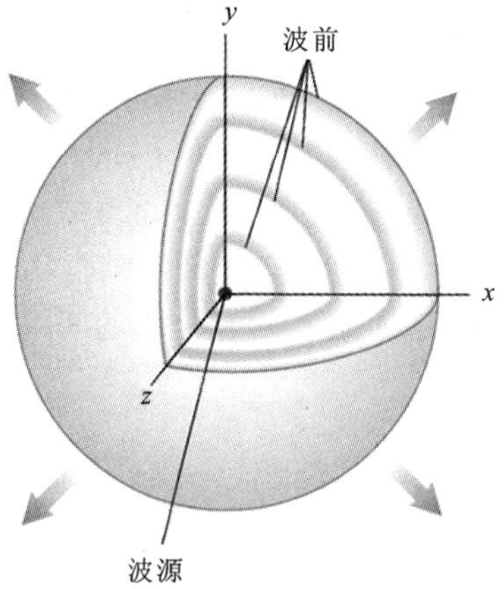

图 2.3-2　一列同心球面波的波前的横截面

如果一个球面波的波源的位置矢量为$\boldsymbol{r}_0$，那么它的复振幅函数$U(\boldsymbol{r}) = (A_0 / |\boldsymbol{r} - \boldsymbol{r}_0|)\exp(-\mathrm{j}k|\boldsymbol{r} - \boldsymbol{r}_0|)$。它的波前是以位置矢量$\boldsymbol{r}_0$所代表的那个点为圆心的一系列同心圆。而复振幅函数$U(r) = (A_0 / \boldsymbol{r})\exp(+\mathrm{j}k\boldsymbol{r})$则是一系列朝着圆心，由外向内传播的球面波[1]。

2）抛物面波

考虑一个从坐标系原点 $r=0$ 处发出的球面波在位置矢量$\boldsymbol{r} = (x, y, z)$处的情况。假设位置矢量$\boldsymbol{r}$离$z$轴很近，同时离坐标系原点很远，那么有$\sqrt{x^2 + y^2} \ll z$，则几何光学中近轴光线的假设对连接坐标系原点与这些位置的光线就可以适用。此时$\theta^2 = (x^2 + y^2) / z^2 \ll 1$，所以可以对位置矢量$\boldsymbol{r}$运用泰勒级数展开，并忽略展开式中比$\theta^2$更高阶的那些项，最后得到$\boldsymbol{r} \approx z + \left(\dfrac{x^2 + y^2}{2z}\right)$，如式（2.3-26）所示。

$$\boldsymbol{r} = \sqrt{x^2 + y^2 + z^2} = z\sqrt{1 + \theta^2} + z\left(1 + \frac{\theta^2}{2} - \frac{\theta^4}{8} + \cdots\right) \approx z\left(1 + \frac{\theta^2}{2}\right) = z + \frac{x^2 + y^2}{2z} \quad (2.3\text{-}26)$$

为了求得式（2.3-25）所示的复振幅$U(\boldsymbol{r})$在直角坐标系下的近似表达式，首先将$\boldsymbol{r} \approx z + (x^2 + y^2) / 2z$，代入$U(\boldsymbol{r})$的相位项$\exp(-\mathrm{j}k\boldsymbol{r})$，由于$U(\boldsymbol{r})$的振幅项$A_0 / \boldsymbol{r}$相比相位项而言对误差更不敏感，因此可以将更进一步的近似表达式$\boldsymbol{r} \approx z$，代入$U(\boldsymbol{r})$的振幅项，最后得到式（2.3-27）所示的球面波的菲涅耳近似表达式：

$$U(\boldsymbol{r}) \approx \frac{A_0}{z}\exp(-\mathrm{j}kz)\exp\left(-\mathrm{j}k\frac{x^2 + y^2}{2z}\right) \quad (2.3\text{-}27)$$

在研究光波通过小孔的传输（衍射）问题过程中，这个近似表达式极大地简化了问题的分析。

式（2.3-27）中的复振幅可以被看作一列平面波$A_0\exp(-\mathrm{j}kz)$受到调制的结果，调制因子为$(1/z)\exp[-\mathrm{j}k(x^2 + y^2) / 2z]$，该调制因子中的相位项为$k(x^2 + y^2) / 2z$，这个相位项的作用是将平面波的波前，即等相位面，由平面弯曲为抛物面，该抛物面由式$(x^2 + y^2) / z$的取值等于常数确定。在这种情况下，球面波能够被抛物面波很好地近似。当 z 值变得非常大时，式（2.3-27）中的抛物面相位因子趋近于 0，则总的相位因子变为 kz。由于幅度因子 A_0/z 随 z 的变化相对缓慢，球面波最后会演化为平面波 $\exp(-\mathrm{j}kz)$，如图 2.3-3 所示。

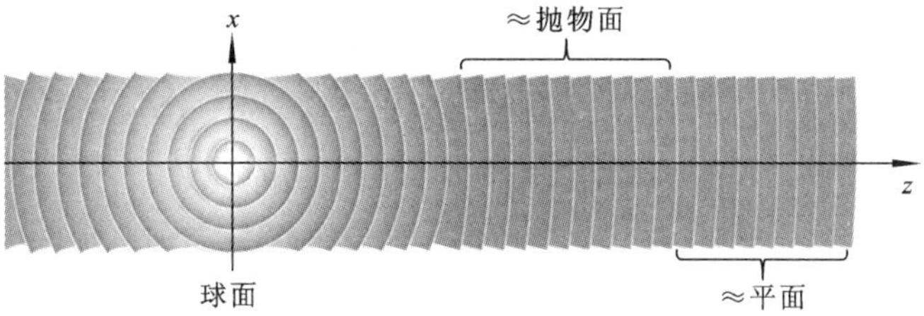

图 2.3-3 球面波的演化规律

然而，对球面波作菲涅耳近似的条件并不是简单的 $\theta^2 \ll 1$，这是因为泰勒展开式的第三项 $\theta^4/8$ 与第二项相比虽然很小，但是一旦乘以 kz 就有可能与 π 比拟。所以，菲涅耳近似的成立条件是 $kz\theta^4/8 \ll \pi$，或者 $(x^2+y^2)^2 \ll 4z^3\lambda$。对于绕 z 轴且半径为 a 的圆圈所包围的点而言，菲涅耳近似的成立条件为 $a^4 \ll 4z^3\lambda$，如式（2.3-28）所示。

$$\frac{N_{\mathrm{F}}\theta_m^2}{4} \ll 1 \tag{2.3-28}$$

式中，$\theta_m = a/z$ 为 θ 的最大值；N_{F} 为菲涅耳数，由式（2.3-29）定义。

$$N_{\mathrm{F}} = \frac{a^2}{\lambda z} \tag{2.3-29}$$

3）近轴波

如果一个波的波前的法线是近轴光线，则这个波被称为近轴波。构造近轴波的一个方法是从平面波 $A\exp(-\mathrm{j}kz)$ 开始，将它视为载波，然后对它的复包络 A 进行调制，让 A 变成随位置缓慢变化的函数 $A(\boldsymbol{r})$，经过这样调制后的波的复振幅函数 $U(\boldsymbol{r})$ 的表达式如式（2.3-30）所示。

$$U(\boldsymbol{r}) = A(\boldsymbol{r})\exp(-\mathrm{j}kz) \tag{2.3-30}$$

被调制后的包络函数 $A(\boldsymbol{r})$ 及其导数随位置 z 的变化在一个波长 $\lambda = 2\pi/k$ 的距离内必须很小，这样才能保证这个波仍然具有平面波的特性。考虑一个近轴波的波函数 $u(\boldsymbol{r},t) = |A(\boldsymbol{r})|\cos[2\pi\nu t - kz + \arg\{A(\boldsymbol{r})\}]$，该近轴波在 $t=0$ 时刻的取值与 z 轴上的位置的关系，如图 2.3-4（a）所示，这里假设 $x=y=0$。它是位置 z 的正弦函数，幅值为 $|A(0,0,z)|$，相位为 $\arg\{A(0,0,z)\}$，这两者都是随 z 缓慢变化的。由于相位 $\arg\{A(x,y,z)\}$ 在一个波长的距离内变化很小，它对载波的平面波前造成的弯曲程度也就很小，因此弯曲后的波前法线都是近轴光线，如图 2.3-4（b）所示。

如果式（2.3-30）所代表的近轴波要满足亥姆霍兹方程 $\nabla^2 U + k^2 U = 0$，则复包络 $A(\boldsymbol{r})$ 必须满足一个将式（2.3-30）代入亥姆霍兹方程得到的偏微分方程。$A(\boldsymbol{r})$ 随 z 的变化是缓慢的，这一假设意味着在一个波长 λ 的距离内，A 的变化远小于 A 本身，即 $\Delta A \ll A$，这个复数不

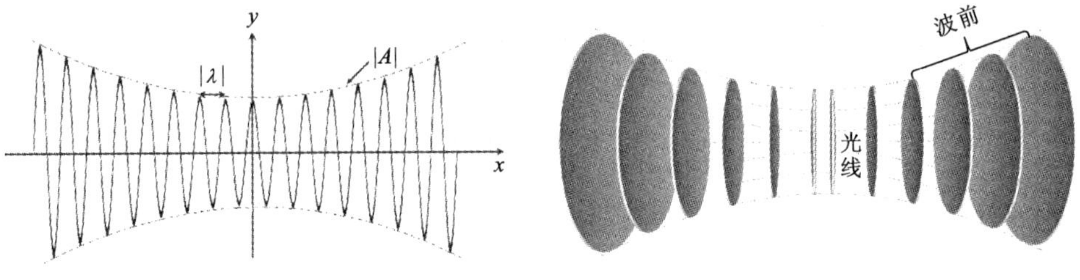

(a) (b)

图 2.3-4 近轴波的振幅和相位分布情况

(a) 近轴波的波函数取值随轴上位置 z 的变化关系；(b) 近轴波在三维空间中的波前和波前的法线

等式分别适用于 A 的实部和虚部的幅值。因为 $\Delta A=(\partial A/\partial z)\Delta z=(\partial A/\partial z)\lambda$，可以得出 $\partial A/\partial z \ll A/\lambda = Ak/2\pi$，即式（2.3-31）。

$$\frac{\partial A}{\partial z} \ll kA \tag{2.3-31}$$

又由于 A 对 z 的导数本身在一个波长 λ 的距离内也必须是缓慢变化的，即 $(\partial^2 A/\partial z^2) \ll k(\partial A/\partial z)$，那么 A 对 z 的二阶导数远小于 k^2A，即式（2.3-32）。

$$\frac{\partial^2 A}{\partial z^2} \ll k^2 A \tag{2.3-32}$$

那么，将式（2.3-30）代入亥姆霍兹方程 $\nabla^2 U + k^2 U = 0$，并且忽略掉 A 对 z 的二阶导数项，可以得到关于复包络 $A(\boldsymbol{r})$ 的偏微分方程，即近轴亥姆霍兹方程，如式（2.3-33）所示。

$$\nabla_{\mathrm{T}}^2 A - \mathrm{j}2k\frac{\partial A}{\partial z} = 0 \tag{2.3-33}$$

式中，$\nabla_{\mathrm{T}}^2 = \partial^2/\partial x^2 + \partial^2/\partial y^2$ 为横向拉普拉斯算符。

式（2.3-33）是亥姆霍兹方程在复包络函数缓慢变化的条件下的近似，可以简单地称其为近轴亥姆霍兹方程。近轴亥姆霍兹方程最简单的解是抛物面波，即球面波的近轴近似。而近轴亥姆霍兹方程最有趣也最常用的一种解，是高斯光束[1]。

2.4 电磁波的基本类型

2.4.1 平面电磁波、偶极子波和电磁高斯光束

1. 平面电磁波

上一节讨论了麦克斯韦方程组在时间域上的最基本的类型，即单频电磁波，并且分析了麦克斯韦方程组在单频电磁波条件下的表现形式。接下来分析单频电磁波条件下，麦克斯韦方程组的一种基础而重要的解，即平面电磁波。在这里，不但假设电磁波是单频的，而且假设介质是线性、非色散、均匀且各向同性的。

2.3.5 小节介绍了波动光学对平面波的处理方法，在波动光学中，虽然从等相位面的概念

出发定义了平面波，但并没有定义电场矢量 $\boldsymbol{E}$ 和磁场矢量 $\boldsymbol{H}$ 的概念。下面来看光的电磁理论中对平面波的处理方式。

考虑一个单频电磁波，其磁场和电场的复矢量 $\boldsymbol{H}(\boldsymbol{r})$ 和 $\boldsymbol{E}(\boldsymbol{r})$ 均是平面波，且具有波矢 $\boldsymbol{k}$，如式（2.4-1）和式（2.4-2）所示。此处的复包络 H_0 和 E_0 为矢量常数。

$$\boldsymbol{H}(\boldsymbol{r}) = H_0 \exp(-\mathrm{j}\boldsymbol{k}\cdot\boldsymbol{r}) \tag{2.4-1}$$

$$\boldsymbol{E}(\boldsymbol{r}) = E_0 \exp(-\mathrm{j}\boldsymbol{k}\cdot\boldsymbol{r}) \tag{2.4-2}$$

$\boldsymbol{H}(\boldsymbol{r})$ 和 $\boldsymbol{E}(\boldsymbol{r})$ 的所有分量均满足亥姆霍兹方程，且方程中的波矢 $\boldsymbol{k}$ 的幅值 $k = nk_0$，n 为介质的折射率。

为了研究平面电磁波的复包络 H_0 和 E_0 必须满足的条件，将 $\boldsymbol{H}(\boldsymbol{r})$ 和 $\boldsymbol{E}(\boldsymbol{r})$ 的表达式（2.4-1）和式（2.4-2）代入单频电磁波条件下的麦克斯韦方程组，即式（2.3-12）和式（2.3-13），可以得到式（2.4-3）和式（2.4-4）。

$$k \times H_0 = -\omega\varepsilon E_0 \tag{2.4-3}$$

$$k \times E_0 = \omega\mu H_0 \tag{2.4-4}$$

而平面电磁波也同时能够满足单频条件下的麦克斯韦方程组的另外两个式，即式（2.3-14）和式（2.3-15），这是因为均匀平面波的散度为 0。

那么，从式（2.4-3）可以得出，电场矢量 $\boldsymbol{E}$ 必须同时与波矢 $\boldsymbol{k}$ 和磁场矢量 $\boldsymbol{H}$ 垂直。而从式（2.4-4）可以得出，磁场矢量 $\boldsymbol{H}$ 必须同时与波矢 $\boldsymbol{k}$ 和电场矢量 $\boldsymbol{E}$ 垂直。因此，$\boldsymbol{E}$、$\boldsymbol{H}$ 和 $\boldsymbol{k}$ 三个矢量之间是互相垂直的，如图 2.4-1 所示。因为 $\boldsymbol{E}$ 和 $\boldsymbol{H}$ 位于与传播方向 $\boldsymbol{k}$ 垂直的平面内，这种电磁波又叫作横电磁波（transverse electromagnetic wave，TEM wave）或者 TEM 波。

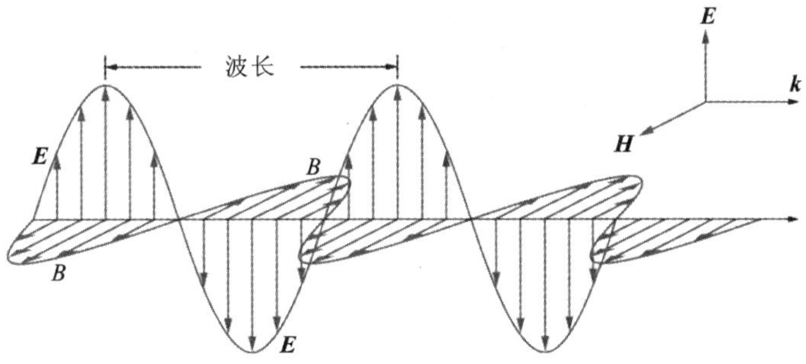

图 2.4-1　横电磁波的矢量 $\boldsymbol{E}$、$\boldsymbol{H}$ 和 $\boldsymbol{k}$ 三者之间的关系

从式（2.4-3）还可以得出，磁场的幅值 H_0 和电场的幅值 E_0 之间的关系由式 $H_0 = (\omega\varepsilon / k)E_0$ 决定。类似地，从式（2.4-4）可以得出，$H_0 = (k / \omega\mu)E_0$。进而可以得出，$\omega\varepsilon / k = k / \omega\mu$，或者 $k = \omega(\sqrt{\varepsilon\mu}) = \omega / c = n\omega / c_0 = nk_0$，这一串等式实际上也是电磁波满足亥姆霍兹方程的结果。

平面电磁波的电场幅值 E_0 与磁场幅值 H_0 的比值为 $\omega\mu / k = c\mu = \sqrt{\mu / \varepsilon}$，如式（2.4-5）所示，这个比值 η 被称为介质对电磁波的阻抗。

$$\eta = \frac{E_0}{H_0} = \sqrt{\frac{\mu}{\varepsilon}} \tag{2.4-5}$$

对于非磁性介质而言，$\mu = \mu_0$，此时 $\eta = \sqrt{\mu_0 / \varepsilon}$。那么一般非磁性介质对电磁波的阻抗 η

等于自由空间中的电磁波阻抗η_0除以折射率n，如式（2.4-6）所示。

$$\eta = \frac{\eta_0}{n} \tag{2.4-6}$$

式中，η_0为自由空间中的电磁波阻抗，$\eta_0 = \sqrt{\mu_0 / \varepsilon_0}$，约等于 120π，约等于 377 Ω。

$$\eta_0 = \sqrt{\frac{\mu_0}{\varepsilon_0}} \approx 120\pi \approx 377\ \Omega \tag{2.4-7}$$

平面电磁波的坡印亭矢量$\boldsymbol{S} = \frac{1}{2}\boldsymbol{E} \times \boldsymbol{H}^*$与波矢$\boldsymbol{k}$平行，因此它的功率流动的方向与波前垂直。$\boldsymbol{S}$的幅值是$\frac{1}{2}E_0H_0^* = |E_0|^2 / 2\eta$，强度$I$也因此等于$|E_0|^2 / 2\eta$，如式（2.4-8）所示。

$$I = \frac{|E_0|^2}{2\eta} \tag{2.4-8}$$

因此，TEM 波的场强正比于电场幅值的平方。举例而言，如果自由空间中的平面电磁波的强度为 10 W/cm^2，则其电场强度约为 87 V/cm。值得指出的是，式（2.4-8）与波动光学中的式$I = |U|^2$具有相似处。

从式（2.2-15）可以得出平面电磁波的能量密度W的时间平均值如式（2.4-9）所示。

$$W = \frac{1}{2}\varepsilon |E_0|^2 \tag{2.4-9}$$

所以，式（2.4-8）所描述的强度I，与式（2.4-9）所描述的能量密度W的时间平均值，可以由式（2.4-10）联系起来。

$$I = cW \tag{2.4-10}$$

该等式在物理上的含义是，平面电磁波的功率密度流I是由其能量密度W以光速c传播所导致。该等式可以形象地用一个底面面积为A，长度为c，且与平面电磁波传播方向平行的圆柱体来说明。在该圆柱体中存储的总电磁能量为cAW，这些电磁能量在一秒内穿过底面A，因此对应的电磁波强度I，即通过单位面积的功率为$I = cW$。

平面电磁波携带的线性动量的体密度为$(1/c^2)S = (1/c^2)I\hat{k} = (W/c)\hat{k}$。

2. 从球面电磁波到偶极子波

然后来看看光的电磁理论是如何处理球面波的。振荡的电偶极子辐射出的电磁波，与 2.3.5 小节中讨论的标量球面波相似。辐射波的频率由电偶极子的振荡频率决定。为了描述电偶极子辐射出的电磁波，先构建一个数学上的辅助矢量场$\boldsymbol{A}(\boldsymbol{r})$，也叫矢量势，在电磁学中经常被用来辅助麦克斯韦方程组的求解。

$$\boldsymbol{A}(\boldsymbol{r}) = a_0 U(r)\hat{\boldsymbol{x}} \tag{2.4-11}$$

对于球面电磁波，$\boldsymbol{A}(\boldsymbol{r})$如式（2.4-11）所示，这里$a_0$是一个常数，$\hat{\boldsymbol{x}}$是一个方向沿$x$轴的单位矢量，$U(r)$即 2.3.5 小节中讨论的标量球面波，其波源为坐标原点，如式（2.4-12）所示。

$$U(r) = \frac{1}{4\pi r}\exp(-\mathrm{j}kr) \tag{2.4-12}$$

从前面的讨论中可知，$U(r)$ 满足亥姆霍兹方程，那么，$\boldsymbol{A}(\boldsymbol{r})$ 也满足亥姆霍兹方程，$\nabla^2\boldsymbol{A}+k^2\boldsymbol{A}=0$

然后，将球面电磁波的磁场分量定义为矢量场 $\boldsymbol{A}$ 的旋度，如式（2.4-13）所示。

$$\boldsymbol{H}=\frac{1}{\mu}\nabla\times\boldsymbol{A} \tag{2.4-13}$$

那么，对应的电场分量可以结合麦克斯韦方程组式（2.3-12）得出，如式（2.4-14）所示。

$$\boldsymbol{E}=\frac{1}{\mathrm{j}\omega\varepsilon}\nabla\times\boldsymbol{H} \tag{2.4-14}$$

式（2.4-13）和式（2.4-14）确保了 $\boldsymbol{E}$ 的散度和 $\boldsymbol{H}$ 的散度均为 0，这是因为任何矢量场先取旋度再取散度总等于 0。而这说明 $\boldsymbol{E}$ 和 $\boldsymbol{H}$ 满足麦克斯韦方程组中式（2.3-14）和式（2.3-15）的要求。因为 $\boldsymbol{A}(\boldsymbol{r})$ 满足亥姆霍兹方程，因此很容易证明 $\boldsymbol{E}$ 和 $\boldsymbol{H}$ 也满足麦克斯韦方程组剩下的方程：

$$\nabla\times\boldsymbol{E}=-\mathrm{j}\omega\mu\boldsymbol{H}$$

所以，式（2.4-11）～式（2.4-14）定义的球面电磁波是满足麦克斯韦方程组的。

下面，继续求解式（2.4-14）和式（2.4-13）定义的 $\boldsymbol{E}$ 和 $\boldsymbol{H}$ 的完整表达式。我们在如图 2.4-2（a）所示的球坐标系统 (r,θ,ϕ) 中对式中的旋度算符进行展开，采用的单位矢量为 $(\hat{\boldsymbol{r}},\hat{\boldsymbol{\theta}},\hat{\boldsymbol{\phi}})$。$\boldsymbol{E}$ 和 $\boldsymbol{H}$ 的完整表达式为

$$\boldsymbol{E}(\boldsymbol{r})=2e_0\cos\theta\left[\frac{1}{\mathrm{j}kr}+\frac{1}{(\mathrm{j}kr)^2}\right]U(r)\hat{\boldsymbol{r}}+e_0\sin\theta\left[1+\frac{1}{\mathrm{j}kr}+\frac{1}{(\mathrm{j}kr)^2}\right]U(r)\hat{\boldsymbol{\theta}} \tag{2.4-15}$$

$$\boldsymbol{H}(\boldsymbol{r})=h_0\sin\theta\left[1+\frac{1}{\mathrm{j}kr}\right]U(r)\hat{\boldsymbol{\phi}} \tag{2.4-16}$$

式（2.4-16）中，$h_0=(\mathrm{j}k/\mu)A_0$，而式（2.4-15）中，$e_0=\eta h_0$。如果用式（2.4-15）和式（2.4-16）描述一个振幅为 $A_0=\mathrm{j}\mu\omega p$，取向为 x 方向的电偶极子辐射的电磁波，则有 $h_0=(-\omega^2/c)p$，而 $e_0=-\mu\omega^2 p$。

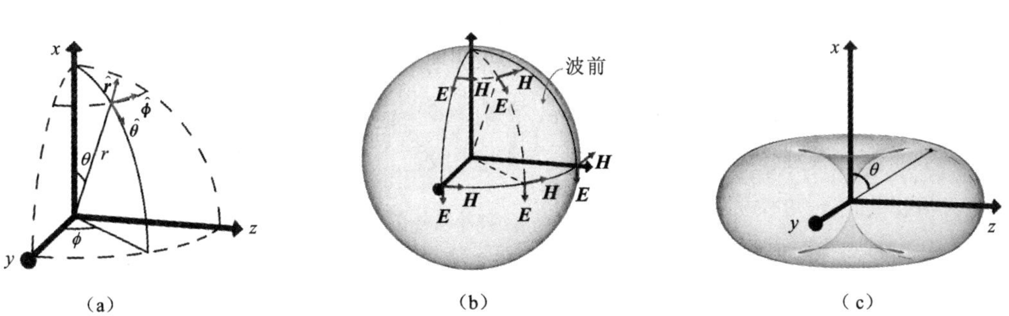

图 2.4-2 偶极子波的场分布

（a）球坐标系；（b）振荡的偶极子波辐射的电磁波在位置 r 处（$r\gg\lambda/2\pi$）的电场矢量、磁场矢量和波前；（c）辐射场的振幅随极角 θ 的关系是一个超环面

如果与坐标原点的距离 r 远大于光波长 λ，即 $kr=2\pi/\lambda\gg1$，那么电磁场的复振幅矢量可以近似表达为式（2.4-17）和式（2.4-18）所示的形式。

$$\boldsymbol{E}(\boldsymbol{r}) \approx e_0 \sin\theta U(r)\hat{\boldsymbol{\theta}} \tag{2.4-17}$$

$$\boldsymbol{H}(\boldsymbol{r}) \approx h_0 \sin\theta U(r)\hat{\boldsymbol{\phi}} \tag{2.4-18}$$

式（2.4-18）中，$h_0 = (\mathrm{j}k/\mu)A_0$；式（2.4-17）中，$e_0 = \eta h_0$，$\theta = \cos^{-1}(x/r)$；$\hat{\boldsymbol{\theta}}$ 和 $\hat{\boldsymbol{\phi}}$ 为球坐标系中的单位矢量。

由式（2.4-15）和式（2.4-16）定义的矢量波的波前是一个球面，电场矢量 $\boldsymbol{E}$ 指向极角方向，而磁场矢量 $\boldsymbol{H}$ 指向方位角的方向，且 $\boldsymbol{E}$、$\boldsymbol{H}$ 和半径方向的单位矢量 $\boldsymbol{r}$ 三者互相垂直，如图 2.4-2（b）所示。

与标量球面波不同的是，这里定义的矢量波的幅值随 θ 的正弦值变化，即辐射场的振幅随极角 θ 的关系是一个超环面，在偶极子的方向上辐射场振幅为 0，如图 2.4-2（c）所示。在远离坐标系原点且与 z 轴靠近的那些位置，θ 约等于 π/2，ϕ 约等于 π/2，因此这里定义波前的法线与轴近似平行，对应于近轴几何光线，θ 的正弦值约等于 1。球坐标系中的单位矢量 $\hat{\boldsymbol{\theta}}$ 与直角坐标系中的单位矢量 $\boldsymbol{x}$，$\boldsymbol{y}$ 和 $\boldsymbol{z}$ 的关系为

$$\hat{\boldsymbol{\theta}} = -\sin\theta\hat{\boldsymbol{x}} + \cos\theta\cos\phi\hat{\boldsymbol{y}} + \cos\theta\sin\phi\hat{\boldsymbol{z}} \approx -\hat{\boldsymbol{x}} + (x/z)(y/z)\hat{\boldsymbol{y}} + (x/z)\hat{\boldsymbol{z}} \approx -\hat{\boldsymbol{x}} + (x/z)\hat{\boldsymbol{z}}$$

所以有

$$\boldsymbol{E}(\boldsymbol{r}) \approx e_0\left(-\hat{\boldsymbol{x}} + \frac{x}{z}\hat{\boldsymbol{z}}\right)U(\boldsymbol{r}) \tag{2.4-19}$$

式中，$U(\boldsymbol{r})$ 为球面波在近轴假设下的近似，即 2.3.5 小节中讨论的抛物面波。在 z 足够大的条件下，式（2.4-19）中的 (x/z) 可以被忽略，也就有

$$\boldsymbol{E}(\boldsymbol{r}) \approx -e_0 U(\boldsymbol{r})\hat{\boldsymbol{x}} \tag{2.4-20}$$

$$\boldsymbol{H}(\boldsymbol{r}) \approx h_0 U(\boldsymbol{r})\hat{\boldsymbol{y}} \tag{2.4-21}$$

这里，$U(\boldsymbol{r})$ 近似为 $(1/4\pi z)\mathrm{e}^{-\mathrm{j}kz}$，此时对应的波就演变为图 2.3-3 所示的 TEM 波。

与电偶极子辐射的电磁波对应的，是取向为 x 方向的磁偶极子 m 辐射的电磁波。在远场处 $(kr \gg 1)$，这种类型的电磁波的电场 $\boldsymbol{E}$ 指向方位角的方向，而与 $\boldsymbol{E}$ 垂直的磁场 $\boldsymbol{H}$ 指向极角的方向：

$$\boldsymbol{E}(\boldsymbol{r}) \approx e_0 \sin\theta U(\boldsymbol{r})\hat{\boldsymbol{\phi}} \tag{2.4-22}$$

$$\boldsymbol{H}(\boldsymbol{r}) \approx h_0 \sin\theta U(\boldsymbol{r})\hat{\boldsymbol{\theta}} \tag{2.4-23}$$

上两式中，$h_0 = (\omega^2/c^2)m$，$e_0 = \mu(\omega^2/c)m$，在射频频段，这种类型的电磁波可以用一个与 x 轴垂直的平面环形天线中的振荡电流产生。在光频段，微小的金属环起到光学天线的作用，在超构材料中也具有重要的应用。

3. 电磁高斯光束

最后来看看光的电磁理论是如何处理高斯光束的。可以证明，通过坐标变换，即将 z 替换为 $z + \mathrm{j}z_0$，可以从抛物面波推导得出高斯光束，这里的抛物面波是球面波的近轴近似[1]。那么在光的电磁理论中，也可以运用同样的变换，从球面电磁波中推导出电磁高斯光束。

具体而言，将式（2.4-19）中的 z 替换为 $z + \mathrm{j}z_0$，可以得到电磁高斯光束的电场 $\boldsymbol{E}$ 的表达式，即式（2.4-24）。

$$\boldsymbol{E}(\boldsymbol{r}) = e_0\left(-\hat{\boldsymbol{x}} + \frac{x}{z + \mathrm{j}z_0}\hat{\boldsymbol{z}}\right)U(\boldsymbol{r}) \tag{2.4-24}$$

式中，$U(\boldsymbol{r})$ 为标量高斯光束的复振幅，它是一个标量[1]。

标量高斯光束的波前如图 2.4-3（a）所示，而式（2.4-24）所定义的电场 $\boldsymbol{E}$ 则由图 2.4-3（b）所示，在这种情况下，电场 $\boldsymbol{E}$ 的方向在空间上并不是均匀分布的。

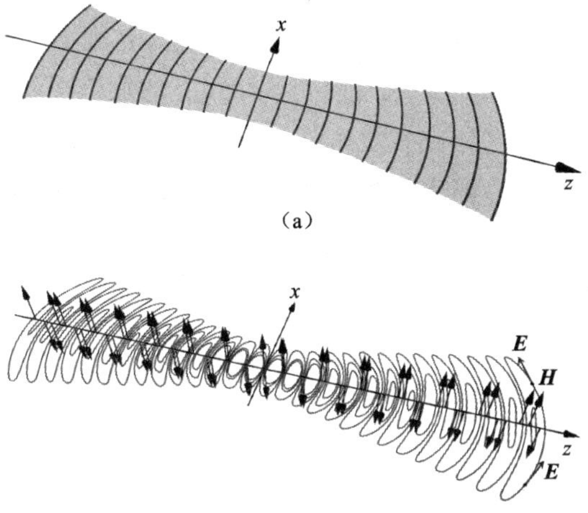

图 2.4-3　标量高斯光束与电磁高斯光束

（a）标量高斯光束在 x-z 平面内的波前；（b）电磁高斯光束在 x-z 平面内的电场[1]

2.4.2　电磁光学与标量波动光学的联系

2.3.5 小节中定义的近轴标量波，其波前的法线与光轴之间的夹角较小，因此在光轴（z 轴）附近似为平面波，而复包络和传播方向随光轴上的位置 z 变化而缓慢变化。同样，各向同性的线性材料中的近轴电磁波在光轴附近处也近似为 TEM 波，如图 2.4-4 所示。波前上每一点电场矢量 $\boldsymbol{E}$ 和磁场矢量 $\boldsymbol{H}$ 构成一个与波前相切的平面，该平面与波矢 $\boldsymbol{k}$ 垂直。光功率的传播方向由 $\boldsymbol{E}\times\boldsymbol{H}$ 决定，该方向与波矢 $\boldsymbol{k}$ 平行，与光轴近似平行。

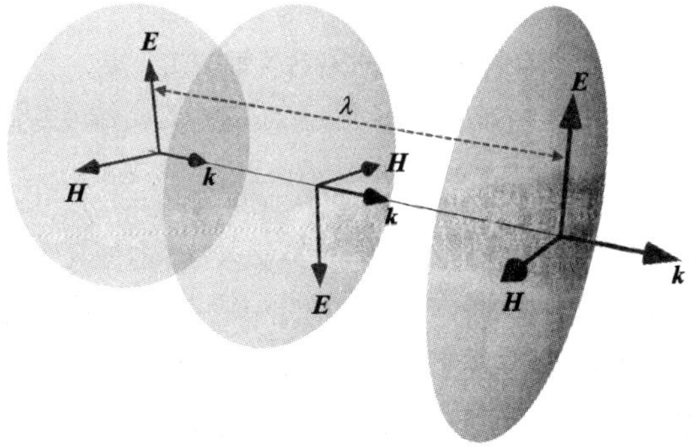

图 2.4-4　近轴电磁波[1]

一列强度为$I=|U|^2$的近轴标量波，与一列强度为$I=|E|^2/2\eta$的近轴电磁波可以联系起来，只需令$U=E/\sqrt{2\eta}$并匹配两者的波前即可。标量波模型为描述光的干涉、衍射、传播和近轴波成像等问题提供了非常好的近似，小发散角的高斯光束就是一个很好的例子[1]，这类光束的强度、被透镜的聚焦、被镜面的反射以及干涉问题，都可以用标量波模型处理。然而，标量波模型无法处理与偏振态相关的问题，此时就需要应用电磁波模型。

需要指出的是，在材料的界面处，标量波的幅值U和电磁波的振幅E并不服从同样的边界条件。例如，在两种介质材料的界面处，电磁波的电场$\boldsymbol{E}$沿界面的分量是连续的，而标量波的振幅$U=E/\sqrt{2\eta}$则是不连续的，这是因为波阻抗η的取值在界面两边不一样。虽然从标量波模型出发，通过匹配界面两边的相位可以推导出反射定律和折射定律，但是标量波模型无法完整地处理界面处的反射和折射问题，因为在计算界面处的反射系数和折射系数时，需要考虑光的偏振态，此时必须采用电磁波模型。同样，在处理光在介质光波导中传播的问题时，也必须采用电磁波模型。

2.4.3 矢量光束

在近轴近似下，麦克斯韦方程组存在一类具有圆柱对称性的解，其电场矢量在不同位置处的取向是不同的，图 2.4-5（a）给出这类光束的一个例子，其电场矢量的取向与方位角的方向一致，电场矢量的复振幅表达式为

$$\boldsymbol{E}(\boldsymbol{r})=U(\rho,z)\exp(-\mathrm{j}kz)\hat{\boldsymbol{\phi}} \tag{2.4-25}$$

式中，标量函数$U(\rho,z)$为亥姆霍兹方程的解，具有贝塞尔-高斯函数的形式。这种矢量光束的振幅在光轴的位置（$\rho=0$）为 0，在垂直于光轴的平面内的振幅分布呈现出环带状。在沿光轴传播的过程中，该矢量光束的光斑半径不断增大，光束发散的情况与高斯光束的情况类似。

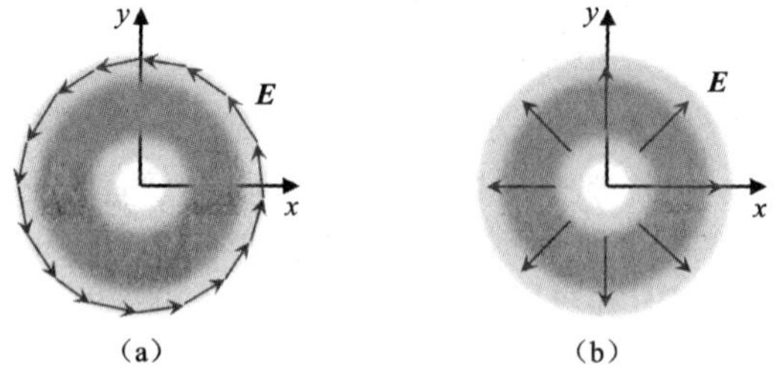

（a）　　（b）

图 2.4-5　具有圆柱对称性的矢量光束

（a）与方位角方向平行的电场矢量；（b）与半径方向平行的电场矢量。

阴影代表了光强在光束横截面上的空间分布[5]

图 2.4-5（b）给出矢量光束的另一个例子，其磁场矢量的取向与方位角的方向一致，而电场矢量的取向与半径方向一致。这种矢量光束的振幅在光轴处也为 0，其空间分布与取向为光轴方向的电偶极子辐射的电磁波类似，如图 2.4-2（b）所示。可以证明，这种矢量光束可以用大数值孔径的透镜聚焦，而聚焦光斑远小于普通的高斯光束所能达到的聚焦光斑。显然，这种矢量光束可用于高精度的显微镜。

2.5 吸收、色散和谐振材料

本节着重讨论非磁性材料对电磁波的吸收与色散以及谐振材料。

2.5.1 吸收

本小节着重讨论非磁性材料中电磁波的吸收。在本节之前讨论的材料都被假设为完全透明的，即不吸收光，玻璃在可见光波段就是这样一种材料。但是，在紫外和红外波段，玻璃对光就有吸收，所以，对紫外光和红外光透明的元件一般由其他材料制成，例如紫外波段的石英和氟化镁，以及红外波段的锗和氟化钡等。图 2.5-1 列举了一些常见的材料对电磁波透明的谱段。

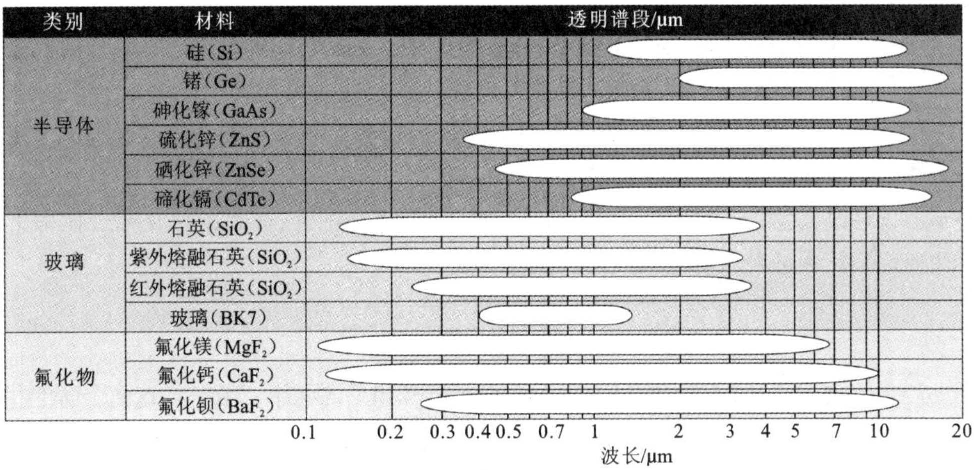

图 2.5-1　一些典型材料的透明谱段[1]

本小节采用一种经验的方式来处理线性介质对光的吸收。考虑一个复电极化率 χ，如式（2.5-1）所示。

$$\chi = \chi' + \mathrm{j}\chi'' \tag{2.5-1}$$

相对应地，复电容率 $\varepsilon = \varepsilon_0(1+\chi)$，相对复电容率 $\varepsilon / \varepsilon_0 = (1+\chi)$。对单频电磁波而言，亥姆霍兹方程式（2.3-16）对复振幅 $U(\boldsymbol{r})$ 仍然成立，即 $\nabla^2 U + k^2 U = 0$，但是，此时波矢 $\boldsymbol{k}$ 将变为复数，如式（2.5-2）所示。

$$\boldsymbol{k} = \omega\sqrt{\varepsilon\mu_0} = k_0\sqrt{1+\chi} = k_0\sqrt{1+\chi'+\mathrm{j}\chi''} \tag{2.5-2}$$

式中，$k_0 = \omega / c_0$ 为自由空间中的波数。

将 $\boldsymbol{k}$ 写成实部与虚部的形式，即 $\boldsymbol{k} = \beta - \frac{1}{2}\mathrm{j}\alpha$，再将 β 和 α 分别对应复电极化率的实部和虚部，如式（2.5-3）所示。

$$\boldsymbol{k} = \beta - \mathrm{j}\frac{1}{2}\alpha = k_0\sqrt{1+\chi'+\mathrm{j}\chi''} \tag{2.5-3}$$

由于介质中的波矢 $\boldsymbol{k}$ 有虚部，平面电磁波在该介质中沿 z 方向传播的过程中，其幅值将随着传播而变化，当然，其相位也将与在无吸收介质中传播的情况一样变化。将 $\boldsymbol{k}=\beta-\mathrm{j}\frac{1}{2}\alpha$ 代入平面电磁波的表达式，得到 $U=A\exp\left(-\frac{1}{2}\alpha z\right)\exp(-\mathrm{j}\beta z)$。如果 $\alpha>0$，对应介质中存在吸收，则在其中传播的电磁波的幅值 A 将被衰减，衰减因子为 $\exp\left(-\frac{1}{2}\alpha z\right)$，而电磁波的强度正比于 U 的幅值 A 的平方，那么电磁波的强度的衰减因子为 $\left|\exp\left(-\frac{1}{2}\alpha z\right)\right|^2=\exp(-\alpha z)$，这里的系数 α 因此被称为材料对电磁波的吸收系数。

由这个描述电磁波强度的指数衰减式，可以将 $\boldsymbol{k}$ 写成 $-\frac{1}{2}\alpha z$。在某些特定材料，例如激光采用的增益材料中，会存在 α 小于 0 的情况，此时 $\gamma=-\alpha$ 被称为材料的增益系数，此时材料将使光得到放大而非损耗。

因为参量 β 是相位值随 z 变化的速率，代表了波沿 z 轴传播的常数，所以介质具有等效折射率 n。参量 β 由式（2.5-4）定义：

$$\beta=nk_0 \tag{2.5-4}$$

而在介质中，波以相速度 $c=c_0/n$ 传播。

将式（2.5-4）代入式（2.5-3），也就将等效折射率 n 和吸收系数 α 与复电极化率 χ 的实部 χ' 和虚部 χ'' 联系起来，如式（2.5-5）所示。

$$n-\mathrm{j}\frac{1}{2}\frac{\alpha}{k_0}=\sqrt{\frac{\varepsilon}{\varepsilon_0}}=\sqrt{1+\chi'+\mathrm{j}\chi''} \tag{2.5-5}$$

需要注意的是，式（2.5-5）取平方根后会得到符号相反的两个复数解，这两个解的相位相差 π。符号选取规则为：如果 χ'' 取负值，即材料对电磁波有吸收，则 α 必须取正值，即电磁波在介质中传播有衰减。如果 $1+\chi'$ 取正值，则 $1+\chi$ 的实部与 j 乘以 χ 的虚部之和在坐标系第四象限，而它的平方根要么在第二象限，要么在第四象限。通过将取值限制在第四象限，能够确保 α 为正值，n 也为正值，与复电极化率 χ 相关联的电磁波阻抗也是复数，由式（2.5-6）定义。

$$\eta=\sqrt{\frac{\mu_0}{\varepsilon}}=\frac{\eta_0}{\sqrt{1+\chi}} \tag{2.5-6}$$

所以，一般来说，χ、$\boldsymbol{k}$、ε 和 η 都是复数，而 α、β 和 n 为实数。

1. 弱吸收的材料

对于吸收较弱的材料，$\chi''\ll 1+\chi'$，因此有

$$\sqrt{1+\chi'+\chi''}=\sqrt{1+\chi'}\sqrt{1+\mathrm{j}\delta}\approx\sqrt{1+\chi'}\left(1+\mathrm{j}\frac{1}{2}\delta\right)$$

其中 $\delta=\chi''/(1+\chi')$。从式（2.5-5）可以得出式（2.5-7）和式（2.5-8）的结果。

$$n\approx\sqrt{1+\chi'} \tag{2.5-7}$$

$$\alpha\approx-\frac{k_0}{n}\chi'' \tag{2.5-8}$$

此时，折射率 n 由复电极化率 χ 的实部决定，而吸收系数 α 则正比于 χ 的虚部。在吸收材料中，χ 的虚部为负值，因此 α 为正值，对应电磁波的衰减。在增益材料中，χ 的虚部为正值，因此 α 为负值，对应电磁波的放大。

【例 2.5-1】 稀释的吸收材料

折射率为 n_0 的无损耗材料中含有被稀释的悬浮颗粒，颗粒的极化率为 $\chi = \chi' + \mathrm{j}\chi''$，其中 $\chi' \ll 1$ 且 $\chi'' \ll 1$。试求该混合材料的总有效极化率，并证明折射率和吸收系数可以近似写为

$$n \approx n_0 + \frac{\chi'}{2n_0} \tag{2.5-9}$$

$$\alpha \approx -\frac{k_0 \chi''}{2n_0} \tag{2.5-10}$$

2. 强吸收的材料

在吸收很强的材料中，χ 的虚部的幅值远大于 1 与 χ 的实部之和的幅值，因此有

$$n - \frac{\mathrm{j}\alpha}{2k_0} \approx \sqrt{\mathrm{j}\chi''} = \sqrt{-\mathrm{j}}\sqrt{-(\chi'')} = \pm\frac{1}{\sqrt{2}}(1-\mathrm{j})\sqrt{-(\chi'')}$$

从式（2.5-5）可以得出式（2.5-11）和式（2.5-12）所示的近似等式。

$$n \approx \sqrt{\frac{-\chi''}{2}} \tag{2.5-11}$$

$$\alpha \approx 2k_0\sqrt{\frac{-\chi''}{2}} \tag{2.5-12}$$

对吸收材料而言，χ 的虚部为负，因此平方根之前的符号取正号，以确保 α 为正，同时 n 也为正。

2.5.2 色散

色散材料由一组与频率相关或波长相关的电极化率 $\chi(\nu)$、介电常数 $\varepsilon(\nu)$、折射率 $n(\nu)$ 和电磁波传播速度 $c_0/n(\nu)$ 来描述。因为折射定律中的折射角依赖于折射率，而折射率又与波长相关，所以由色散材料制成的光学元件，如棱镜和透镜，对光线造成的折射角也与波长相关。这就解释了折射表面对波长的分辨能力和透镜的聚焦能力与波长相关的现象，以及由此造成的成像系统中的色差。具有多种颜色的光因此会被折射到一系列不同的方向，这些效应如图 2.5-2 所示。

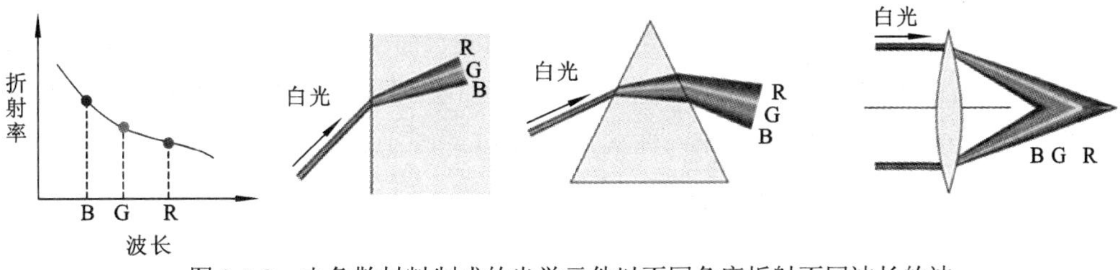

图 2.5-2 由色散材料制成的光学元件以不同角度折射不同波长的波

此外，在色散介质中，由于不同波长的光具有不同的传播速度，那么构成一个时域短脉冲的不同频率，单频电磁波分量将经历不同的时间延迟。如果在色散介质中传播的距离较长，例如在光纤中的传播，那么输入端的一个时域短脉冲在到达输出端时将在时域上被显著展宽，如图 2.5-3 所示。

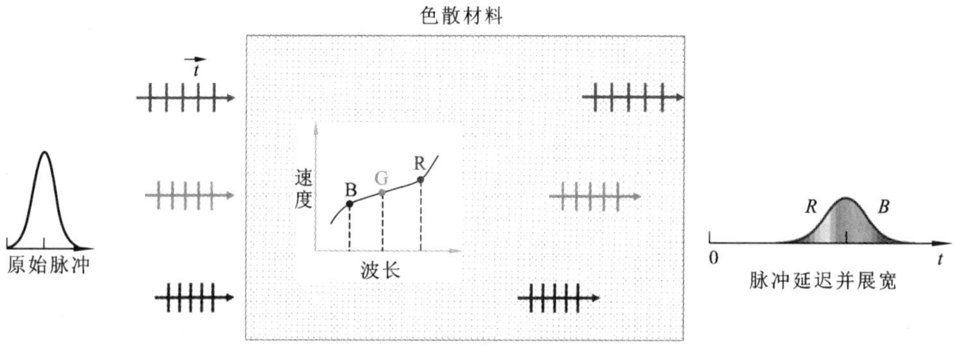

图 2.5-3　色散介质用于加宽光脉冲

一些常见光学材料的折射率与波长的关系如图 2.5-4 所示[6]。

1. 色散的测量

材料的色散可以用很多种方法加以量化。对于玻璃类的光学材料和波长范围可以覆盖可见光的宽谱光源，例如白光，一种常用的方法是阿贝数 $V=(n_{\mathrm{d}}-1)/(n_{\mathrm{F}}-n_{\mathrm{c}})$，这里 n_{F}、n_{d} 和 n_{c} 分别是玻璃在三个标准波长，即 486.1 nm 的蓝光、587.6 nm 的黄光和 656.3 nm 的红光处的折射率。燧石玻璃的色散系数 V 约等于 38，而熔融石英玻璃的色散系数 V 约等于 68。

而如果要测算某一波长 λ_0 附近的色散，那么常用的方法是计算该波长处的导数 $\mathrm{d}n/\mathrm{d}\lambda_0$ 的大小。例如，这种方式适用于量化棱镜的色散，在棱镜中光线偏折角 θ_{d} 是折射率 n 的函数。那么偏折角的色散 $\mathrm{d}\theta_{\mathrm{d}}/\mathrm{d}\lambda_0=(\mathrm{d}\theta_{\mathrm{d}}/\mathrm{d}n)(\mathrm{d}n/\mathrm{d}\lambda_0)$，是材料色散因子 $\mathrm{d}n/\mathrm{d}\lambda_0$ 和另一个依赖于棱镜的几何结构和材料折射率的因子 $\mathrm{d}\theta_{\mathrm{d}}/\mathrm{d}n$ 的乘积。

材料色散对时域短脉冲传播的影响不仅由折射率 n 及其一阶导数 $\mathrm{d}n/\mathrm{d}\lambda_0$ 决定，还由二阶导数 $\mathrm{d}^2n/\mathrm{d}\lambda_0^2$ 决定。

2. 吸收与色散

因为材料的色散与吸收是紧密联系的，实际上，一种有色散的材料，即折射率随波长变化的材料，必然是有吸收的，其吸收系数也必然是随波长而变化的。这种材料的吸收系数与折射率的关系，是克拉默斯-克勒尼希关系导致的。克拉默斯-克勒尼希关系将材料电极化率 χ 的实部 $\chi'(\nu)$ 和虚部 $\chi''(\nu)$ 联系起来，如式（2.5-13）和式（2.5-14）所示。

$$\chi'(\nu)=\frac{2}{\pi}\int_0^{\infty}\frac{s\chi''(s)}{s^2-\nu^2}\mathrm{d}s \tag{2.5-13}$$

$$\chi''(\nu)=\frac{2}{\pi}\int_0^{\infty}\frac{\nu\chi'(s)}{\nu^2-s^2}\mathrm{d}s \tag{2.5-14}$$

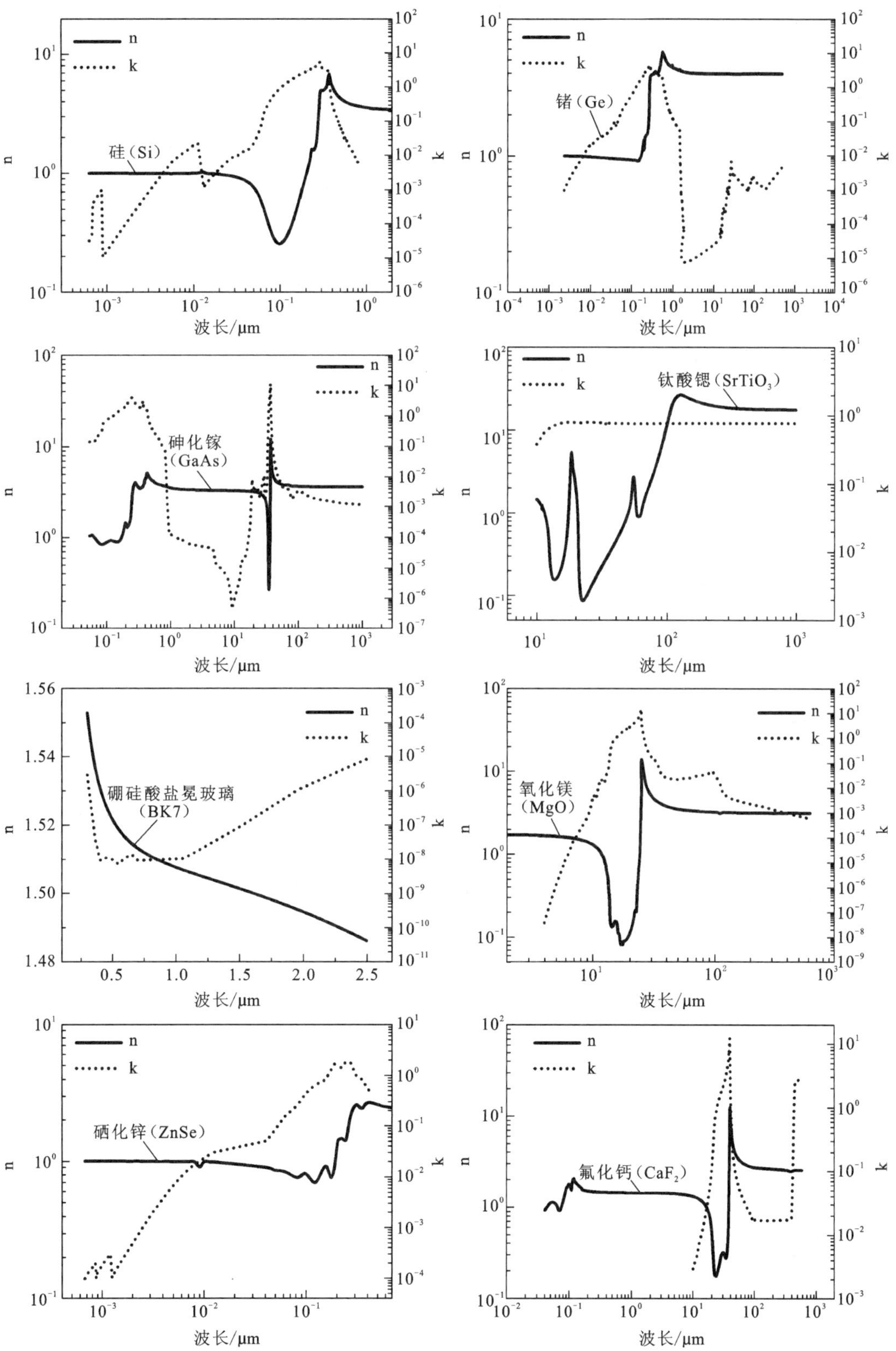
n
k
硅(Si)
波长/μm
锗(Ge)
波长/μm
砷化镓(GaAs)
波长/μm
钛酸锶($SrTiO_3$)
波长/μm
硼硅酸盐冕玻璃(BK7)
波长/μm
氧化镁(MgO)
波长/μm
硒化锌(ZnSe)
波长/μm
氟化钙(CaF_2)
波长/μm

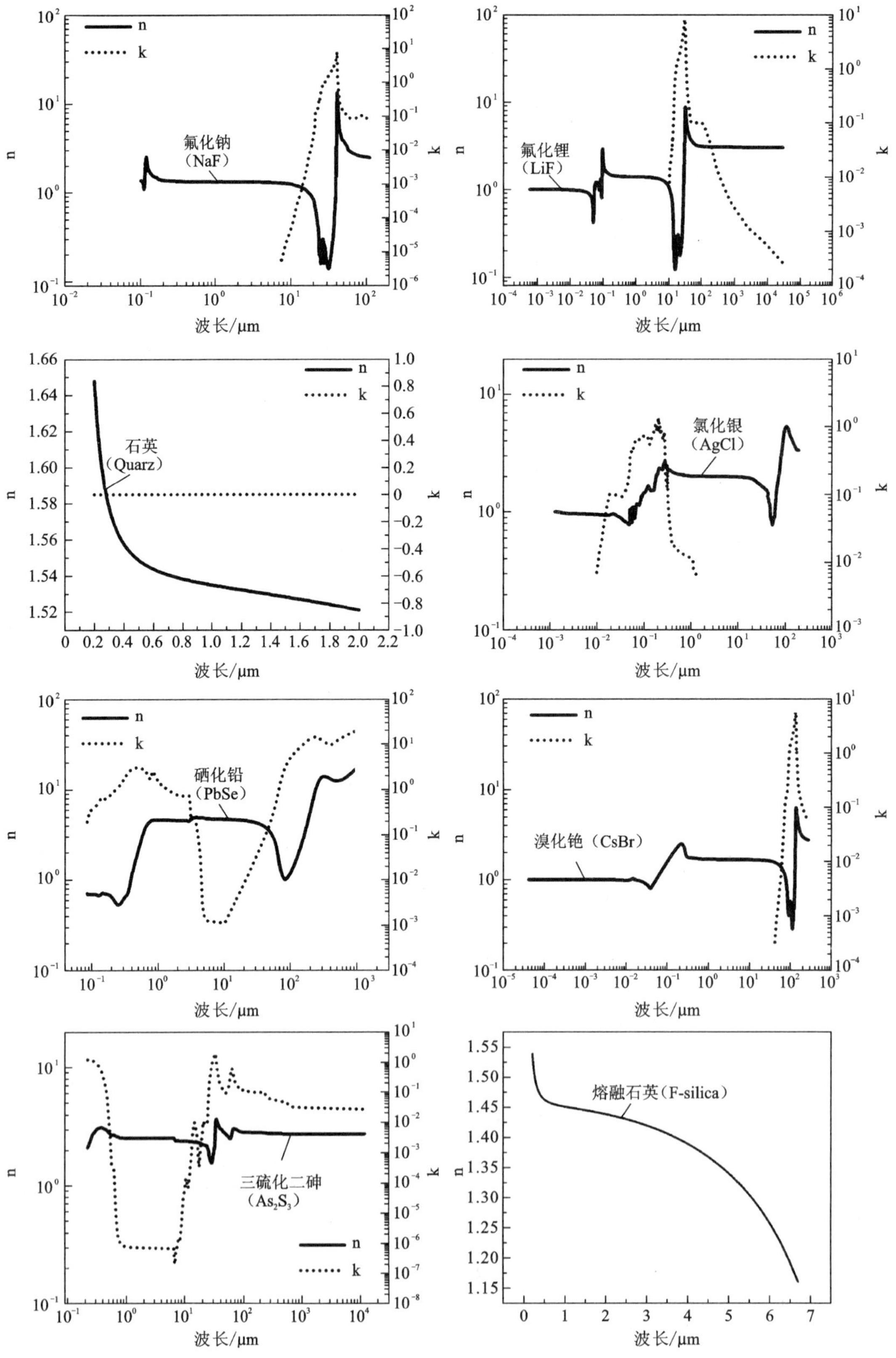
n
k
氟化钠
(NaF)
波长/μm
氟化锂
(LiF)
波长/μm
石英
(Quarz)
波长/μm
氯化银
(AgCl)
波长/μm
硒化铅
(PbSe)
波长/μm
溴化铯(CsBr)
波长/μm
三硫化二砷
(As_2S_3)
波长/μm
熔融石英(F-silica)
波长/μm

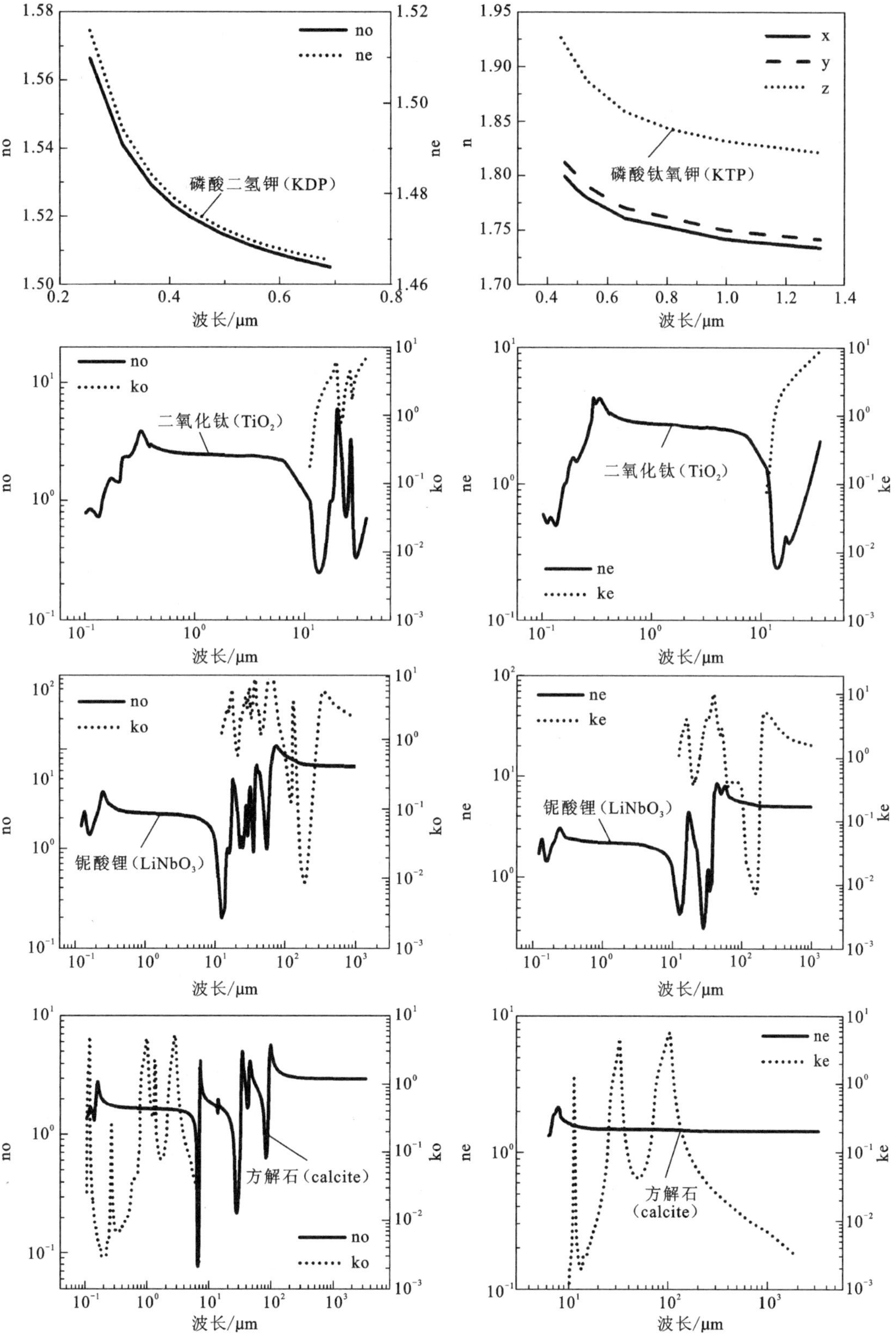

图 2.5-4　典型光学材料的折射率与波长的关系

假如材料的电极化率 $\chi(\nu)$ 的实部或虚部中的一个已知，则通过式（2.5-13）和式（2.5-14）就可以推导出另一个。又因为式（2.5-5）定义了吸收系数 α 和折射率 n 与 χ 的实部和虚部的关系，那么克拉默斯-克勒尼希关系也就通过式（2.5-5）将吸收系数 $\alpha(\nu)$ 和折射率 $n(\nu)$ 与 χ 的实部 $\chi'(\nu)$ 和虚部 $\chi''(\nu)$ 联系起来。

克拉默斯-克勒尼希关系是一类特殊的希尔伯特变换对，这一点可以从线性系统理论中得到解释。它们适用于所有具有实际脉冲响应功能的线性、不变位移因果系统。而本课程具体要研究的线性系统，也就是材料的电极化强度 $\boldsymbol{P}(t)$ 对外加电场强度 $\boldsymbol{E}(t)$ 的响应，如式（2.2-23）所示。

因为 $\boldsymbol{E}(t)$ 和 $\boldsymbol{P}(t)$ 都是实数，所以冲击响应 $\varepsilon_0 x(t)$ 也是实数。所以，它的傅里叶变换 $\varepsilon_0\chi(\nu)$ 也就具有厄米对称性：$\chi(-\nu)=\chi^*(\nu)$。该系统因此满足克拉默斯-克勒尼希关系适用所需的全部条件。该系统的传输函数 $\varepsilon_0\chi(\nu)$ 的实部和虚部由式（2.5-13）和式（2.5-14）联系起来。

2.5.3 谐振材料

下面为解释材料的电极化率，建立一个经典的微观理论，它能够为光学材料的吸收系数和折射率与频率相关的现象提供理论依据，这种微观理论叫作洛伦兹谐振子模型。

考虑一种由谐振原子组成的介质材料，其电极化密度 $\boldsymbol{P}(t)$ 与外加电场 $\boldsymbol{E}(t)$ 的动态关系在单个原子的电极化层次上，可以由式（2.5-15）所示的线性二阶常微分方程描述。

$$\frac{\mathrm{d}^2\boldsymbol{P}}{\mathrm{d}t^2}+\zeta\frac{\mathrm{d}\boldsymbol{P}}{\mathrm{d}t}+\omega_0^2\boldsymbol{P}=\omega_0^2\varepsilon_0\chi_0\boldsymbol{E} \tag{2.5-15}$$

式中，σ、ω_0、χ_0 为常数。

式（2.5-15）所示的微分方程，可以通过经典简谐振子模型描述谐振原子中束缚电子的运动规律得出，即电子的位移量 $x(t)$ 与外加电场 $\boldsymbol{E}(t)$ 的动态关系，如式（2.5-16）所示。

$$\frac{\mathrm{d}^2x}{\mathrm{d}t^2}+\zeta\frac{\mathrm{d}x}{\mathrm{d}t}+\omega_0^2x=\frac{\boldsymbol{E}}{m} \tag{2.5-16}$$

式中，m 为束缚电子的质量；$\omega_0=\sqrt{\kappa/m}$ 为谐振的角频率，κ 为恢复力的弹性系数；ζ 为阻尼系数。

如果与每个原子相关联的偶极矩 $p=-ex$，材料的整体电极化密度与电位移的关系由 $P=Np=-Nex$ 联系起来，这里 $-e$ 是电子的电量，N 是单位体积中原子的数目，外加电场与电子所受到的力由等式 $\boldsymbol{E}=\boldsymbol{F}/(-e)$ 联系起来。所以，$\boldsymbol{P}$ 和 $\boldsymbol{E}$ 与 x 和 $\boldsymbol{F}$ 分别成正比，通过比较式（2.5-15）和式（2.5-16）可以得到式（2.5-17）。

$$\chi_0=\frac{Ne^2}{\varepsilon_0 m\omega_0^2} \tag{2.5-17}$$

外加电场则可以被看作在每个原子中诱导出随时间变化的偶极矩，宏观上也就在材料中造成随时间变化的整体电极化密度，如图 2.5-5 所示。

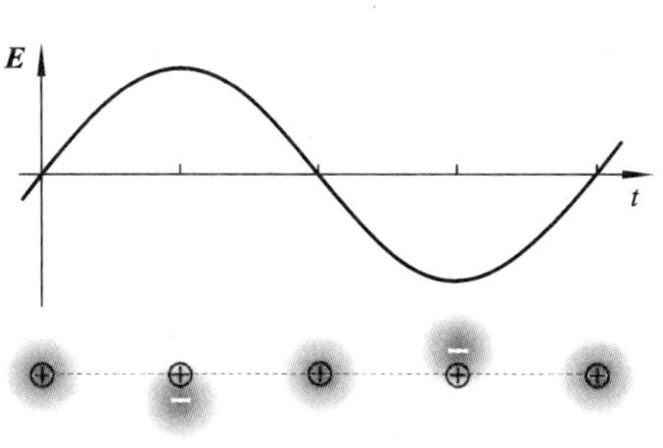

图 2.5-5 电场 $\boldsymbol{E}(t)$作用于原子并诱导出偶极矩 $p(t)$，进而影响材料的电极化密度 $\boldsymbol{P}(t)$

在电磁学中，材料可以由它的冲击响应函数 $\varepsilon_0 x(t)$，即指数衰减的正弦函数，或者等价地由其传输函数 $\varepsilon_0\chi(\nu)$ 完全描述。而传输函数 $\varepsilon_0\chi(\nu)$ 可以通过将单频电磁波逐一代入式（2.5-15）求解得到。将 $\varepsilon(t)=\mathrm{Re}\{\boldsymbol{E}\exp(\mathrm{j}\omega t)\}$ 的实部和 $\boldsymbol{P}(t)=\mathrm{Re}\{\boldsymbol{P}\exp(\mathrm{j}\omega t)\}$ 的实部代入式（2.5-15）可以得到式（2.5-18）。

$$(-\omega^2+\mathrm{j}\zeta\omega+\omega_0^2)\boldsymbol{P}=\omega_0^2\varepsilon_0\chi_0\boldsymbol{E} \tag{2.5-18}$$

进而得到 $\boldsymbol{P}$ 与 $\boldsymbol{E}$ 的频域关系式，$\boldsymbol{P}=\varepsilon[\chi_0\omega_0^2/(\omega_0^2-\omega^2+\mathrm{j}\sigma\omega)]\boldsymbol{E}$。将该等式写成 $\boldsymbol{P}=\varepsilon_0\chi(\nu)\boldsymbol{E}$ 的形式，并令 $\omega=2\pi\nu$，便可得到谐振材料中与频率相关的电极化率的表达式，如式（2.5-19）所示。

$$\chi(\nu)=\chi_0\frac{\nu_0^2}{\nu_0^2-\nu^2+\mathrm{j}\nu\Delta\nu} \tag{2.5-19}$$

式中，$\nu_0=\omega_0/2\pi$ 为谐振频率；$\Delta\nu=\zeta/2\pi$。

电极化率 $\chi(\nu)$ 的实部和虚部，分别可以用式（2.5-20）和式（2.5-21）表示。

$$\chi'(\nu)=\chi_0\frac{\nu_0^2(\nu_0^2-\nu^2)}{(\nu_0^2-\nu^2)^2+(\nu\Delta\nu)^2} \tag{2.5-20}$$

$$\chi''(\nu)=-\chi_0\frac{\nu_0^2\nu\Delta\nu}{(\nu_0^2-\nu^2)^2+(\nu\Delta\nu)^2} \tag{2.5-21}$$

这些等式对应的曲线图如图 2.5-6 所示。实部 $\chi'(\nu)$ 在 ν 小于 ν_0 时为正，在 ν 等于 ν_0 时为零，在 ν 大于 ν_0 时为负。虚部 $\chi''(\nu)$ 为负，因此 $-\chi''(\nu)$ 各处均为正，并在 $\nu=\nu_0$ 处具有峰值 $\chi_0 Q$，其中 $Q=\nu_0/\Delta\nu$。该图描绘了 Q=10 的结果。

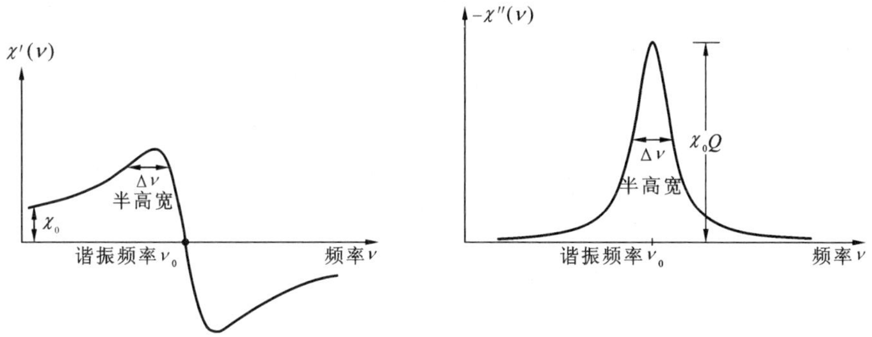

图 2.5-6 谐振材料的电极化率的实部和虚部[7]

当工作频率远小于谐振频率时，即 ν 远小于 ν_0 时，$\chi'(\nu) \approx \chi_0$ 且 $\chi''(\nu)=0$，因此材料的低频电极化率简单地等于 χ_0。当工作频率远大于谐振频率时，即 ν 远大于 ν_0 时，$\chi'(\nu) \approx \chi''(\nu)=0$，此时材料类似于自由空间。当工作频率恰好等于谐振频率时，$\chi'(\nu_0)=0$，而 $-\chi''(\nu_0)$ 达到其峰值 $\chi_0 Q$，此处 $Q=\nu_0/\Delta\nu$。谐振频率 ν_0 通常远大于 $\Delta\nu$，因此 Q 远大于 1，那么 $-\chi''(\nu)$ 的最大值 $\chi_0 Q$ 也就比 $\chi'(\nu)$ 的低频值 χ_0 要大很多。

$\chi(\nu)$ 的实部的最大值和最小值，及其出现的工作频率，分别为 $\pm\chi_0 Q/(2\mp 1/Q)$ 和 $\nu_0\sqrt{1\mp 1/Q}$。对于较大的 Q，$\chi(\nu)$ 的实部取值的波动范围大致是 $\pm\chi_0 Q/2$，即 χ'' 的极值的一半。χ' 和 χ'' 的符号决定了 $\chi(\nu)$ 的相位，而 $\chi(\nu)$ 的相位又决定了 $\boldsymbol{P}$ 的相角和 $\boldsymbol{E}$ 的相角之差。

$\chi(\nu)$ 在谐振频率附近，即 $\nu \sim \nu_0$ 时的特性往往是最受关注的。在这个频率范围内，可以对式（2.5-20）的分母运用近似关系式：$(\nu_0^2-\nu^2)=(\nu_0+\nu)(\nu_0-\nu)\approx 2\nu_0(\nu_0-\nu)$，并且用 ν 取代虚部中的 ν_0，进而得到 $\chi(\nu)$ 在 $\nu\approx\nu_0$ 时的近似表达式，如式（2.5-22）所示。

$$\chi(\nu_0\sim\nu)\approx\chi_0\frac{\dfrac{\nu_0}{2}}{(\nu_0\sim\nu)+\dfrac{\mathrm{j}\Delta\nu}{2}} \tag{2.5-22}$$

而 $\chi(\nu)$ 的虚部和实部的表达式分别由式（2.5-23）和式（2.5-24）所示。

$$\chi''(\nu)\approx-\chi_0\frac{\nu_0\Delta\nu}{4}\frac{1}{(\nu_0-\nu)^2+(\Delta\nu/2)^2} \tag{2.5-23}$$

$$\chi'(\nu)\approx 2\frac{\nu-\nu_0}{\Delta\nu}\chi''(\nu) \tag{2.5-24}$$

式（2.5-23）也叫作洛伦兹函数，当 $|\nu-\nu_0|=\Delta\nu/2$ 时，$\chi''(\nu)$ 下降到峰值的一半，参数 $\Delta\nu$ 因此代表了 $\chi''(\nu)$ 的半峰全宽值。

$\chi(\nu)$ 在远离谐振频率时的特性也很受关注。当 $|\nu-\nu_0|\gg\Delta\nu$ 时，式（2.5-19）所表示的电极化率 $\chi(\nu)$ 近似为实数，如式（2.5-25）所示。

$$\chi(\nu)\approx\chi_0\frac{\nu_0^2}{\nu_0^2-\nu^2} \tag{2.5-25}$$

此时材料的吸收系数可以忽略不计。

由于材料的吸收系数和折射率都依赖于电极化率的实部和虚部，因此，要确定谐振材料的吸收系数和折射率的表达式，可以将电极化率 $\chi(\nu)$ 的实部和虚部的表达式，即式（2.5-23）和式（2.5-24），代入式（2.5-5）。通常，材料的吸收系数和折射率与 $\chi'(\nu)$ 和 $\chi''(\nu)$ 都同时有关。但是，在一些特殊的情况下，例如谐振原子被嵌入在折射率为 n_0 的非色散材料中，而且浓度足够低，即 $\chi''(\nu)$ 和 $\chi'(\nu)$ 均远小于 1，此时材料的吸收系数和折射率也就分别取决于 $\chi''(\nu)$ 和 $\chi'(\nu)$，如式（2.5-26）和式（2.5-27）所示。

$$\alpha(\nu)\approx-\left(\frac{2\pi\nu}{n_0c_0}\right)\chi''(\nu) \tag{2.5-26}$$

$$n(\nu)\approx n_0+\frac{\chi'(\nu)}{2n_0} \tag{2.5-27}$$

此时吸收系数 $\alpha(\nu)$ 和折射率 $n(\nu)$ 与 ν 的关系如图 2.5-7 所示。

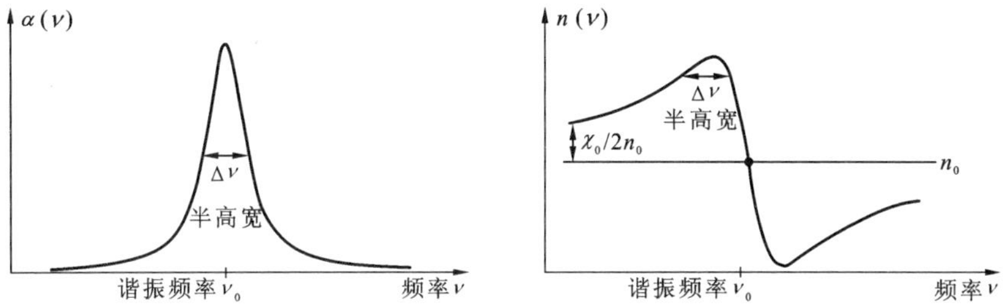

图 2.5-7 谐振材料的吸收系数 $\alpha(\nu)$ 和折射率 $n(\nu)$ 随频率 ν 的变化关系

1. 具有多个谐振峰的材料

材料的多个谐振峰对应了材料中不同的晶格结构和电子振动，而整体的电极化率来自于这些不同谐振的叠加。如图 2.5-6 所示，电极化率的虚部主要在谐振频率附近处不为零，其实部则在接近谐振频率和低于谐振频率的全部频率处都不为零。

这一点可以由图 2.5-8 所示的吸收系数和折射率与频率的关系曲线说明。可以看出，材料的吸收和色散都在谐振频率附近达到最大值。在远离谐振频率的那些频率点，折射率是常数，此时材料近似为非色散且无吸收的。但是，材料的每个谐振峰对低于其谐振频率的那些频率处的折射率都产生了一个常数值，这可以从图 2.5-8 看出。

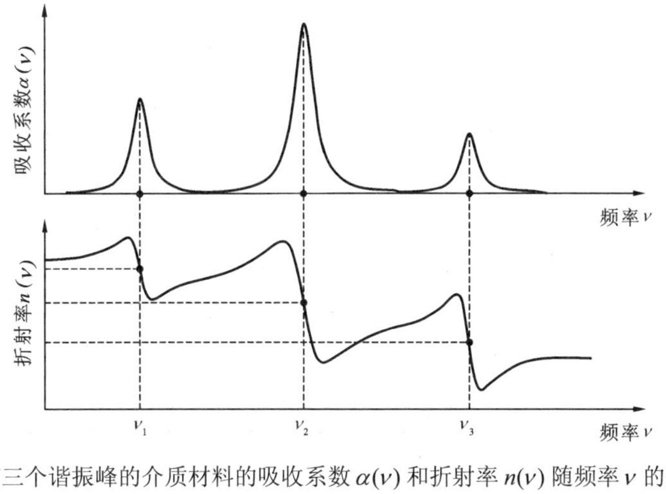

图 2.5-8 含有三个谐振峰的介质材料的吸收系数 $\alpha(\nu)$ 和折射率 $n(\nu)$ 随频率 ν 的变化关系

材料中其他的一些复杂的物理机制也会对吸收系数和折射率产生影响，这就导致了各种各样的频率曲线。图 2.5-9 展示了一种吸收系数和折射率与波长相关，并且在可见光波段透明的介质材料的例子[6]。在这个例子中，由于紫外波段的材料谐振峰的存在，该材料在可见光波段的折射率随着波长的增大而减小。所以，该材料在可见光的短波范围的色散更加强烈，折射率随波长的变化速率最大。该材料的特性与图 2.5-1 和图 2.5-4 所示的各种真实的介质材料的特性并没有什么不同。

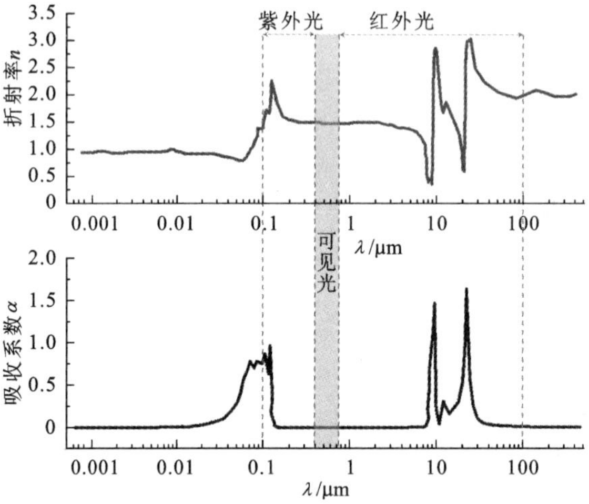

图 2.5-9 二氧化硅在紫外到红外波段的吸收系数 $\alpha(\lambda)$ 和折射率 $n(\lambda)$ 随波长 λ 的变化关系[6]

2. Sellmeier 公式

在一个有多谐振峰的材料中，将每个谐振峰依次用整数 i 作标志，那么在远离谐振峰的那些频率处，电极化率可约等于一系列项之和，这些项都具有式（2.5-25）的形式。利用式（2.2-13）给出的折射率与实极化率的关系（$n^2=1+\chi$），可以得出折射率 n 与频率 ν 和波长 λ 的关系，即 Sellmeier（泽尔迈尔）公式，如式（2.5-28）所示。

$$n^2 \approx 1+\sum_i \chi_{0i}\frac{\nu_i^2}{\nu_i^2-\nu^2}=1+\sum_i \chi_{0i}\frac{\lambda^2}{\lambda^2-\lambda_i^2} \tag{2.5-28}$$

Sellmeier 公式与大多数对光透明的材料的折射率都符合得很好。对于远小于第 i 个谐振波长的那些波长，Sellmeier 公式中的第 i 项近似与 λ 的平方成正比。而对于远大于第 i 个谐振波长的那些波长，Sellmeier 公式中的第 i 项近似为常数。举例而言，熔融石英中的色散可以用三级谐振很好地描述。对于某些材料，Sellmeier 公式可方便地通过幂级数进行近似。

表 2.5-1 为选取的几种材料提供了相应 Sellmeier 公式，这些式子是根据实验测量数据运用最小二乘法拟合出来的，表中的 n_o 和 n_e 分别表示各向异性材料的 o 光折射率和 e 光折射率。公式适用的波长范围由最右列给出。

表 2.5-1 室温下所选材料的折射率与波长关系的 Sellmeier 公式

材料	Sellmeier 公式（波长λ/μm）	波长范围/μm
熔融石英	$n^2=1+\frac{0.6962\lambda^2}{\lambda^2-(0.06840)^2}+\frac{0.4079\lambda^2}{\lambda^2-(0.1162)^2}+\frac{0.8975\lambda^2}{\lambda^2-(9.8962)^2}$	0.21～3.71
硅	$n^2=1+\frac{10.6684\lambda^2}{\lambda^2-(0.3015)^2}+\frac{0.0030\lambda^2}{\lambda^2-(1.1347)^2}+\frac{1.5413\lambda^2}{\lambda^2-(1104.0)^2}$	1.36～11
砷化镓	$n^2=3.5+\frac{7.4969\lambda^2}{\lambda^2-(0.4082)^2}+\frac{1.9347\lambda^2}{\lambda^2-(37.17)^2}$	1.4～11

续表

材料	Sellmeier 公式（波长λ/μm）	波长范围/μm
偏硼酸钡	$n_o^2 = 2.7359 + \dfrac{0.01878}{\lambda^2 - 0.01822} - 0.01354\lambda^2$ $n_e^2 = 2.3753 + \dfrac{0.01224}{\lambda^2 - 0.01667} - 0.01516\lambda^2$	0.22～1.06
磷酸二氢钾晶	$n_o^2 = 1 + \dfrac{1.2566\lambda^2}{\lambda^2 - (0.09191)^2} + \dfrac{33.8991\lambda^2}{\lambda^2 - (33.3752)^2}$ $n_e^2 = 1 + \dfrac{1.1311\lambda^2}{\lambda^2 - (0.09026)^2} + \dfrac{5.7568\lambda^2}{\lambda^2 - (28.4913)^2}$	0.4～1.06
铌酸锂	$n_o^2 = 2.3920 + \dfrac{2.5112\lambda^2}{\lambda^2 - (0.217)^2} + \dfrac{7.1333\lambda^2}{\lambda^2 - (16.502)^2}$ $n_e^2 = 2.3247 + \dfrac{2.2565\lambda^2}{\lambda^2 - (0.210)^2} + \dfrac{14.503\lambda^2}{\lambda^2 - (25.915)^2}$	0.4～3.1

2.6 电磁波的散射

前面的章节讨论了光在均匀材料中的传播和光在介质材料界面处的反射与折射。在 2.5 节中又讨论了光的吸收与色散。本节研究光的散射，它在光的很多分支中（如纳米光子学中）都扮演了重要角色。

需要着重考察的是位于均匀材料中的不均匀杂质、不规则结构、材料缺陷、颗粒物或悬浮微粒等对光的散射特性。这里假设均匀材料和其中的散射体都是介质材料，其光学特性是线性且各向同性的。

2.6.1 玻恩近似法

当一列在均匀材料中沿给定方向传播的光波碰上具有不同光学性质的物体时，这列波会向其他方向散射。要分析这个过程，可以在合适的边界条件下求解麦克斯韦方程组。但是，只有在少数几个理想情况下，散射问题才存在解析解。因此，这里采用一种常用的近似方法求解散射问题，即**玻恩近似法**。这种近似方法适用于弱散射，即散射体可以看作对均匀材料的相对介电常数（或其他光学性质）的微小扰动。

为应用玻恩近似法，比较便利的方式是先求解散射的标量波，再求解电磁波。总场的标量复振幅 $U(\boldsymbol{r})$ 满足亥姆霍兹方程：

$$[\nabla^2 + k^2(\boldsymbol{r})]U = 0 \tag{2.6-1}$$

在散射体内的波数为 $k(\boldsymbol{r}) = k_s(\boldsymbol{r})$，而在均匀的宿主材料中，波数为 $k(\boldsymbol{r}) = k$。将 $k^2(\boldsymbol{r})$ 改写为 $k^2(\boldsymbol{r}) = k^2 + [k^2(\boldsymbol{r}) - k^2]$，式（2.6-1）可以改写为关于散射场的复振幅 $U_s(\boldsymbol{r})$ 的形式，如式（2.6-2）所示。

$$[\nabla^2 + k^2(\boldsymbol{r})]U_s = -S \tag{2.6-2}$$

其中的源函数如式（2.6-3）所示。

$$S(\boldsymbol{r}) = [k_s^2(\boldsymbol{r}) - k^2]U_s(\boldsymbol{r}) \tag{2.6-3}$$

该函数的取值在散射体占据的体积V内不为零，在散射体外等于 0。可以证明，在散射体V以外的位置$\boldsymbol{r}$处，式（2.6-2）的解可以写为

$$U_s(\boldsymbol{r}) = \int S(\boldsymbol{r}')\frac{e^{-jk|\boldsymbol{r}-\boldsymbol{r}'|}}{4\pi|\boldsymbol{r}-\boldsymbol{r}'|_V}\,d\boldsymbol{r}' \tag{2.6-4}$$

但是，因为积分式中含有源函数$S(\boldsymbol{r}')$，而$S(\boldsymbol{r}')$又取决于$U_s(\boldsymbol{r})$，所以一般来说无法对式（2.6-4）右侧做积分而求得$U_s(\boldsymbol{r})$。

但是，在弱散射的情况下，可以假设在散射体V内部，入射波$U_0(\boldsymbol{r})$不受散射过程的影响，所以波源的表达式（2.6-3）中的复振幅$U_s(\boldsymbol{r})$可以近似为入射波的复振幅$U_0(\boldsymbol{r})$，那么

$$S(\boldsymbol{r}) \approx [k_s^2(\boldsymbol{r}) - k^2]U_0(\boldsymbol{r}) \tag{2.6-5}$$

这个近似表达式可以代入式（2.6-4）并求解散射波的复振幅$U_s(\boldsymbol{r})$。需要指出的是，弱散射条件隐含假设了一列被散射体V散射的波不会再被别的散射体散射，即多次散射被假设为可以忽略的二阶效应。

从式（2.6-4）中可以很明显地看出，散射波$U_s(\boldsymbol{r})$可以近似为由散射体中的一组连续分布的点光源发出的球面波的叠加，如图 2.6-1 所示。每个位置$\boldsymbol{r}'$处的点光源发出一列球面波$S(\boldsymbol{r}')$，其表达式由式（2.6-5）给出，这个处理方法与惠更斯-菲涅耳原理类似。在这种被称为弹性散射的散射过程中散射光的频率与入射光的频率相等。

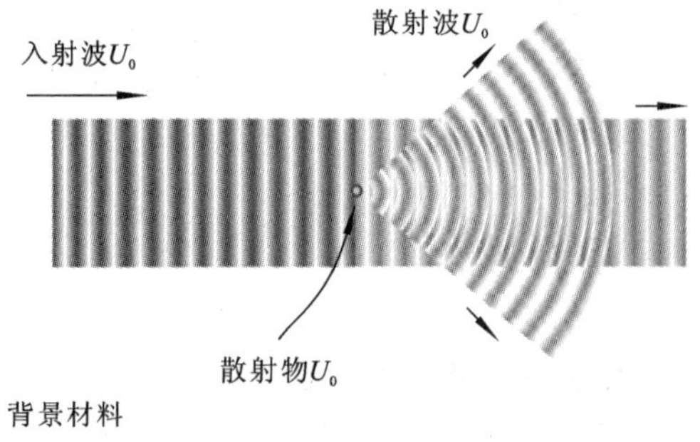

图 2.6-1　散射体在入射波的激励下发出球面散射波

2.6.2　瑞利散射

瑞利散射适用于小散射体，它是由尺度远小于波长的微粒或比波长小很多的随机非均匀颗粒物引发的散射。

1. 弱散射的情况：标量波解

当散射体的光学性质与宿主材料的差别不大，即弱散射的情况时，可以应用玻恩近似。考虑一个位于$\boldsymbol{r}=0$处的单一散射体，其尺度远小于光的波长，则式（2.6-5）中的波源表达式

可以近似为 $S(\boldsymbol{r}) \approx [k_s^2 - k^2]U_0 V\delta(\boldsymbol{r})$，这里 $\delta(\boldsymbol{r})$ 是 delta 函数，而 k_s 是散射体内的波数。将这个表达式代入式（2.6-4）中的积分式可得

$$U_s \approx (k_s^2 - k^2)VU_0 \frac{e^{-jkr}}{4\pi \boldsymbol{r}} \tag{2.6-6}$$

该式代表一列从位于 $\boldsymbol{r} = 0$ 处的散射体发出的球面波，其振幅与入射波的振幅 U_0 成正比。

相应地，散射波的强度可以写为

$$I_s = |U_s|^2 \approx (k_s^2 - k^2)^2 \frac{V^2}{(4\pi \boldsymbol{r})^2} I_0 \tag{2.6-7}$$

式中，$I_0 = |U_0|^2$。因为标量散射波是各向同性的，总的散射功率 $P_s = 4\pi \boldsymbol{r}^2 I_s$ 可以近似为

$$P_s \approx \frac{1}{4\pi}(k_s^2 - k^2)^2 V^2 I_0 \tag{2.6-8}$$

该等式说明散射功率正比于散射体体积 V 的平方。

因为 k_s 和 k 都正比于 ω，从式（2.6-8）可以看出，散射功率正比于 ω^4（或者 $1/\lambda_0^4$），这个关系式被称为瑞利散射公式，它表明波长较短的入射波产生的散射功率比波长较长的入射波更强。举例而言，波长为 $\lambda_0 = 400$ nm 的光产生的瑞利散射强度是波长为 $\lambda_0 = 800$ nm 的光产生的瑞利散射强度的 $2^4 = 16$ 倍。空气密度的局部涨落可以等效为散射体，其尺度比可见光的波长更短，而这些散射体引起的瑞利散射可以解释为什么天空是蓝色的。波长较短的光（蓝光）易于产生更大的散射角度范围，因而太阳光中的蓝光被向四周散射得更多，所以太阳在直视下看上去偏黄。在玻璃光纤中，瑞利散射导致可见光的衰减比红外光更强。

2. 弱散射的情况：电磁波解

上述散射波的求解过程是基于复振幅函数和亥姆霍兹方程式（2.6-1）的。而从电磁波的角度求解散射问题则可以从矢量势 $\boldsymbol{A}$ 入手，注意矢量势 $\boldsymbol{A}$ 也是满足亥姆霍兹方程的。在玻恩近似下，散射波的矢量势可以写为散射体内的一组偶极子波的叠加，这一点与式（2.6-4）类似。振荡的偶极子波的矢量势 $\boldsymbol{A}$ 的分布形式是一个球面波，而相关联的电场和磁场的复振幅矢量 $\boldsymbol{E}$ 和 $\boldsymbol{H}$ 在 2.4.1 小节中介绍过。

从电磁波的角度，散射过程可以理解为由入射波在散射体内激发起一组振荡的电偶极子，而每个电偶极子又产生一列偶极子波。

对于坐标系原点处的单个小散射体而言，它产生的散射电磁波等同于图 2.6-2 中给出的一个指向与入射波电场 $\boldsymbol{E}_0$ 相同的电偶极子产生的偶极子波。根据式（2.4-21）和式（2.4-22），以及图 2.4-4，在远场处（$r \gg \lambda$），散射波的电场和磁场分别指向极角的方向和方位角的方向。因此，散射波的电场复振幅表达式为

$$\boldsymbol{E}_s \approx \boldsymbol{E}_{s0} \sin\theta \frac{e^{-jkr}}{4\pi \boldsymbol{r}} \hat{\boldsymbol{\theta}}, \quad \boldsymbol{E}_{s0} = -(k_s^2 - k^2)V\boldsymbol{E}_0 \tag{2.6-9}$$

而散射波的强度为

$$I_s \approx |k_s^2 - k^2|^2 \frac{V^2}{(4\pi \boldsymbol{r})^2} I_0 \sin^2\theta \tag{2.6-10}$$

其中 I_0 由式（2.4-8）给出。可见散射波强度 $I_s \propto \sin^2\theta$，θ 是散射角，散射波的角度分布与 ϕ

无关，其场分布形式为图 2.6-2 中的环状方向模式。当$\theta=\pi/2$，即散射方向与入射波电场矢量的方向正交时，散射强度达到最大值。值得注意的是，后向散射与前向散射的强度相等。

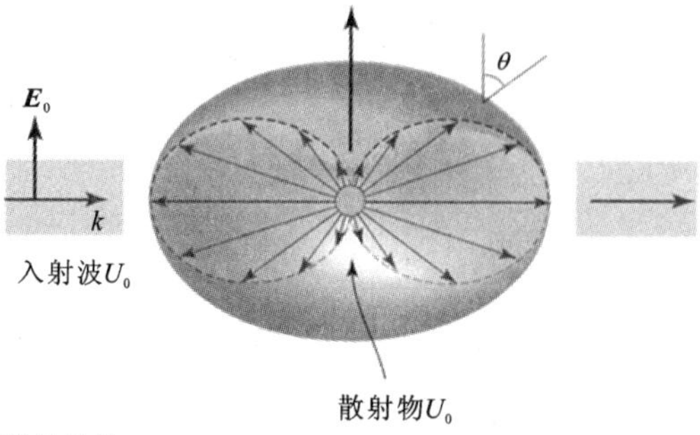

图 2.6-2　散射体在入射波的激励下发出偶极子波

式（2.6-10）给出的电磁波强度表达式与式（2.6-7）给出的标量波强度表达式相比差了一个因子$\sin^2\theta$。造成这种差异的原因是振荡的偶极子波发出的是横电磁波，它排除了在入射波电场矢量方向上的散射，而在标量波的模型里则没有考虑光的偏振态造成的影响。

总的散射波功率可以通过对式（2.6-10）积分求得，积分区域为一个球面。球坐标系下三重积分的体积元为$r^2\sin\theta\mathrm{d}\theta\mathrm{d}\phi$，运用恒等关系式$\int_0^{\pi}\sin^3\theta\mathrm{d}\theta=4/3$，可得

$$P_{\mathrm{s}}\approx\frac{1}{6\pi}|k_{\mathrm{s}}^2-k^2|^2V^2I_0 \tag{2.6-11}$$

对比式（2.6-8）可知，电磁波模型中散射波总功率是标量波模型中散射波总功率的 2/3。造成这种差异的原因是两种模型关于散射角θ的积分结果不同。在各向同性的标量波模型中，积分结果为$\int_0^{\pi}\sin\theta\mathrm{d}\theta=2$；而在电磁波模型中，这个积分结果为 4/3，所以两者相差的因子为 2/3。

为了直观地描述散射强度，一种常用的方法是定义一个散射截面σ_{s}。将总散射功率P_{s}写为散射截面与强度的乘积：

$$P_{\mathrm{s}}=\sigma_{\mathrm{s}}I_0 \tag{2.6-12}$$

式中，I_0为入射光的强度（$\mathrm{W/m^2}$）。显然σ_{s}可以看作 1 个光阑的面积（$\mathrm{m^2}$），该光阑截断了入射波并收集了与实际散射功率相等的那部分功率。根据式（2.6-11），在玻恩近似（弱散射）和小散射体近似（瑞利散射）都适用的条件下，散射截面可以写为

$$\sigma_{\mathrm{s}}=\frac{1}{6\pi}|k_{\mathrm{s}}^2-k^2|^2V^2 \tag{2.6-13}$$

考察一个具体的例子：一个半径为a，介电常数为ε_{s}的球形介质散射体位于介质材料（介电常数为ε）中，且介质材料与介质散射体的磁导率均为μ。将恒等关系式$k=\omega\sqrt{\varepsilon\mu}=2\pi/\lambda$、$k_{\mathrm{s}}=\omega\sqrt{\varepsilon_{\mathrm{s}}\mu}=\sqrt{\varepsilon_{\mathrm{s}}/\varepsilon}\cdot2\pi/\lambda$　以及$V=4/3\pi a^3$代入式（2.6-13），可得

$$\sigma_{\mathrm{s}}=\pi a^2Q_{\mathrm{s}},\quad Q_{\mathrm{s}}=\frac{8}{3}\left|\frac{\varepsilon_{\mathrm{s}}-\varepsilon}{3\varepsilon}\right|^2\left(2\pi\frac{a}{\lambda}\right)^4 \tag{2.6-14}$$

所以，球形散射体的散射截面等于其几何面积 πa^2 和一个无量纲的因子 Q_s 的乘积。Q_s 被称为散射效率，它与比值 a/λ 的四次幂成正比，这里 λ 是光在宿主材料中的波长；Q_s 与反映折射率差的因子 $(\varepsilon_s-\varepsilon)/\varepsilon=(n_s^2-n^2)/n^2$ 也成正比，这里 n_s 和 n 分别是散射体和宿主材料的折射率。瑞利散射对散射体的尺度非常敏感；一个球状散射体的散射功率与其半径的六次幂成正比。当然，这些结论都假设了散射体的尺度远小于光波长。

【例 2.6-1】 介质纳米球的瑞利散射

考察一个半径 $a=60$ nm，且相对介电常数比宿主材料大 10%的纳米球，试研究波长 $\lambda=600$ nm 的光被其散射的情况。因为 $a/\lambda=0.1$，满足小散射体条件。根据式（2.6-14），散射效率 $Q_s\approx 4.6\times 10^{-4}$，而散射截面 $\sigma_s\approx 5.2\ \text{nm}^2$。所以，如果入射光的强度 $I_0\approx 10^5\ \text{W/m}^2$，（对应于光束半径 100 μm，功率 3 mW 的情况），则散射功率 $P_s\approx 0.52$ pW。

3. 强散射的情况：纳米球

玻恩近似不适用于强散射，即反映散射体和宿主材料的相对介电常数差异的因子 $(\varepsilon_s-\varepsilon)/\varepsilon$ 不是一个小量的情况。但是，在散射体是球形并且其半径远小于光波长（纳米球）的情况下，可以采用被称为**准静态近似**的替代方法求解瑞利散射场。

根据式（2.4-21）和式（2.4-22），此时散射电场的复振幅矢量 $\boldsymbol{E}_s$ 是一个电偶极子的辐射场。可以证明，在远场处的散射场表达式为

$$\boldsymbol{E}_s\approx \boldsymbol{E}_{s0}\sin\theta\frac{e^{-jkr}}{4\pi\boldsymbol{r}}\hat{\boldsymbol{\theta}},\quad \boldsymbol{E}_{s0}=-4\pi\left(\frac{\varepsilon_s-\varepsilon}{\varepsilon_s+2\varepsilon}\right)k^2a^3\boldsymbol{E}_0 \tag{2.6-15}$$

而该散射场相关的散射截面可以近似写为

$$\sigma_s=\pi a^2 Q_s,\quad Q_s=\frac{8}{3}\left|\frac{\varepsilon_s-\varepsilon}{\varepsilon_s+2\varepsilon}\right|^2\left(2\pi\frac{a}{\lambda}\right)^4 \tag{2.6-16}$$

假设 $\varepsilon_s\approx\varepsilon$，则 $\varepsilon_s+2\varepsilon\approx 3\varepsilon$，则上式的结果与弱散射的情况一致，即式（2.6-15）退化为式（2.6-9），而式（2.6-16）退化为式（2.6-14）。

要验证上面这些结论，只需要运用边界条件，即令球内和球外的电场矢量 $\boldsymbol{E}$ 的切向分量在散射球体表面（$\boldsymbol{r}=a$）处相等；同时令球内和球外的电位移场 $\boldsymbol{D}$ 的法向分量在散射球体表面（$\boldsymbol{r}=a$）处相等，这里的 $\boldsymbol{D}$ 等于介电常数与电场的乘积（参见图 2.1-1）。散射球体内部的电场 $\boldsymbol{E}_i$ 是均匀分布的，其振幅为

$$\boldsymbol{E}_i=\frac{3\varepsilon}{\varepsilon_s+2\varepsilon}\boldsymbol{E}_0 \tag{2.6-17}$$

$\boldsymbol{E}_i$ 的方向与入射场的电场方向平行，如图 2.6-3 所示。

球外部的场是入射场 $\boldsymbol{E}_0$ 和散射场 $\boldsymbol{E}_s$ 的叠加，这里 $\boldsymbol{E}_s$ 是一列偶极子波。因为球的半径远小于光波长（$r\ll\lambda$），那么在边界 $\boldsymbol{r}=a$ 处有 $kr\ll 1$。所以，式（2.4-18）给出的偶极子波的电场表达式可以用 $1/(\mathrm{j}k\boldsymbol{r})^2$ 项来近似。在 $\boldsymbol{r}=a$ 处，$\boldsymbol{E}_s$ 在半径方向和极角方向的分量分别为 $2(\mathrm{j}ka)^{-2}(\boldsymbol{E}_{s0}\cos\theta)(4\pi a)^{-1}e^{-jka}$ 和 $(\mathrm{j}ka)^{-2}(\boldsymbol{E}_{s0}\sin\theta)(4\pi a)^{-1}e^{-jka}$。将这两个表达式代入边界条件，

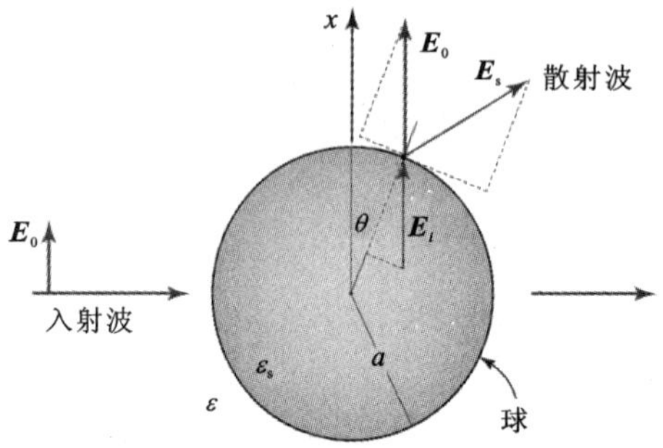

图 2.6-3 介质纳米球被一列电场为 $\boldsymbol{E}_0$ 的平面电磁波激励的情况

可以得到式（2.6-16）和式（2.6-17）。所以，这个结论对于长波长（$\lambda \gg a$）的光（或低频率的光）成立。边界条件要求 $\boldsymbol{E}_0+\boldsymbol{E}_s$ 和 $\boldsymbol{E}_i$ 的极角分量相等，并且 $\varepsilon(\boldsymbol{E}_0+\boldsymbol{E}_s)$ 和 $\varepsilon_s\boldsymbol{E}_i$ 的径向分量也相等。金属纳米球的散射问题，在 4.2.3 小节讨论。

2.6.3 米氏散射

在 2.6.2 小节中介绍过，对于弱散射的情况，玻恩近似适用于所有尺寸的散射体，包括那些尺寸与入射光波长可比拟或比入射光波长更大的散射体。散射波被处理为散射体内一组连续的偶极子产生的偶极子波的积分，这些偶极子波的振幅与 $k_s^2-k^2$ 在偶极子所在处的取值成正比，这样求得的散射场分布对散射体的尺度和形状很敏感。

对于散射不是足够弱的情况，玻恩近似不适用，此时对于一些特殊形状的散射体，例如球形散射体而言，散射问题仍然可以用解析的方式求解，这就是米氏散射。对于较大的球形散射体，需要用到四极子解，它是亥姆霍兹方程的高阶解（比偶极子解阶数更高），当然相应的数学分析也更复杂。此时散射场具有复杂的，并且往往是非对称的分布形式，其前向散射可以比后向散射更强。可以证明，对于尺度大于光波长的球状散射体而言，散射光功率正比于球的直径的平方，而不是像瑞利散射那样正比于直径的六次方。

此外，米氏散射的强度大体上是与波长无关的，这与瑞利散射有显著的区别，所以白光中的各波长成分的散射强度都是一样的。云层中的悬浮水滴的尺度与可见光的波长可比拟，这些悬浮水滴造成的米氏散射是它们为什么看上去是白色（或灰色）的原因。米氏散射还可以用来解释雾中的光源附近为什么会出现白色耀眼亮斑。

2.6.4 电磁波在含有散射体的材料中的衰减

尽管由单个散射体造成的瑞利散射的强度很弱，分布在宿主材料中的大量散射体造成的瑞利散射积累起来却可以造成显著的光衰减。考虑一均匀材料的单位体积内含有 N_s 个相同的散射体，每个散射体的散射截面为 σ_s，则一列波穿过该材料时以 α_s 的速率作指数式衰减，而 α_s 被称为散射系数：

$$\alpha_s = N_s \sigma_s \tag{2.6-18}$$

推导这个结果的方法是考虑一列强度为 I 的平面波沿一个圆柱体的 z 轴传播了一段距离 Δz，圆柱体的截面积为单位面积，如图 2.6-4 所示。这段长度为 Δz 的切片中含有 $N_s\Delta z$ 个散射体，每个散射体将 $\sigma_s I$ 的光功率散射掉，那么在穿过这段切片后，光强的减少量为 $\Delta I = -(N_s\Delta z)\sigma_s I$。当切片长度 $\Delta z \to 0$ 时，可得 $\mathrm{d}I/\mathrm{d}z = \alpha_s I$，其中 $\alpha_s = N_s\sigma_s$，所以波的强度以速率 α_s 作指数式衰减，在传播了距离 z 后，衰减因子为 $\exp(-\alpha_s z)$。

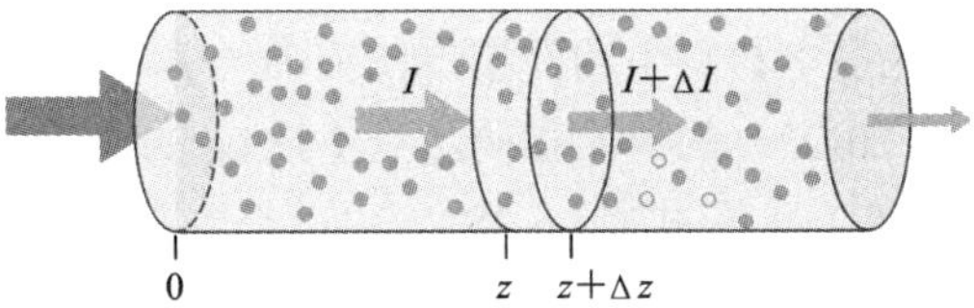

图 2.6-4 散射体对光的散射和吸收共同导致了光强的衰减

如果散射体的材料本身也存在损耗，光在含有这种有损耗散射体的材料中传播时，就会产生更大的衰减。总的衰减系数，也叫消光系数，是吸收系数 α_a 和散射系数 α_s 之和，即 $\alpha = \alpha_a + \alpha_s$。

下面推导吸收系数 α_a 的表达式，假设相对介电常数为 ε 的无损耗宿主材料中每单位体积内含有 N_s 个球形散射体，每个散射体的复介电常数为 ε_s，体积为 V，而散射体的吸收特性由 ε_s 的虚部决定。这种由宿主材料与其含有的散射体组成的复合材料的复介电参数用 ε_e 来表示。复合材料和宿主材料中的波数分别是 $k_e = \omega\sqrt{\varepsilon_e\mu}$ 和 $k = \omega\sqrt{\varepsilon\mu}$，前者是复数而后者是实数。根据式（2.5-3）可以得到 $\dfrac{\alpha_a}{2} = -\mathrm{Im}\{k_e\} = -k\,\mathrm{Im}\{\sqrt{\varepsilon_e/\varepsilon}\}$。

ε_e 的一种近似表达式是按散射体的体积占比 $f = N_s V$ 作加权平均：

$$\varepsilon_e \approx (1-f)\varepsilon + f\varepsilon_s = \varepsilon + (\varepsilon_s - \varepsilon)f \tag{2.6-19}$$

这种近似适用于散射体很小，在宿主材料中的体积占比很小（$f \ll 1$），且为弱散射（$\varepsilon_s \ll \varepsilon$）的情况。而对于小的球形散射体在宿主材料中的体积占比为任意值，且 ε_s 和 ε 取任意值的情况，可以采用 Maxwell-Garnett（麦克斯韦-加尼特）混合法则：

$$\varepsilon_e \approx \varepsilon + 3f\varepsilon\frac{\varepsilon_s - \varepsilon}{\varepsilon_s + 2\varepsilon - (\varepsilon_s - \varepsilon)f} = \varepsilon\frac{2(1-f)\varepsilon + (1+2f)\varepsilon_s}{(2+f)\varepsilon + (1-f)\varepsilon_s} \tag{2.6-20}$$

要推导该近似表达式，只需取平均电场 $\bar{\boldsymbol{E}} = f\boldsymbol{E}_i + (1-f)\boldsymbol{E}_0$ 和平均电位移 $\bar{\boldsymbol{D}} = f\varepsilon_s\boldsymbol{E}_i + (1-f)\varepsilon\boldsymbol{E}_0$，式中，$\boldsymbol{E}_i$ 和 $\boldsymbol{E}_0$ 分别为散射体内部和外部的场。从式（2.6-17）可得 $\boldsymbol{E}_0/\boldsymbol{E}_i = (\varepsilon_s + 2\varepsilon)/3\varepsilon$，再构建比例 $\varepsilon_e \approx \bar{\boldsymbol{D}}/\bar{\boldsymbol{E}}$，就可以得到式（2.6-20）。当小的球形散射体在宿主材料中的体积占比很小（$f \ll 1$）时，式（2.6-20）具有更简洁的形式：

$$\varepsilon_e \approx \varepsilon + 3f\varepsilon\frac{\varepsilon_s - \varepsilon}{\varepsilon_s + 2\varepsilon} \tag{2.6-21}$$

而如果弱散射的条件也成立，则式（2.6-21）退化为加权平均式（2.6-19）。

如果小的散射体在宿主材料中的体积占比很小，但弱散射条件不成立，则可以将 ε_e 写成 $\varepsilon_e = \varepsilon + \Delta\varepsilon$，这里 $\Delta\varepsilon \ll \varepsilon$。此时有

$$\frac{\alpha_a}{2}=-k\,\mathrm{Im}\{\sqrt{\varepsilon_e/\varepsilon}\}=-k\mathrm{Im}\{(1+\Delta\varepsilon/\varepsilon)^{1/2}\}\approx-k\mathrm{Im}\{1+\Delta\varepsilon/2\varepsilon\}=-k\mathrm{Im}\{\Delta\varepsilon/2\varepsilon\}$$

所以 $\alpha_a\approx-k\,\mathrm{Im}\{(\varepsilon_e-\varepsilon)/\varepsilon\}$。将恒等关系式 $k=2\pi/\lambda$ 和 $f=N_sV=N_s4\pi a^3/3$（球形散射体）代入式（2.6-21）可得近似结果：

$$\alpha_a=N_s\sigma_a,\sigma_a=\pi a^2Q_a,\quad Q_a\approx-4\,\mathrm{Im}\left\{\frac{\varepsilon_s-\varepsilon}{\varepsilon_s+2\varepsilon}\right\}\left(2\pi\frac{a}{\lambda}\right)\tag{2.6-22}$$

式中，σ_a 为吸收截面；无量纲的因子 Q_a 是吸收效率。如果 ε_e 用加权平均的近似表达式（2.6-19）来表达，也即散射体很小，在宿主材料中的体积占比很小（$f\ll1$），且为弱散射（$\varepsilon_s\ll\varepsilon$）的情况，则 α_a 的表达式与式（2.6-22）的形式相同，只不过 Q_a 的分母中的因子 $\varepsilon_s+2\varepsilon$ 用 3ε 来代替。结合式（2.6-22）、式（2.6-16）和式（2.6-18），可以得到总衰减系数 $\alpha=\alpha_a+\alpha_s$ 的表达式。

2.7 光的偏振态

光波在空间中特定位置处的偏振态，由它在该处的电场矢量 $\boldsymbol{E}(\boldsymbol{r},t)$ 随时间的变化过程决定。在简单的材料中，该向量位于与该位置处的波前平行的平面内。对单色光而言，复振幅矢量 $\boldsymbol{E}(\boldsymbol{r})$ 在该平面中的任何两个正交分量均随时间做正弦运动，而这两个分量的幅度和相位一般是不同的，这也使复振幅矢量 $\boldsymbol{E}(\boldsymbol{r})$ 的末端的运动轨迹是一个椭圆形。通常，光的波前的法线方向是随位置不同而变化的，因此电场矢量 $\boldsymbol{E}(\boldsymbol{r})$ 所在的平面和它的末端画出的椭圆的形状和倾斜方向也随位置不同而变化，如图 2.7-1（a）所示。

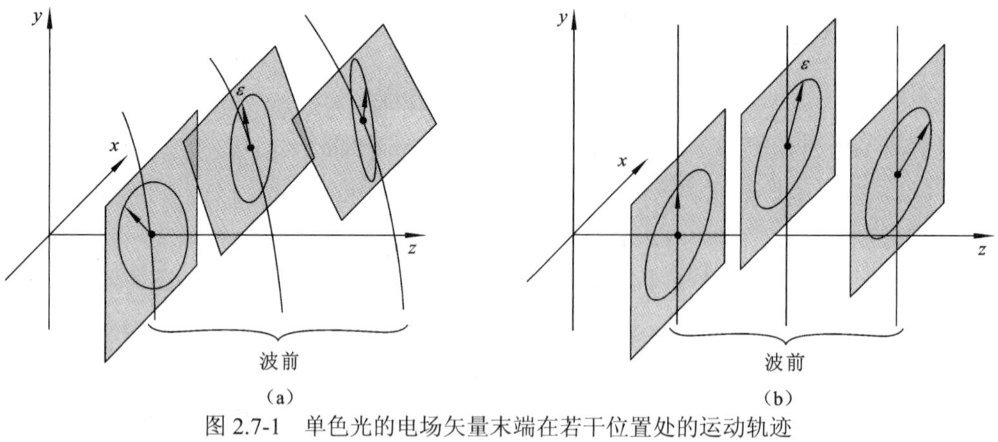

图 2.7-1　单色光的电场矢量末端在若干位置处的运动轨迹

（a）任意光波；（b）沿 z 轴方向传播的平面波或者近轴波

然而，平面波的波前是一系列平行的平面，这些平面都垂直于同一个法线，此时描述偏振态的椭圆在各个位置都是相同的，如图 2.7-1（b）所示。当然，场矢量并不一定要在任意给定时间都是彼此平行的。因此，平面波的偏振态可用单一的椭圆（偏振椭圆）描述，而平面波也被称为椭圆偏振的。偏振椭圆的方向和椭圆度决定了平面波的偏振状态，而椭圆的大小取决于光强。当椭圆退化成直线或变成圆形时，分别称为线偏振或圆偏振。

在近轴光学系统中，光的传播方向构成一个以光轴（z 轴）为中轴的窄锥。此时光波的特性接近横电磁波，而电场矢量近似地位于横向平面内，其轴向分量可以忽略不计。因此从偏振态的角度来看，近轴波可以近似为平面波，并由单一的偏振椭圆（或者是圆或直线）描述。

偏振态在光与材料的相互作用中扮演重要角色，以下是一些典型案例。

（1）光在两种材料之间的界面处的反射量取决于入射光的偏振态。

（2）某些材料对光的吸收量取决于偏振态。

（3）材料对光的散射通常是偏振敏感的。

（4）各向异性材料的折射率取决于偏振态。具有不同偏振态的光波以不同的速度传播并经历不同的相移，这使得偏振椭圆在波传播的过程中不断变化（例如，线偏振光可以转换为圆偏振光）。这个特性被用于许多光学器件的设计。

（5）线偏振光在某些材料的传播过程中，偏振面会发生旋转，这些材料包括具有旋光性的材料、液晶和某些位于外加磁场中的材料。

2.7.1 偏振态的代数形式

考察一列频率为ν，角频率为$\omega=2\pi\nu$的单色平面波沿z方向以速度c传播。该平面波的电场位于x-y平面内，通常表示为

$$\boldsymbol{E}(z,t)=\mathrm{Re}\left\{\boldsymbol{A}\exp\left[\mathrm{j}\omega\left(t-\frac{z}{c}\right)\right]\right\} \tag{2.7-1}$$

式中，复包络$\boldsymbol{A}$为一个包含复分量A_x和A_y的矢量。

$$\boldsymbol{A}=A_x\hat{\boldsymbol{x}}+A_y\hat{\boldsymbol{y}} \tag{2.7-2}$$

为了描述这列波的偏振态，可以追踪每个位置z处的矢量$\boldsymbol{E}(z,t)$的末端随时间变化而画出的轨迹。

1. 偏振椭圆

将A_x和A_y用振幅和相位表示，$A_x=a_x\exp(\mathrm{j}\varphi_x)$和$A_y=a_y\exp(\mathrm{j}\varphi_y)$，然后代入式（2.7-1）和式（2.7-2），可得

$$E(z,t)=E_x\hat{\boldsymbol{x}}+E_y\hat{\boldsymbol{y}} \tag{2.7-3}$$

式中，E_x和E_y分别为电场矢量$\boldsymbol{E}(z,t)$的x分量和y分量：

$$E_x=a_x\cos\left[\omega\left(t-\frac{z}{c}\right)+\varphi_x\right] \tag{2.7-4a}$$

$$E_y=a_y\cos\left[\omega\left(t-\frac{z}{c}\right)+\varphi_y\right] \tag{2.7-4b}$$

E_x和E_y是关于$(t-z/c)$的周期函数，振荡频率为ν。

式（2.7-4）实际上是以下椭圆方程的参数方程：

$$\frac{E_x^2}{a_x^2}+\frac{E_y^2}{a_y^2}-2\cos\varphi\frac{E_xE_y}{a_xa_y}=\sin^2\varphi \tag{2.7-5}$$

式中，$\varphi=\varphi_y-\varphi_x$为$E_x$和$E_y$的相位差。

当位置 z 的取值给定时，电场矢量的末端在 x-y 平面内作周期性转动，其轨迹即上述椭圆，如图 2.7-2（a）所示。时间 t 的取值给定时，电场矢量的末端在空间中画出的轨迹是椭圆柱表面上的螺旋，如图 2.7-2（b）所示，电场矢量随波向前传播作周期性转动，每个转动周期内波传播的距离为一个波长 $\lambda = c/\nu$。

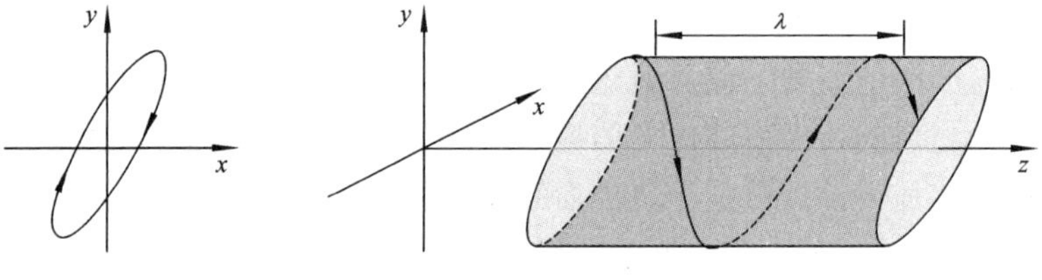

图 2.7-2　电场矢量末端的运动轨迹

（a）在给定的位置 z 处，电场矢量的末端在 x-y 平面内旋转所画出的轨迹；
（b）波向前传播的过程中，其电场矢量的末端画出的轨迹

光的偏振态由偏振椭圆的方向和形状决定，而偏振椭圆可用图 2.7-3 中定义的两个角度来描述：角度 ψ 确定长轴的方向，而角度 χ 确定椭圆度，即椭圆的短轴与长轴的比例 b/a。这两个角度与复振幅的幅值之比 $R = a_y / a_x$ 和相位差 $\varphi = \varphi_y - \varphi_x$ 之间关系如下：

$$\tan 2\psi = \frac{2R}{1-R^2}\cos\varphi, \quad R = \frac{a_y}{a_x} \tag{2.7-6}$$

$$\sin 2\chi = \frac{2R}{1+R^2}\sin\varphi, \quad \varphi = \varphi_y - \varphi_x \tag{2.7-7}$$

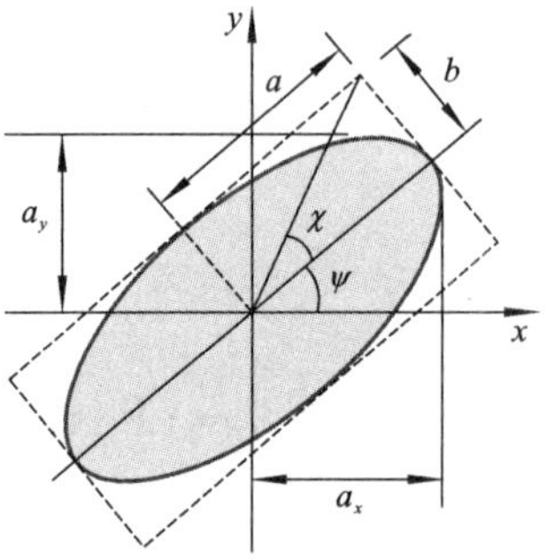

图 2.7-3　偏振椭圆

要推导式（2.7-6）和式（2.7-7），只需寻找特定的旋转方位角 ψ，使得式（2.7-5）中 E_x 和 E_y 在经过坐标系变换后得到的新偏振椭圆式中不含交叉项。偏振椭圆的大小由波的强度决定，它正比于 $|A_x|^2 + |A_y|^2 = a_x^2 + a_y^2$。

2. 线偏振光

如果其中一个分量消失（比如 $a_x = 0$），则光在另一个分量的方向（y 方向）上是线偏振的。如果相位差 $\varphi = 0$ 或者 $\varphi = \pi$，从式（2.7-5）可得 $E_y = \pm(a_y / a_x)E_x$，这是斜率为 $\pm a_y/a_x$ 的直线方程（+和−分别对应 $\varphi = 0$ 和 $\varphi = \pi$），所以光也是线偏振的。在这些例子中，图 2.7-2（b）所示的椭圆柱退化成图 2.7-4 所示的平面。因此这种波也被称为平面偏振的。例如，如果 $a_x = a_y$，偏振平面与 x 轴之间的夹角为 45°。而如果 $a_x = 0$，偏振平面就是 y-z 平面。

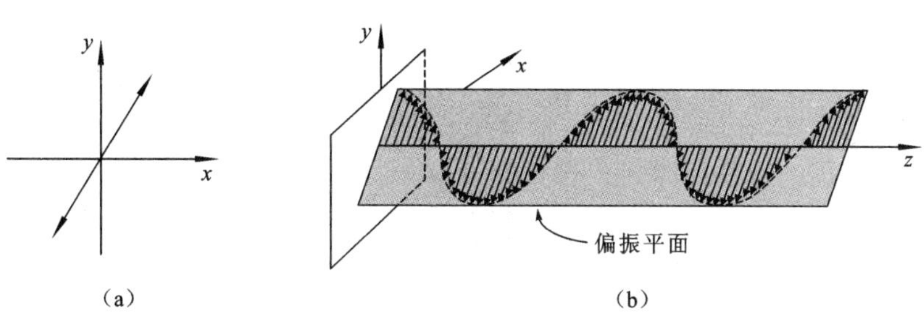

图 2.7-4 线偏振光（平面偏振光）

（a）在给定的位置 z 处，电场矢量的末端随时间变化所画出的轨迹；（b）在给定的时间 t，电场矢量的末端在各位置 z 处的情况

3. 圆偏振光

如果 $\varphi=\pm\pi/2$ 且 $a_x=a_y=a_0$，则从式（2.7-4）可得 $E_x=a_0\cos[\omega(t-z/c)+\varphi_x]$ 和 $E_y=\mp a_0\sin[\omega(t-z/c)+\varphi_x]$，进而有 $E_x{}^2+E_y{}^2=a_0^2$，这是一个圆的方程。图 2.7-2（b）中的椭圆柱变成圆柱，此时的波被称为圆偏振的。

当 $\varphi=-\pi/2$ 时，在给定位置 z 处沿波传播的方向看时，电场沿逆时针方向旋转，此时称光是左旋圆偏振光，而 $\varphi=+\pi/2$ 则对应于顺时针旋转和右旋圆偏振光，如图 2.7-5（a）所示。在左旋圆偏振光情况下，电场矢量的末端在不同位置处画出的轨迹是左手螺旋线（就像一个指向波浪方向的左手螺旋），而对于右旋圆偏振光，电场矢量末端的轨迹是右螺旋线，如图 2.7-5（b）所示。

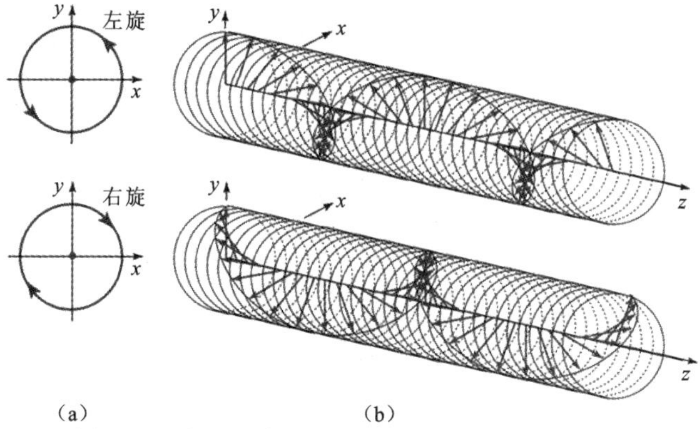

图 2.7-5 左旋圆偏振光和右旋圆偏振光的电场矢量

（a）在给定的位置 z 处沿波传播方向看时的电场旋转方向；（b）在给定的时间 t，电场矢量的末端在各位置 z 处的轨迹

4. 庞加莱球和斯托克斯参数

如上所述，光波的偏振态可以用两个实参量来描述：振幅比 $R=a_y/a_x$ 和相位差 $\varphi=\varphi_y-\varphi_x$。这两个实参量有时又被合并为一个复参量 $R\exp(\mathrm{j}\varphi)$，称为复偏振比。或者，可以通过两个角度 ψ 和 χ 来表征偏振状态，它们分别代表了偏振椭圆长轴的方向和椭圆度，如图 2.7-3 所示。

如图 2.7-6 所示，庞加莱球是一个人为构建的几何结构，光的偏振态用单位半径的球面上的点代表，这些点在球坐标系中的坐标为（$r=1$，$\theta=90^\circ-2\chi$，$\phi=2\psi$）。

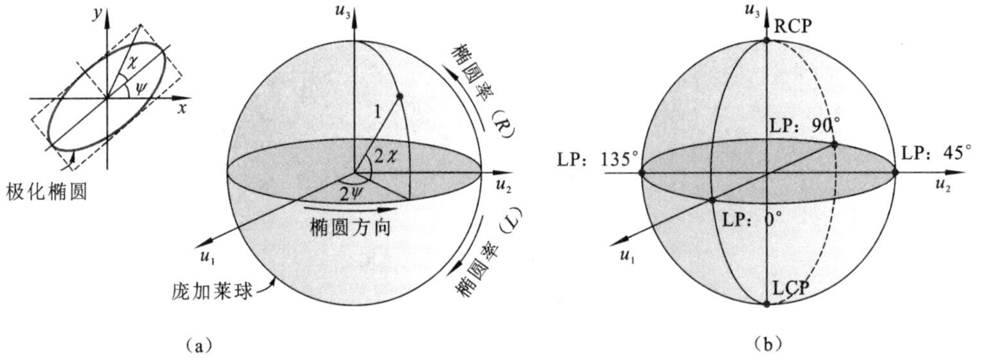

图 2.7-6　庞加莱球

（a）偏振椭圆的方向角和椭圆度由庞加莱球上的一个点代表；（b）庞加莱球赤道上的点：与 x 方向成各种夹角的线偏振态；北极点和南极点：右旋圆偏振态和左旋圆偏振态；球体内的点：部分偏振光；球心：非偏振光。

庞加莱球上的每个点都代表一种偏振态。例如，赤道上的点，即 $\chi=0^\circ$ 的点，代表线偏振态。而 $2\psi=0^\circ$ 和 $2\psi=180^\circ$ 对应的点，分别表示沿 x 轴和 y 轴的线偏振态。庞加莱球的北极和南极，即 $2\chi=\pm 90^\circ$ 对应的两个点，分别代表右旋圆偏振态和左旋圆偏振态。球体上的其他点代表椭圆偏振态。

前面讨论的两个实参量（R,φ），或者与其等效的两个角度（χ,ψ），描述了光的偏振态，但不包含光的强度信息。另一种用于描述光的偏振态，且包含光强信息的参量，是斯托克斯向量。它是四个实数（S_0，S_1，S_2，S_3）的组合，称为斯托克斯参数。其中的第一个参数 $S_0=a_x^2+a_y^2$，与光强成正比，而其他三个参数（S_1，S_2，S_3）是取庞加莱球上点的笛卡儿坐标$(u_1, u_2, u_3)=(\cos 2\chi\ \ \cos 2\psi, \cos 2\chi\ \ \sin 2\psi, \sin 2\chi)$再乘以 S_0：

$$S_1=S_0\cos 2\chi\cos 2\psi \tag{2.7-8a}$$

$$S_2=S_0\cos 2\chi\sin 2\psi \tag{2.7-8b}$$

$$S_3=S_0\sin 2\chi \tag{2.7-8c}$$

从式（2.7-6）和式（2.7-7）出发，并利用一些三角恒等式，可以将式（2.7-8）中的斯托克斯参数用电磁场的参量(a_x, a_y, φ)，以及复包络 $\boldsymbol{A}$ 的分量(A_x, A_y)来表示，如式（2.7-9）所示。

$$S_0=a_x^2+a_y^2=|A_x|^2+|A_y|^2 \tag{2.7-9a}$$

$$S_1=a_x^2-a_y^2=|A_x|^2-|A_y|^2 \tag{2.7-9b}$$

$$S_2=2a_xa_y\cos\varphi=2\mathrm{Re}\{A_x*A_y\} \tag{2.7-9c}$$

$$S_3=2a_xa_y\sin\varphi=2\mathrm{Im}\{A_x*A_y\} \tag{2.7-9d}$$

由于 $S_1^2+S_2^2+S_3^2=S_0^2$，斯托克斯矢量的四个分量中只有三个是独立的；他们完全定义了光的强度和偏振状态。

总之，描述光的偏振态有三个等价的表示：①偏振椭圆；②庞加莱球；③斯托克斯矢量。另一个等效的表示——琼斯矢量将在下一小节介绍。

2.7.2 偏振态的矩阵形式

1. 琼斯矢量

如上所述，一个沿 z 方向传播，且频率为 ν 的单频平面波，可以由其电场矢量的 x 分量和 y 分量的复包络 $A_x = a_x \exp(\mathrm{j}\varphi_x)$ 和 $A_y = a_y \exp(\mathrm{j}\varphi_y)$ 完全描述。这些复数可以写成列向量的形式，称为**琼斯矢量**，如式（2.7-10）所示。

$$\boldsymbol{J} = \begin{bmatrix} A_x \\ A_y \end{bmatrix} \tag{2.7-10}$$

给定一个琼斯矢量 $\boldsymbol{J}$，可以确定电磁波的总强度 $I = (|A_x|^2 + |A_y|^2)/2\eta$。并可以通过电场矢量的 x 分量和 y 分量的幅值之比 $R = a_y / a_x$ 以及相位之差 $\varphi = \varphi_y - \varphi_x$ 确定偏振椭圆的方向与形状，以及庞加莱球和斯托克斯参数。

表 2.7-1 中提供了一些特定偏振态的琼斯矢量。每种情况下的电磁波强度都已归一化，因此有 $|A_x|^2 + |A_y|^2 = 1$，并且，x 分量的相位 φ_x 取值设为 0，即 $\varphi_x = 0$。

表 2.7-1 特定偏振态的琼斯矢量

偏振光	琼斯矢量	图示
线偏振光（x 方向）	$\begin{bmatrix} 1 \\ 0 \end{bmatrix}$	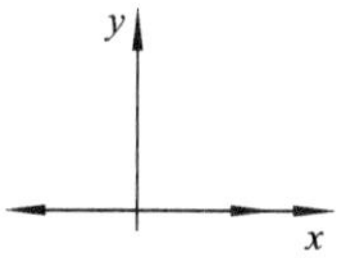
线偏振光（偏振角 θ）	$\begin{bmatrix} \cos\theta \\ \sin\theta \end{bmatrix}$	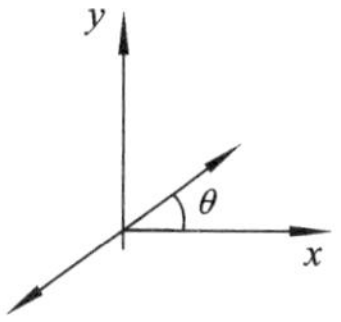
圆偏振光（右旋）	$\frac{1}{\sqrt{2}}\begin{bmatrix} 1 \\ \mathrm{j} \end{bmatrix}$	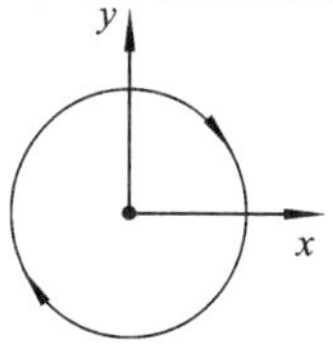
圆偏振光（左旋）	$\frac{1}{\sqrt{2}}\begin{bmatrix} 1 \\ -\mathrm{j} \end{bmatrix}$	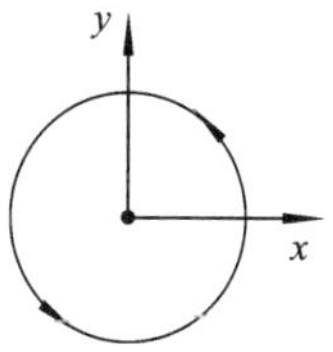

2. 正交偏振态

如果琼斯矢量 $\boldsymbol{J}_1$ 和 $\boldsymbol{J}_2$ 之间的内积为零，则 $\boldsymbol{J}_1$ 和 $\boldsymbol{J}_2$ 所代表的两个偏振态被称为是正交的。内积的定义，如式（2.7-11）所示。

$$(\boldsymbol{J}_1,\boldsymbol{J}_2)=A_{1x}*A_{2x}+A_{1y}*A_{2y} \tag{2.7-11}$$

式中，A_{1x} 和 A_{1y} 为 $\boldsymbol{J}_1$ 的元素；A_{2x} 和 A_{2y} 是 $\boldsymbol{J}_2$ 的元素。

正交琼斯矢量的一个例子是，x 方向和 y 方向上的线偏振光，或任何一对沿其他两个方向线偏振且正交的波。另一个例子是右旋圆偏振光和左旋圆偏振光。

3. 任意偏振态分解为两正交偏振态的叠加

任意琼斯矢量 $\boldsymbol{J}$ 总是可以被展开为两个正交琼斯矢量的加权叠加，这两个正交琼斯矢量 $\boldsymbol{J}_1$ 和 $\boldsymbol{J}_2$ 构成了展开的基向量，所以有 $\boldsymbol{J}=\alpha_1\boldsymbol{J}_1+\alpha_2\boldsymbol{J}_2$。

如果 $\boldsymbol{J}_1$，$\boldsymbol{J}_2$ 被归一化，$(\boldsymbol{J}_1,\boldsymbol{J}_1)=(\boldsymbol{J}_2,\boldsymbol{J}_2)=1$，则展开系数为 $\alpha_1=(\boldsymbol{J},\boldsymbol{J}_1)$ 和 $\alpha_2=(\boldsymbol{J},\boldsymbol{J}_2)$。

【例 2.7-1】 将普通向量展开为线偏振基向量和圆偏振基向量

假设以 x 方向线偏振向量 $\begin{bmatrix}1\\0\end{bmatrix}$ 和 y 方向线偏振向量 $\begin{bmatrix}0\\1\end{bmatrix}$ 作为展开的基向量，如果一个琼斯矢量的分量为 A_x 和 A_y，并且 $|A_x|^2+|A_y|^2=1$，则该琼斯矢量的展开系数是 $\alpha_1=A_x$ 和 $\alpha_2=A_y$。

相同的偏振态，也可以通过其他基向量展开。

（1）以与 x 轴夹角为 45°和 135°的线偏振向量为基向量，即 $\boldsymbol{J}_1=\dfrac{1}{\sqrt{2}}\begin{bmatrix}1\\1\end{bmatrix}$ 和 $\boldsymbol{J}_2=\dfrac{1}{\sqrt{2}}\begin{bmatrix}-1\\1\end{bmatrix}$，则展开系数 α_1 和 α_2 为

$$A_{45}=\frac{1}{\sqrt{2}}(A_x+A_y),\quad A_{135}=\frac{1}{\sqrt{2}}(A_y-A_x) \tag{2.7-12}$$

（2）类似地，如果以右旋圆偏振光和左旋圆偏振光作为基向量，即 $\dfrac{1}{\sqrt{2}}\begin{bmatrix}1\\j\end{bmatrix}$ 和 $\dfrac{1}{\sqrt{2}}\begin{bmatrix}1\\-j\end{bmatrix}$，则系数 α_1 和 α_2 为

$$A_{\mathrm{R}}=\frac{1}{\sqrt{2}}(A_x-\mathrm{j}A_y),\quad A_{\mathrm{L}}=\frac{1}{\sqrt{2}}(A_x+\mathrm{j}A_y) \tag{2.7-13}$$

例如，偏振平面与 x 轴成夹角 θ 的线偏振光（即 $A_x=\cos\theta$ 和 $A_y=\sin\theta$）等价为右旋圆偏振光和左旋圆偏振光的叠加，加权系数分别为 $\dfrac{1}{\sqrt{2}}\mathrm{e}^{-\mathrm{j}\theta}$ 和 $\dfrac{1}{\sqrt{2}}\mathrm{e}^{\mathrm{j}\theta}$。所以，线偏振光等于右旋圆偏振光和左旋圆偏振光的加权叠加。

【练习 2.7-1】 测量斯托克斯参数

假设光的琼斯矢量的分量为 A_x 和 A_y，试证明由式（2.7-9）定义的斯托克斯参数可进一步改写为

$$S_0=|A_x|^2+|A_y|^2$$

$$S_1=|A_x|^2-|A_y|^2$$

$$S_2=|A_{45}|^2-|A_{135}|^2$$

$$S_3=|A_{\mathrm{R}}|^2-|A_{\mathrm{L}}|^2$$

式中，A_{45} 和 A_{135} 由式（2.7-12）给出；A_{R} 和 A_{L} 由式（2.7-13）给出。根据该关系式，设计一

种测量任意偏振态的光的斯托克斯参数的实验方法。

4. 偏振元件的矩阵描述

图 2.7-7 示意了一列任意偏振态的平面波通过一个光学系统的情况，该光学系统不改变波的平面特性，但是会改变它的偏振态。此外，假设该系统是线性的，因此服从光场叠加定律。

可用该系统描述的具体案例包括：

（1）光在两种材料的平面边界处的反射问题；

（2）光通过具有各向异性光学特性的平板时的透射问题。

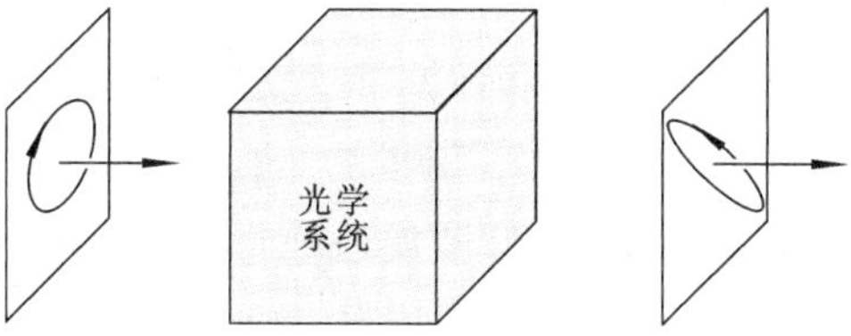

图 2.7-7　一个改变平面波偏振态的光学系统

偏振元件的输入波，即入射波的两个电场分量的复包络 A_{1x} 和 A_{1y}，与输出波，即透射波或反射波的两个电场分量的复包络 A_{2x} 和 A_{2y}，一般可用加权叠加的方式联系起来，如式（2.7-14）所示。

$$\begin{aligned} A_{2x} &= T_{11}A_{1x} + T_{12}A_{1y} \\ A_{2y} &= T_{21}A_{1x} + T_{22}A_{1y} \end{aligned} \tag{2.7-14}$$

式中，T_{11}、T_{12}、T_{21} 和 T_{22} 为描述偏振元件的参数。式（2.7-14）是所有线性偏振光学元件必须满足的一般关系。

定义一个 2×2 矩阵 $\boldsymbol{T}$，其元素为 T_{11}、T_{12}、T_{21} 和 T_{22}，就可以方便地将式（2.17-14）规定的线性关系用矩阵的形式写出，如式（2.7-15）所示。

$$\begin{bmatrix} A_{2x} \\ A_{2y} \end{bmatrix} = \begin{bmatrix} T_{11} & T_{12} \\ T_{21} & T_{22} \end{bmatrix} \begin{bmatrix} A_{1x} \\ A_{1y} \end{bmatrix} \tag{2.7-15}$$

而如果输入波和输出波分别由琼斯矢量 $\boldsymbol{J}_1$ 和 $\boldsymbol{J}_2$ 描述，那么式（2.7-15）可以进一步写成简洁的矩阵形式，如式（2.7-16）所示。

$$\boldsymbol{J}_2 = \boldsymbol{T}\boldsymbol{J}_1 \tag{2.7-16}$$

式中，$\boldsymbol{T}$ 为琼斯矩阵，用于描述光学系统；矢量 $\boldsymbol{J}_1$ 和 $\boldsymbol{J}_2$ 则描述输入波和输出波。对于给定的光学系统，其琼斯矩阵 $\boldsymbol{T}$ 的结构决定了它对光的偏振态和强度的影响。

下面介绍一些具有简单光学系统的琼斯矩阵。

（1）线栅偏振片：由琼斯矩阵[式（2.7-17）]所代表的系统，通过消除 y 分量，将一列场分量为(A_{1x}，A_{1y})的波，转换成一列场分量为(A_{1x}，0)的波，即沿 x 方向偏振的波，如图 2.7-8 所示。

$$\boldsymbol{T} = \begin{bmatrix} 1 & 0 \\ 0 & 0 \end{bmatrix} \tag{2.7-17}$$

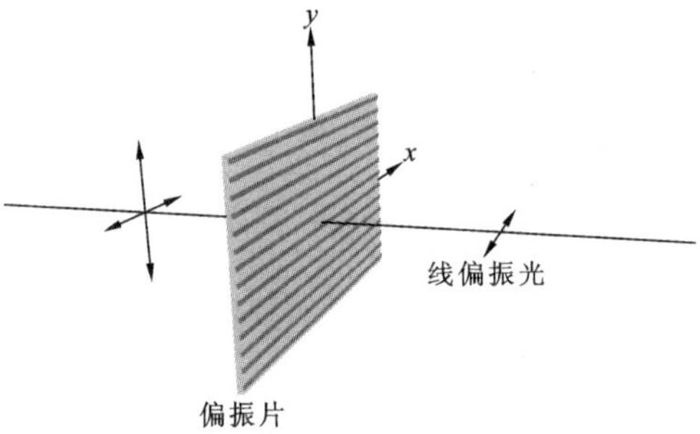

图 2.7-8　线栅偏振片

（2）波片：由琼斯矩阵[式（2.7-18）]所代表的系统，将一列场分量为(A_{1x}, A_{1y})的波转化为一列场分量为$(A_{1x}, \mathrm{e}^{-\mathrm{j}\Gamma}A_{1y})$的波，从而对$y$分量造成$\Gamma$的相位延迟，同时保持$x$分量不变。因此它被称为相位延迟器，也叫作波片。这里的x轴和y轴分别称为快轴和慢轴。图 2.7-9 给出了波片对偏振态的常见变换作用，这些变换通过简单的矩阵运算就可以理解。

$$\boldsymbol{T}=\begin{bmatrix}1 & 0\\ 0 & \mathrm{e}^{-\mathrm{j}\Gamma}\end{bmatrix}\tag{2.7-18}$$

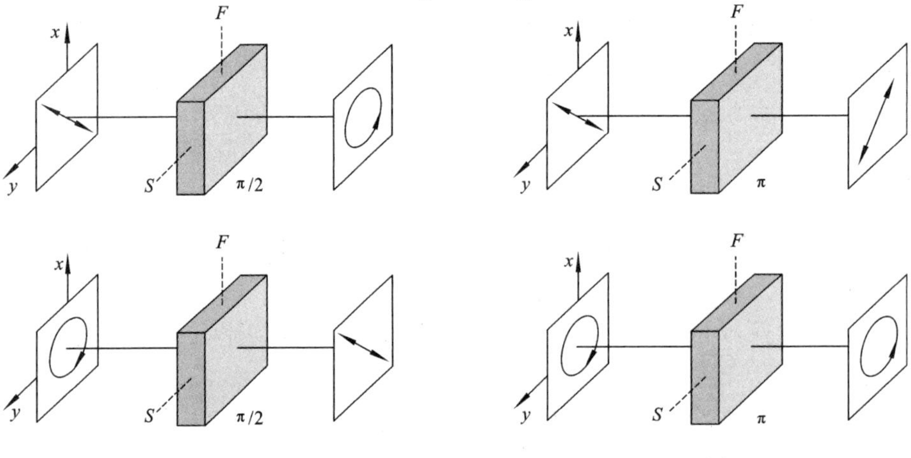

图 2.7-9　波片对偏振态的变换作用

（a）和（b）分别给出 1/4 波片和半波片对几种偏振态的变换作用，F 和 S 分别代表波片的快轴和慢轴

当$\Gamma=\pi/2$时，该波片称为 1/4 波片，对应的琼斯矩阵为$\begin{bmatrix}1 & 0\\ 0 & -\mathrm{j}\end{bmatrix}$，它将线偏振波$\begin{bmatrix}1\\ 1\end{bmatrix}$变换为左旋圆偏振波$\begin{bmatrix}1\\ -\mathrm{j}\end{bmatrix}$，将右旋圆偏振波$\begin{bmatrix}1\\ \mathrm{j}\end{bmatrix}$变换为线偏振波$\begin{bmatrix}1\\ 1\end{bmatrix}$。

当$\Gamma=\pi$时，该波片称为半波片，对应的琼斯矩阵为$\begin{bmatrix}1 & 0\\ 0 & -1\end{bmatrix}$，它将线偏振波$\begin{bmatrix}1\\ 1\end{bmatrix}$变换为线偏振波$\begin{bmatrix}1\\ -1\end{bmatrix}$，即将偏振面旋转了 90°。半波片将右旋圆偏振波$\begin{bmatrix}1\\ \mathrm{j}\end{bmatrix}$变换为左旋圆偏振波$\begin{bmatrix}1\\ -\mathrm{j}\end{bmatrix}$。

（3）偏振旋转器：波片可以将具有一种偏振态的光换为另一种偏振态的光，而偏振旋转器则始终保持光的线偏振态，同时将偏振面旋转特定的角度。其琼斯矩阵由式（2.7-19）给出。

$$\boldsymbol{T}=\begin{bmatrix}\cos\theta & -\sin\theta\\ \sin\theta & \cos\theta\end{bmatrix} \tag{2.7-19}$$

该矩阵代表了一种能将线偏振光$\begin{bmatrix}\cos\theta_1\\ \sin\theta_1\end{bmatrix}$转换成另一种线偏振光$\begin{bmatrix}\cos\theta_2\\ \sin\theta_2\end{bmatrix}$的元件，其中 $\theta_2=\theta_1+\theta$。所以，它将线偏振光的偏振面旋转角度 θ。

5. 级联的偏振元件

由若干光学元件级联而成的系统对偏振光的变换作用，可以通过矩阵相乘的方式确定。偏振光依次通过一个琼斯矩阵为 $\boldsymbol{T}_1$ 的系统和一个琼斯矩阵为 $\boldsymbol{T}_2$ 的系统，相当于通过一个琼斯矩阵 $\boldsymbol{T}=\boldsymbol{T}_2\boldsymbol{T}_1$ 的系统。光首先通过的系统的矩阵必须在矩阵乘积式的右侧，因为它是第一个影响输入琼斯矢量的矩阵。

【练习 2.7-2】 级联的波片

试证明两个级联且快轴平行 1/4 波片等价于一个半波波片。如果这两个 1/4 波片的快轴互相垂直结果又如何？

6. 坐标系变换

琼斯矢量和琼斯矩阵的元素取值取决于坐标系的选择。但是，如果这些元素的取值在一个坐标系中是已知的，就可以通过矩阵法确定它们在另一个坐标系中的取值。例如说，假设 x-y 坐标系中的琼斯矢量为 $\boldsymbol{J}$，而新坐标系 x'-y' 的 x' 轴与 x 轴夹角为 θ，如图 2.7-10 所示。那么，在新坐标系 x'-y' 中，琼斯矢量 $\boldsymbol{J}'$ 由式（2.7-20）给出。

$$\boldsymbol{J}'=\boldsymbol{R}(\theta)\boldsymbol{J} \tag{2.7-20}$$

式中，$\boldsymbol{R}(\theta)$ 为一个矩阵，由式（2.7-21）给出。

$$\boldsymbol{R}(\theta)=\begin{bmatrix}\cos\theta & \sin\theta\\ -\sin\theta & \cos\theta\end{bmatrix} \tag{2.7-21}$$

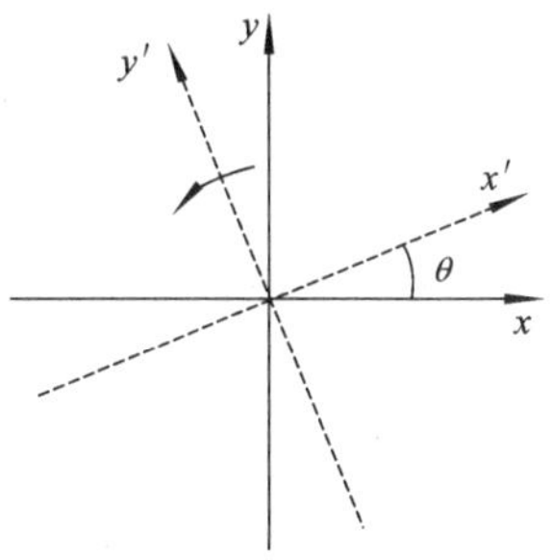

图 2.7-10 坐标系旋转变换

该等式可以通过比较电场矢量在两个坐标系中的分量加以验证。

类似地，代表某一光学系统的琼斯矩阵 $\boldsymbol{T}$，也可以根据式（2.7-22）和式（2.7-23）所示的矩阵关系式转换成新坐标系中的 $\boldsymbol{T}'$。

$$\boldsymbol{T}'=\boldsymbol{R}(\theta)\boldsymbol{T}\boldsymbol{R}(-\theta) \tag{2.7-22}$$

$$\boldsymbol{T}=\boldsymbol{R}(-\theta)\boldsymbol{T}'\boldsymbol{R}(\theta) \tag{2.7-23}$$

其中的 $\boldsymbol{R}(-\theta)$，可通过将式（2.7-21）中的 θ 用 $-\theta$ 替代而得到。矩阵 $\boldsymbol{R}(-\theta)$ 是 $\boldsymbol{R}(\theta)$ 的逆矩阵，因此 $\boldsymbol{R}(-\theta)$ 乘以 $\boldsymbol{R}(\theta)$ 是一个单位矩阵。式（2.7-22）能够通过关系式 $\boldsymbol{J}_2=\boldsymbol{T}\boldsymbol{J}_1$ 和变换式 $\boldsymbol{J}_2'=\boldsymbol{R}(\theta)\boldsymbol{J}_2=\boldsymbol{R}(\theta)\boldsymbol{T}\boldsymbol{J}_1$ 得到。因为 $\boldsymbol{J}_1=\boldsymbol{R}(-\theta)\boldsymbol{J}_1'$，有 $\boldsymbol{J}_2'=\boldsymbol{R}(\theta)\boldsymbol{T}\boldsymbol{R}(-\theta)\boldsymbol{J}_1'$，再根据式 $\boldsymbol{J}_2'=\boldsymbol{T}'\boldsymbol{J}_1'$，便可得到式（2.7-22）。

【练习 2.7-3】　旋转后的半波波片的琼斯矩阵

假设半波波片的快轴与 x 轴之间的夹角为 θ，试证明该波片的琼斯矩阵为

$$\boldsymbol{T}=\begin{bmatrix}\cos 2\theta & \sin 2\theta \\ \sin 2\theta & -\cos 2\theta\end{bmatrix} \tag{2.7-24}$$

试从式（2.7-19）、式（2.7-22）和式（2.7-24）推导式（2.7-25），并讨论当 θ=22.5° 时，输出波的琼斯矢量的两个分量与输入波的琼斯矢量的两个分量之间的关系。

7. 偏振系统的简正模式

偏振光学系统的简正模式，是指那些通过该系统时不发生改变的偏振态。这些偏振态的琼斯矢量满足式（2.7-25）。

$$\boldsymbol{TJ}=\mu\boldsymbol{J} \tag{2.7-25}$$

其中 μ 是常量。因此，偏振光学系统的简正模式是其琼斯矩阵 $\boldsymbol{T}$ 的特征向量，μ 的值为对应的特征值。因为 $\boldsymbol{T}$ 是一个 2×2 的矩阵，所以只有两个独立的简正模式，即 $\boldsymbol{TJ}_1=\mu_1\boldsymbol{J}_1$ 和 $\boldsymbol{TJ}_2=\mu_2\boldsymbol{J}_2$。如果矩阵 $\boldsymbol{T}$ 是一个厄米矩阵，又叫自共轭矩阵，即满足 $T_{12}=T_{21}^*$，则其简正模式是正交的，即$(\boldsymbol{J}_1,\boldsymbol{J}_2)$=0。简正模式通常用作展开的基向量，任意输入波的琼斯矢量 $\boldsymbol{J}$ 可以展开为简正模式的叠加，即 $\boldsymbol{J}=\alpha_1\boldsymbol{J}_1+\alpha_2\boldsymbol{J}_2$。该系统的响应也就可以被写为较简单的形式：$\boldsymbol{TJ}=\boldsymbol{T}(\alpha_1\boldsymbol{J}_1+\alpha_2\boldsymbol{J}_2)=\alpha_1\boldsymbol{TJ}_1+\alpha_2\boldsymbol{TJ}_2=\alpha_1\mu_1\boldsymbol{J}_1+\alpha_2\mu_2\boldsymbol{J}_2$。关于线性系统的模式的更多细节，可以阅读参考文献[1]的附录 C。

2.8　界面处的反射与折射

在这一节中，研究一列具有任意偏振态的单频平面电磁波在两种介质材料的平面边界处的反射和折射。这里的两种介质材料假设为线性、均匀且各向同性的。两种材料的电磁波阻抗为 η_1 和 η_2，折射率为 n_1 和 n_2。入射波、折射波和反射波分别用下标 1、2 和 3 标记，如图 2.8-1 所示。

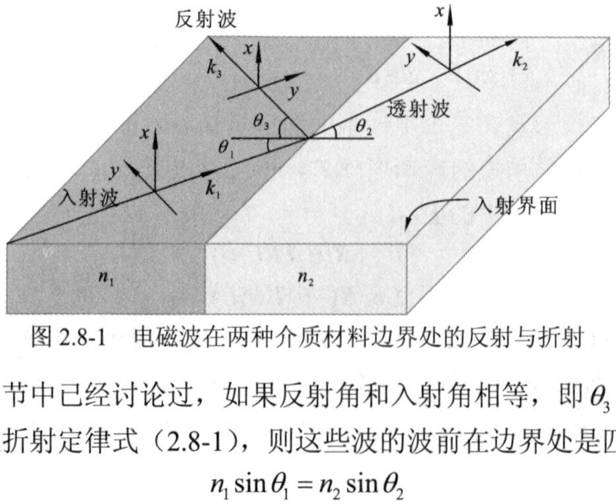

图 2.8-1　电磁波在两种介质材料边界处的反射与折射

在本书 2.4.1 小节中已经讨论过，如果反射角和入射角相等，即 $\theta_3=\theta_1$，且折射角和入射角之间的关系满足折射定律式（2.8-1），则这些波的波前在边界处是匹配的。

$$n_1\sin\theta_1=n_2\sin\theta_2 \tag{2.8-1}$$

为了将三列波的振幅和偏振态联系起来，为每列波指定一个与其传播方向 k 垂直的 x-y 坐标平面，如图 2.8-1 所示。这些波的电场的复包络可由琼斯矢量表示，如式（2.8-2）所示。

$$\boldsymbol{J}_1=\begin{bmatrix}A_{1x}\\A_{1y}\end{bmatrix},\quad \boldsymbol{J}_2=\begin{bmatrix}A_{2x}\\A_{2y}\end{bmatrix},\quad \boldsymbol{J}_3=\begin{bmatrix}A_{3x}\\A_{3y}\end{bmatrix} \tag{2.8-2}$$

进而，可以确定 $\boldsymbol{J}_2$ 和 $\boldsymbol{J}_1$ 之间以及 $\boldsymbol{J}_3$ 和 $\boldsymbol{J}_1$ 之间的关系。这些关系可以用矩阵等式 $\boldsymbol{J}_2=\boldsymbol{t}\boldsymbol{J}_1$ 和 $\boldsymbol{J}_3=\boldsymbol{r}\boldsymbol{J}_1$ 的形式写出。其中 $\boldsymbol{t}$ 和 $\boldsymbol{r}$ 分别是描述波的透射和反射的 2×2 琼斯矩阵。透射和反射矩阵的元素可以通过电磁场理论所规定的边界条件来确定，即 $\boldsymbol{E}$ 和 $\boldsymbol{H}$ 的切向分量以及 $\boldsymbol{D}$ 和 $\boldsymbol{B}$ 的法线分量在边界处的连续性。每列波的电场和磁场是正交的，电场和磁场的包络之比是特征阻抗，入射波和反射波的阻抗是 η_1，透射波的阻抗是 η_2。通过应用边界条件可以推导出一组方程，求解这些方程就能获得三列波之间的电场分量的关系式。

如果注意到该系统的两个简正模式，分别是沿 x 方向和 y 方向的线偏振波，那么求解过程中涉及的运算就会大大简化。要得到这个结论，只需证明沿 x 方向线偏振的入射波、反射波和折射波三者满足边界条件的要求，并且沿 y 方向线偏振的三列波也是这样。而事实上确实如此。因此，x 偏振的波和 y 偏振的波是彼此正交的。

参考图 2.8-1 中所建立的坐标系，其中 x 偏振的模式称为横电波（transverse electric wave，TE wave），或者垂直偏振态，这是因为它的电场是垂直于入射平面的。这里的入射平面，是指由平面波传播方向 k 与界面的法线构成的平面。类似地，y 偏振的模式称为横磁波（transverse magnetic wave，TM wave），因为它的磁场是垂直于入射平面的，或者也可以叫作平行偏振态，这是因为它的电场是平行于入射平面的。垂直偏振态又被叫作 s 偏振，源自德语中的“垂直”这个单词的首字母；平行偏振态，又被叫作 p 偏振，源自英语中的“平行”这个单词。需要指出的是，图 2.8-1 中的三列波的 y 轴方向并不是固定的，只要它们平行于界面的分量，都指向同一方向即可。

可以用琼斯矩阵 $\boldsymbol{t}$ 来描述透射波电场的 x、y 分量与入射波电场的 x、y 分量之间的关系，用琼斯矩阵 $\boldsymbol{r}$ 来描述反射波电场的 x、y 分量与入射波电场 x、y 分量之间的关系。

x 偏振波和 y 偏振波相互独立，意味着琼斯矩阵 $\boldsymbol{t}$ 和 $\boldsymbol{r}$ 是对角矩阵，如式（2.8-3）～式（2.8-5）所示。

$$\boldsymbol{t}=\begin{bmatrix}t_x & 0\\0 & t_y\end{bmatrix},\quad \boldsymbol{r}=\begin{bmatrix}r_x & 0\\0 & r_y\end{bmatrix} \tag{2.8-3}$$

因此有

$$E_{2x}=t_xE_{1x},\quad E_{2y}=t_yE_{1y} \tag{2.8-4}$$

$$E_{3x}=r_xE_{1x},\quad E_{3y}=r_yE_{1y} \tag{2.8-5}$$

式（2.8-4）中，系数 t_x 与 t_y 均为复数，描述了 TE 模式与 TM 模式的振幅透射系数；式（2.8-5）中，r_x 与 r_y 为 TE 模式与 TM 模式的振幅反射系数，也是复数。

对 TE 模式和 TM 模式运用电场与磁场的切向分量必须连续的边界条件，就可以推导出透射系数与反射系数的表达式，如式（2.8-6）和式（2.8-7）所示。

$$r_x=\frac{\eta_2\sec\theta_2-\eta_1\sec\theta_1}{\eta_2\sec\theta_2+\eta_1\sec\theta_1},\quad t_x=1+r_x \tag{2.8-6}$$

$$r_y = \frac{\eta_2 \cos\theta_2 - \eta_1 \cos\theta_1}{\eta_2 \cos\theta_2 + \eta_1 \cos\theta_1}, \quad t_y = (1 + r_y)\frac{\cos\theta_1}{\cos\theta_2} \tag{2.8-7}$$

由波阻抗的定义式$\eta = \sqrt{\mu / \varepsilon}$可知，当$\varepsilon$或$\mu$是复数时，波阻抗也是复数，具体的例子有存在损耗的介质材料或者导电材料。对于无损耗且非磁性的介质材料，$\eta = \eta_0 / n$是一个实数，这里$\eta_0 = \sqrt{\mu_0 / \varepsilon_0}$是自由空间的波阻抗，约为 377 Ω。

结合式（2.8-6）和式（2.8-7），可以导出菲涅耳公式，如式（2.8-8）和式（2.8-9）所示。

$$r_x = \frac{n_1 \cos\theta_1 - n_2 \cos\theta_2}{n_1 \cos\theta_1 + n_2 \cos\theta_2}, \quad t_x = 1 + r_x \tag{2.8-8}$$

$$r_y = \frac{n_1 \sec\theta_1 - n_2 \sec\theta_2}{n_1 \sec\theta_1 + n_2 \sec\theta_2}, \quad t_y = (1 + r_y)\frac{\cos\theta_1}{\cos\theta_2} \tag{2.8-9}$$

在给定折射率n_1、n_2和入射角θ_1时，可以先利用折射定律，即式（2.8-1），求得θ_2，然后可以求得$\cos\theta_2$，如式（2.8-10）所示。

$$\cos\theta_2 = \sqrt{1 - \sin^2\theta_2} = \sqrt{1 - (n_1 / n_2)^2 \sin^2\theta_1} \tag{2.8-10}$$

进一步可以求出反射系数和透射系数。因为式（2.8-10）中根号下的量可以小于 0，反射系数和透射系数一般来说是都是复数。

接下来，分别针对外反射（$n_1 < n_2$）的情况和内反射（$n_1 > n_2$）的情况，来讨论两种偏振态在界面处的反射系数的幅值$|r_x|$和$|r_y|$，以及相位变化$\varphi_x = \arg\{r_x\}$和$\varphi_y = \arg\{r_y\}$。

2.8.1 TE 偏振

首先来看 TE 偏振态，即横电波的情况。横电波的电场反射系数r_x与入射角θ_1的关系，由式（2.8-8）给出。

1. 外反射

对于外反射（$n_1 < n_2$）的情况，电场反射系数r_x永远是实数，并且总小于 0，即反射电场相对入射电场有一个附加相移$\varphi_x = \pi$。同时$|r_x|$随着入射角θ_1的增加而增加，从正入射（$\theta_1 = 0°$）时$|r_x| = (n_1 - n_2)/(n_1 + n_2)$增加到掠入射（$\theta_1 = 90°$）时$|r_x| = 1$，如图 2.8-2 所示。

2. 内反射

接下来给出在内反射（$n_1 > n_2$）时 TE 模式的电场反射系数r_x的幅值和相角与入射角θ_1的函数关系。如图 2.8-3 所示，当入射角θ_1较小时，电场的反射系数r_x是正的实数。随着入射角度θ_1的增加，r_x的幅值逐渐增大，当θ_1增大到临界角$\theta_c = \sin^{-1}(n_2 / n_1)$时，$r_x$的幅值增大到 1。当入射角$\theta_1$大于临界角$\theta_c$时，$r_x$为复数，但它的幅值仍然为 1，这对应了全内反射。要证明这点，只需要对式（2.8-10）作变换，得出

$$\cos\theta_2 = -\sqrt{1 - \sin^2\theta_1 / \sin^2\theta_c} = -\mathrm{j}\sqrt{\sin^2\theta_1 / \sin^2\theta_c - 1}$$

然后再代入式（2.8-8）即可。

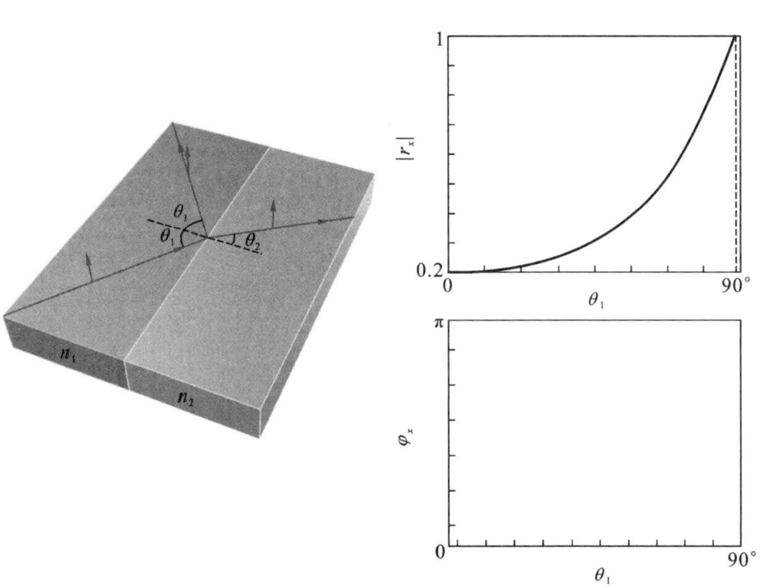

图 2.8-2 TE 波外反射的情况

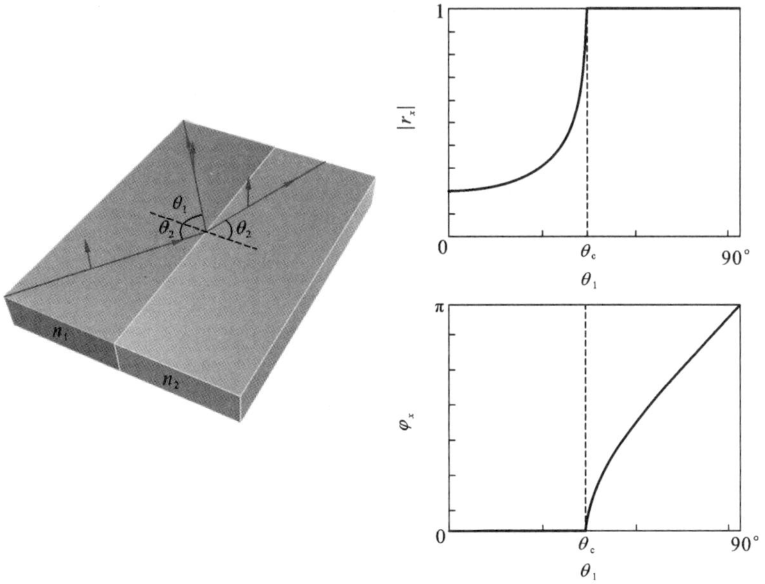

图 2.8-3 TE 波内反射的情况

此外，全内反射还伴随了一个相移 φ_x，又称为全反射相移，如式（2.8-11）所示。

$$\tan\frac{\varphi_x}{2}=\sqrt{\frac{\cos^2\theta_c}{\cos^2\theta_1}-1} \tag{2.8-11}$$

如图 2.8-3 所示，全反射相移 φ_x 随着入射角 θ_1 的增加而单调递增，当入射角 θ_1 等于全反射临界角 θ_c 的时候，φ_x 为 0；当入射角 θ_1 增大到等于 90° 时，φ_x 变为 π。当光在界面处发生全反射时，界面附近会形成倏逝波，而全反射相移在研究介质波导器件的模式时十分重要，在本书第 5 章导波光学中会详细讨论。

2.8.2 TM 偏振

下面来看 TM 偏振的情况。式（2.8-9）给出横磁波的反射系数 r_y 与入射角 θ_1 的关系。

1. 外反射

如图 2.8-4 所示，对于外反射（$n_1 < n_2$）的情况，反射系数 r_y 总是实数。当 $\theta_1 = 0$，即正入射时，$r_y = (n_2 - n_1)/(n_1 + n_2)$ 的取值为负。随着入射角 θ_1 的增大，r_y 的幅值逐渐减小，当 θ_1 增大到 θ_B，即布儒斯特角时，r_y 的幅值减小为 0。此时入射角 θ_1 和折射角 θ_2 的关系为 $n_1 \sec\theta_1 = n_2 \sec\theta_2$。

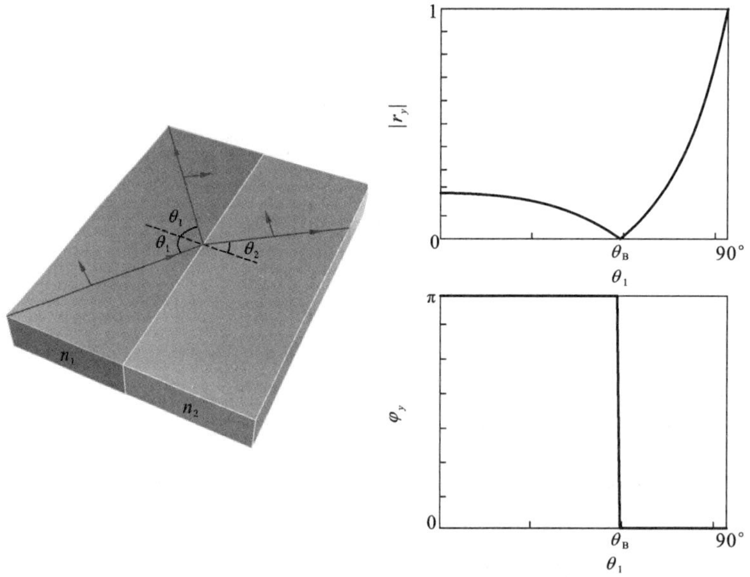

图 2.8-4 TM 波外反射的情况

而布儒斯特角的取值，由式（2.8-12）确定。

$$\theta_B = \tan^{-1}(n_2 / n_1) \tag{2.8-12}$$

当入射角 θ_1 大于布儒斯特角 θ_B 时，r_y 的取值由负变正，而反射系数的相位 φ_y 从 π 变为 0。随着入射角 θ_1 的继续增大，r_y 的幅值也逐渐变大，当 θ_1 增大到 90° 时，r_y 的幅值增大到 1。当入射角等于布儒斯特角时，TM 偏振的反射系数为 0，这个特性被用于制造偏振分束器。

2. 内反射

然后讨论 TM 波在内反射（$n_1 > n_2$）情况下的反射系数与入射角的关系。如图 2.8-5 所示，当入射角 $\theta_1 = 0°$，即正入射时，$|r_y| = (n_2 - n_1)/(n_1 + n_2)$ 的取值为正，如图 2.8-5 所示。当 θ_1 增大时，r_y 的幅值减小。当 θ_1 增大到布儒斯特角 $\theta_B = \tan^{-1}(n_2 / n_1)$ 时，r_y 的幅值减小为 0。当 θ_1 继续增大时，r_y 的取值由正转负，而它的幅值则随 θ_1 的增大而增大，直到 θ_1 等于临界角 θ_c 时，r_y 的幅值增大到 1。当 θ_1 大于 θ_c 时，电磁波将被全内反射，全内反射的过程伴随着一个相移

$\varphi_y = \arg\{r_y\}$，如式（2.8-13）所示。

$$\tan\frac{\varphi_y}{2} = \frac{-1}{\sin^2\theta_c}\sqrt{\frac{\cos^2\theta_c}{\cos^2\theta_1} - 1} \tag{2.8-13}$$

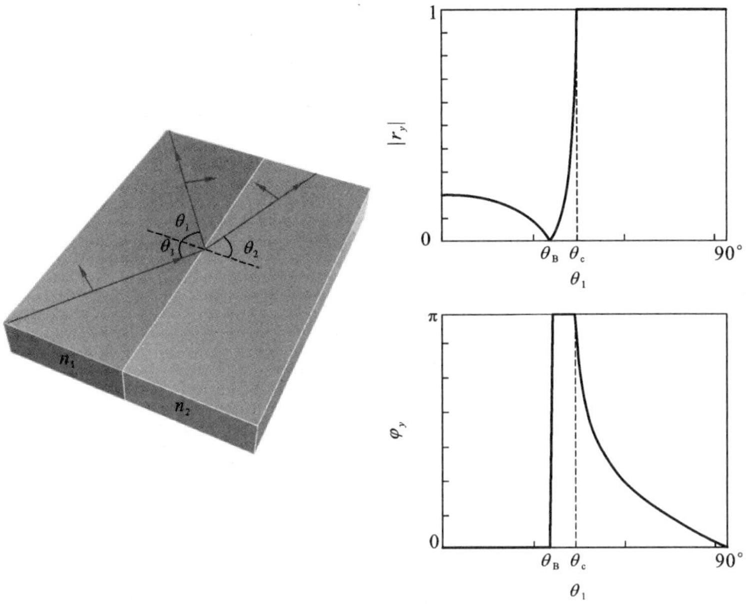

图 2.8-5　TM 波内反射的情况

很明显，在正入射的情况下，无论是 TE 波还是 TM 波，无论是外反射还是内反射，电场反射系数都是 $r = (n_2 - n_1)/(n_1 + n_2)$。

【练习 2.8-1】　布儒斯特窗

考虑一列 TM 偏振的光波以 θ_B 的倾斜角穿过位于空气中的玻璃片，空气的折射率为 1，玻璃的折射率为 1.5。试问当 θ_B 的取值为多少度时，光在玻璃的两个界面处都没有反射损耗。当该条件满足时，这种玻璃片被称作布儒斯特窗，如图 2.8-6 所示，其在激光器中有很广泛的应用。

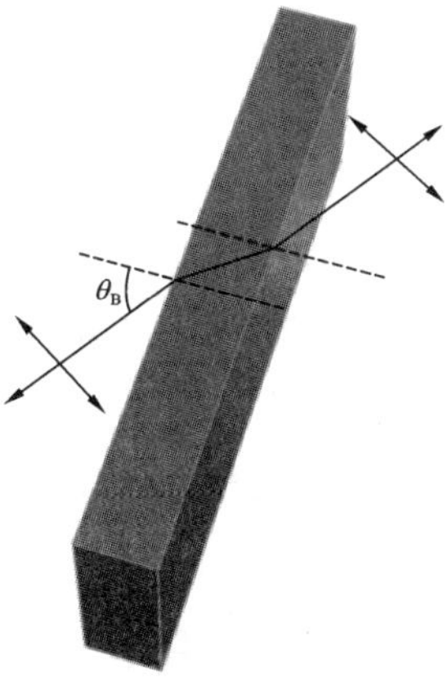

图 2.8-6　TM 偏振光穿过布儒斯特窗的情况

2.8.3 功率反射系数与透射系数

前面讨论的电场反射系数和电场透射系数，即r和t，代表了电场的复包络之间的比值。而功率反射系数和功率透射系数，即R和T，则分别代表了反射波和透射波沿界面法线方向的功率流，与入射波沿界面法线方向的功率流之间的比值。

因为反射波和入射波位于同一材料之中，而且他们的传播方向与反射界面的法线夹角相同，因此有

$$R = |r|^2 \tag{2.8-14}$$

那么在正入射条件下，不论是 TE 波还是 TM 波，不论是外反射还是内反射，功率反射系数的表达式都如式（2.8-15）所示。

$$R = \left(\frac{n_1 - n_2}{n_1 + n_2}\right)^2 \tag{2.8-15}$$

例如，在玻璃与空气的界面处，功率反射系数$R = 0.04$，即在正入射条件下，有 4%的光功率被反射回去。而在砷化镓与空气的界面处，功率反射系数$R = 0.32$，即在正入射条件下，有 32%的光功率被反射回去。但是，在倾斜入射的条件下，功率反射系数可能远大于或者远小于 32%，如图 2.8-7 所示。

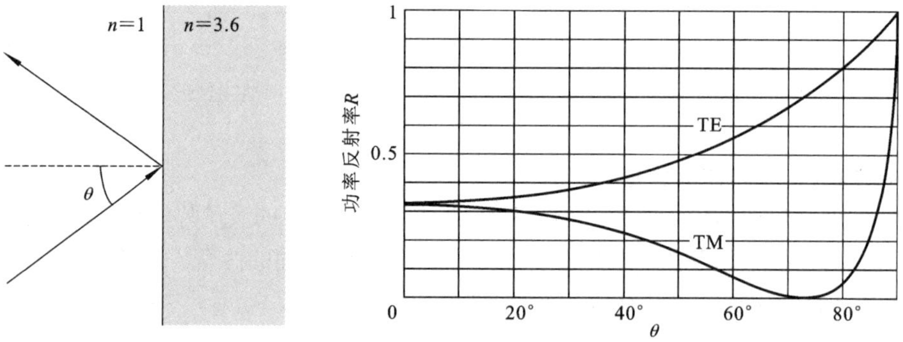

图 2.8-7 TE 波和 TM 波在空气与砷化镓的界面处的功率反射系数R随入射角θ变化的函数

功率透射系数T的计算，可从能量守恒的角度得出，在没有光吸收的情况下，如式（2.8-16）所示。

$$T = 1 - R \tag{2.8-16}$$

需要指出的是，一般情况下，功率透射系数T并不等于电场透射系数t的幅值的平方，这是因为电磁波的功率流在两种材料中以不同的角度和波阻抗传播。

考虑一列波在折射率为n的材料中传播，其传播方向与界面法线的夹角为θ，那么它沿边界法线方向的功率流为$(|\varepsilon|^2/2\eta)\cos\theta = (|\varepsilon|^2/2\eta_0)n\cos\theta$，因此可得功率透射系数$T$与电场透射系数$t$的关系，如式（2.8-17）所示。

$$T = \frac{n_2 \cos\theta_2}{n_1 \cos\theta_1}|t|^2 \tag{2.8-17}$$

下面考虑电磁波被一块介质平板反射的情况。在正入射情况下，电磁波被一块有两个界

面的介质平板反射的功率反射系数等于 $R(1+T^2)$，这是因为被离入射波较远的那个界面反射回来的电磁波功率，要两次穿过离入射波较近的那个界面。

对于空气中的玻璃平板，总的功率反射系数为 $R(1+T^2)=0.04[1+(0.96)^2]\approx 0.077$，因此有大约 7.7%的功率被反射回来。

但是这种计算方式并不严格，因为它并没有考虑光的干涉效应，这种干涉效应对于非相干的光，例如自然光而言，并不显著。同时这种计算方法也没有考虑光在介质平板中的多次反射。在本书第 3.3.1 小节将详细讨论光在具有多个界面的多层膜系统中透射和反射的问题。

第 3 章

光子晶体光学

光在均匀介质中的传播特性，以及它在两种不同介质界面处的反射与折射，是光学研究的中心议题，本书之前的章节中对这些议题进行了详细讨论。常见的光子器件通常由多层不同的材料整合而成，以实现对光反射的抑制或增强，或者改变光的频谱特性或偏振特性。自然界中的物理系统或者生物组织中也能找到多层膜结构，这些多层膜结构，导致一些昆虫表面和蝴蝶翅膀呈现出独特的颜色。多层膜结构也可以是周期性的，即由同一种介质结构在一维（1D）、二维（2D）或三维（3D）的方向上做周期性延拓，如图 3.0-1 所示。

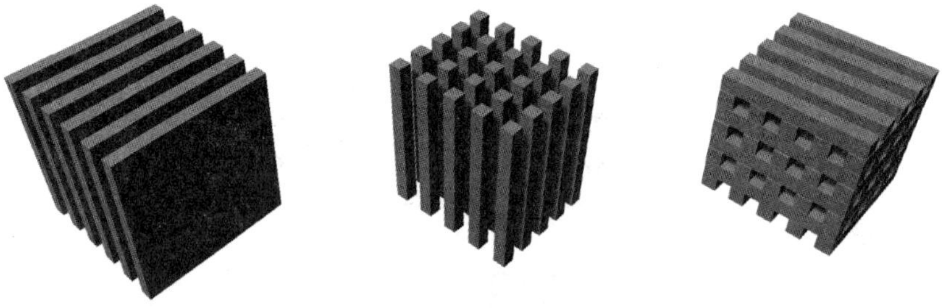

图 3.0-1　一维（1D）、二维（2D）和三维（3D）的周期性光子结构

一维周期性结构，通常由相同的平行平面多层膜结构单元作周期性堆叠而成。这种结构通常作为光栅，用于反射沿特定角度入射的光，或者作为滤光片，用于选择性反射特定频率的光。二维周期性结构，通常由平行圆柱或平行圆孔的周期性阵列构成，这些结构也被用于改变光纤的特性，即多孔光纤。三维周期性结构，通常由方块、球体或各种形状的孔洞等类型的基本单元排布成晶格结构而成，类似于自然界中晶体的结构。光子晶体属于光学超构材料的一个分支，关于光学超构材料的内容，在本书第四章会有详细讨论。

光频电磁波在空间上和时间上都具有周期性，而光波与周期性介质结构也会以一种独特的方式相互作用，特别是当介质结构的周期与光的波长可比拟的时候。例如，在周期性介质结构中，虽然材料本身对光的吸收并不强，但是某一频带的光却无法传播，而这个光被禁止传播的频带被称为光子带隙。波长位于光子带隙中的光在周期性介质结构中的传播行为类似于全内反射，但不同的是，此时任何方向的光都无法在光子晶体中传播，这是由被周期性结构基本单元散射的波在传播方向上相互干涉相消导致的。值得注意的是，这种干涉相消的效应并不只发生在单一的光频率，而是会出现在有一定宽度的频段内。

光在周期性介质结构中传播时出现光子带隙的现象与晶体材料和半导体中的电子特性类似。当电子在周期性晶格中传播时，与之相关的布洛赫波以及能量带隙是很常见的现象。正是因为这种相似性，周期性光子结构也被称为光子晶体。光子晶体的用途非常广泛，可用于构建光波导、光纤、谐振腔、滤波器、光路由器、光开关、逻辑门、传感器等，而更多基于光子晶体的应用也正在不断涌现。

对于非均匀的材料，例如具有多层膜结构或者周期性结构的材料，其光学特性通常要用光的电磁理论来分析。由本书 2.2.2 小节可知，在非均匀的介质材料中，介电常数 $\varepsilon(\boldsymbol{r})$ 是一个与空间位置有关的值，而波动方程必须采用更一般表达式，如式（2.2-16）和式（2.2-17）所示。

对于角频率为 ω 的单频光而言，一般情况下关于电场与磁场的亥姆霍兹方程，由以下式给出：

$$\eta(\boldsymbol{r})\nabla\times(\nabla\times\boldsymbol{E})=\frac{\omega^2}{c_0^2}\boldsymbol{E} \tag{3.0-1}$$

$$\nabla\times[\eta(\boldsymbol{r})\nabla\times\boldsymbol{H}]=\frac{\omega^2}{c_0^2}\boldsymbol{H} \tag{3.0-2}$$

式中，$\eta(\boldsymbol{r})=\varepsilon_0/\varepsilon(\boldsymbol{r})$ 为介电阻隔率。可以求解其中一个方程，获得电场 $\boldsymbol{E}$ 或磁场 $\boldsymbol{H}$ 中的一个，然后运用麦克斯韦方程组求得另一个。

需要指出的是，式（3.0-1）和式（3.0-2）是用一个本征值问题的形式表达的：一个微分算符，作用于一个场的函数，等于一个常数乘以该场函数。这里的本征值是 ω^2/c_0^2，而本征函数则描述了传播场的空间模式分布。选择求解磁场方程式（3.0-2），而非电场方程式（3.0-1），这么做的原因在本书 3.2.3 小节和 3.3 节有详细的解释。

对于多层膜结构而言，介电常数 $\varepsilon(\boldsymbol{r})$ 是一个分段函数，在每一层内 $\varepsilon(\boldsymbol{r})$ 都是常数，而相邻两层的 $\varepsilon(\boldsymbol{r})$ 不相等，那么光在多层膜结构中的传播问题，可以从光在均匀介质中已知的传播特性出发，再结合光在界面处的反射与透射规律，即边界条件加以求解。

周期性介质结构可以用周期性变化的介电常数 $\varepsilon(\boldsymbol{r})$ 和波阻抗 $\eta(\boldsymbol{r})$ 来描述，而这种周期性对与其相互作用的光波施加了特定的约束条件。例如，此时光的传播常数不再像均匀介质中那样简单地与角频率 ω 成正比。虽然光在均匀介质中传播的模式是平面波，可以用 $\exp(-\mathrm{j}k\boldsymbol{r})$ 来描述，但是在周期性结构中，光的传播模式由布洛赫波描述，即振幅受驻波调制的行波。

关于本章：之前的章节主要关注的是彼此分立且较薄的光学元件，例如薄透镜平面光栅或者包含图案信息的胶片，而光在传播的过程中会穿过这些元件。本章则主要探讨多层介质膜结构，以及一维、二维和三维周期性光子结构中的光学。3.1 节主要讨论一维多层膜结构，作为后面讨论周期性介质结构和光子晶体的铺垫。将采用矩阵法，系统地分析电磁波在多层膜结构中各界面处多次反射的过程。3.2 节则主要讨论光子晶体最简单的表现形式，即一维周期性结构，而矩阵法将被用于确定它的色散关系和能带结构。还将介绍另一种分析方法，它将描述光子晶体介电常数周期性变化的函数和描述光波的周期性函数用傅里叶级数展开。在一维光子晶体中取得的结论，将在 3.3 节中拓展至二维光子晶体和三维光子晶体的情况。

尽管光在界面处的反射和折射与偏振态有关，在本章中，假设所有的介质材料均为各向同性的，可以用一个标量的介电常数 ε 来描述。

其他章节中的光子晶体：由于光子晶体能将任意方向入射的光都完全反射，它可以被用作完美的介质反射镜。而在光子晶体中嵌入的一层均匀介质平板，可用作导波结构，这是因为光在其中传播时，会在介质平板与光子晶体的界面处经历多次反射。光子晶体在光波导方面的应用，在本书第五章 5.5 节详细描述。类似地，光也可以在由含有周期性结构的光纤中传播，这种光纤的芯层是均匀的，而包层材料与芯层材料是同一种材料，但是，在包层中沿着光轴的方向存在周期性的圆柱形孔。这样的光纤称为多孔光纤，它具备常规光纤不具备的优良性能。假设在光子晶体中挖一个洞，就可以组成一个完美的谐振腔，因为频率处于光子带隙中的光在腔壁上会受到全反射的限制，关于用光子晶体构建微谐振腔会在本书第 6.3.4 小节中讨论。

3.1 多层介质结构光学

3.1.1 多层膜结构光学的矩阵理论

从本小节开始，研究多层膜结构中的光学。为此，首先建立一套矩阵理论，用于描述多层膜结构中的电磁波。如图 3.1-1（a）所示，当一列平面电磁波垂直入射至多层膜结构时，会在相邻层的界面处经历反射和透射，而这些反射和透射的波，各自又会再经历它们自己的反射与透射过程，这是一个无穷无尽的过程。每个界面处的透射波和反射波的复振幅，可以通过菲涅耳公式求解，而多层膜结构的总透射系数和总反射系数，则可以通过这些透射波和反射波的叠加求得。

当**层数很多**时，在微观层面上追踪无穷多的反射波和透射波会很繁琐。而如果认识到**每层中其实只有两种波：**（1）**向右传播的波，即前向波**；（2）**向左传播的波，即后向波**，那么可以采用另一种宏观的方法来处理多层膜结构的反射与透射问题。如图 3.1-1（b）所示，将多层膜结构中任意位置处的各列反射波和透射波合并为一个总前向波 $\boldsymbol{U}^{(+)}$ 和一个总后向波 $\boldsymbol{U}^{(-)}$，那么，求解**多层膜结构中的波传播问题**，也就等价为求解**任意位置处的总前向波和总后向波的幅值问题**。而任意界面两边的总前向波和总后向波（一共四个波）的**复振幅**，则可以通过应用适当的边界条件，或者直接用菲涅耳公式联系起来[8]。

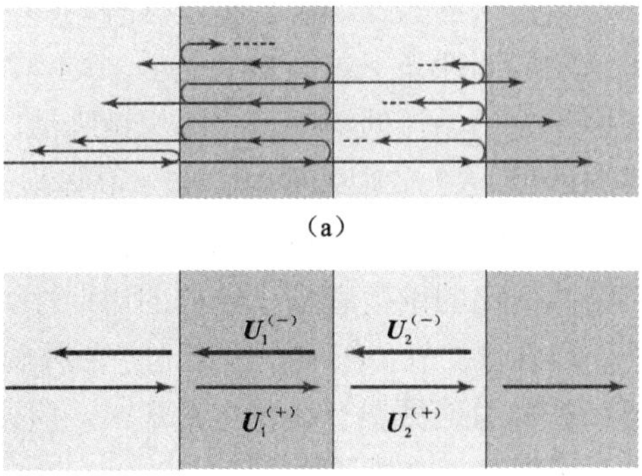

（a）

（b）

图 3.1-1 多层膜结构的矩阵模型

（a）一列电磁波在多层膜结构中各界面处的多次反射和透射过程；（b）每层中向前传播的那些波被合并为一个总前向波 $\boldsymbol{U}^{(+)}$，而向后传播的那些波则被合并为一个总后向波 $\boldsymbol{U}^{(-)}$

1. 波转移矩阵

多层膜结构中的前向波和后向波在穿越各界面时，其复振幅会不断改变，而运用矩阵法可以简化这些复振幅的追踪计算问题。考虑某光学系统中两个任意的平面，这里标注为平面 1 和平面 2。在平面 1 处的总前向波和总后向波，分别标注为 $\boldsymbol{U}_1^{(+)}$、$\boldsymbol{U}_1^{(-)}$，可以用一个二维列向量代表。而对于平面 2 处的总前向波和总后向波，也可以采取同样的方法处理。这样得到的两个列向量，由式（3.1-1）所示的矩阵等式相关联。

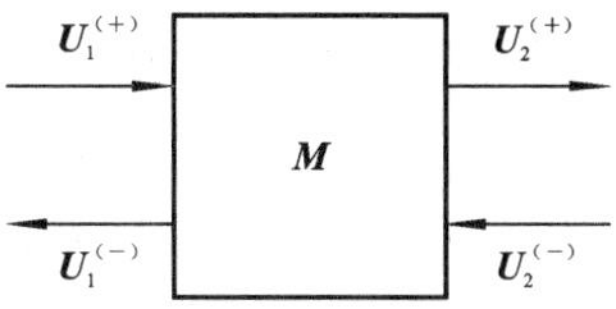

$$\begin{bmatrix} U_2^{(+)} \\ U_2^{(-)} \end{bmatrix} = \begin{bmatrix} A & B \\ C & D \end{bmatrix} \begin{bmatrix} U_1^{(+)} \\ U_1^{(-)} \end{bmatrix} \tag{3.1-1}$$

矩阵 $\boldsymbol{M}$ 的四个元素为 $\boldsymbol{A}$ 、$\boldsymbol{B}$ 、$\boldsymbol{C}$ 和 $\boldsymbol{D}$ ，被称作**波转移矩阵**，或者**传输矩阵**。矩阵 $\boldsymbol{M}$ 的元素由平面 1 和平面 2 之间的多层膜结构的光学特性决定。

这样，一个多层膜结构可以被方便地分解成一组级联的基本单元，每个基本单元由一个已知的波转移矩阵描述，例如 $\boldsymbol{M}_1$、$\boldsymbol{M}_2$ ，直到 $\boldsymbol{M}_N$ 。而多层膜结构两端的总前向波和总后向波的复振幅可由一个矩阵相关联，该矩阵是描述各基本单元的矩阵的乘积，如式（3.1-2）所示。

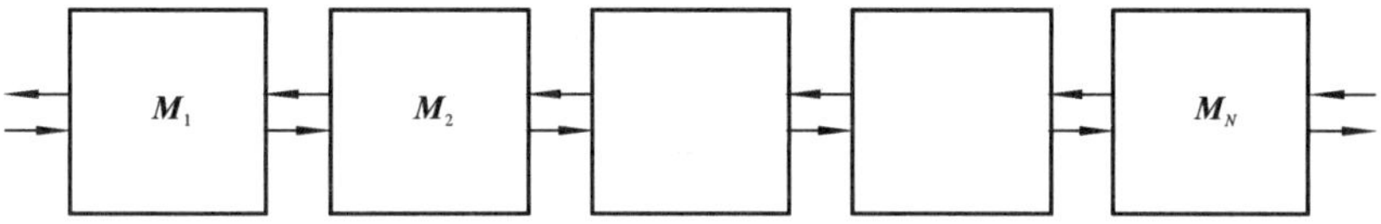

$$\boldsymbol{M} = \boldsymbol{M}_N \cdots \boldsymbol{M}_2 \boldsymbol{M}_1 \tag{3.1-2}$$

这里的基本单元 1、2，直到 N，如上图所示从左到右编排。

2. 散射矩阵

另一种用于描述多层膜结构的矩阵是**散射矩阵**，也叫 $\boldsymbol{S}$ **矩阵**。$\boldsymbol{S}$ **矩阵**也可以用于**描述多层膜结构两端的总前向波与总后向波的复振幅**，即 $\boldsymbol{U}_1^{(+)}$ 、$\boldsymbol{U}_1^{-}$ 、$\boldsymbol{U}_2^{(+)}$ 和 $\boldsymbol{U}_2^{(-)}$ 之间的关系。此外，$\boldsymbol{S}$ 矩阵也经常被用于描述传输线、微波电路和其他散射系统。在这种情况下，出射波被写成入射波的表达式，如式（3.1-3）所示。

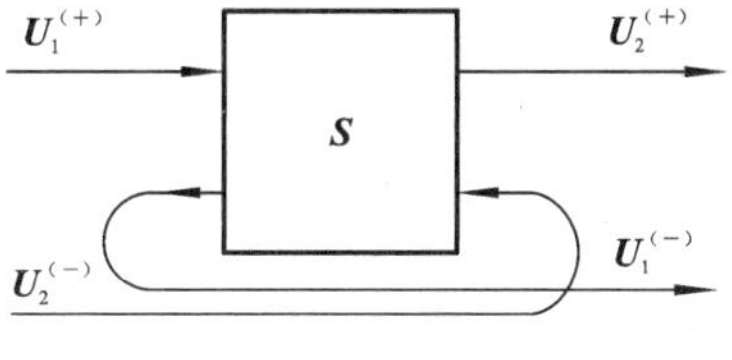

$$\begin{bmatrix} U_2^{(+)} \\ U_1^{(-)} \end{bmatrix} = \begin{bmatrix} t_{12} & r_{21} \\ r_{12} & t_{21} \end{bmatrix} \begin{bmatrix} U_1^{(+)} \\ U_2^{(-)} \end{bmatrix} \tag{3.1-3}$$

矩阵 $\boldsymbol{S}$ 的四个元素为 t_{12}、r_{21}、r_{12} 和 t_{21}。与波转移矩阵 $\boldsymbol{M}$ 不同的是，散射矩阵 $\boldsymbol{S}$ 的四个元素都有直接的物理意义。矩阵元素 t_{12} 和 r_{12} 分别是前向的振幅透射系数和反射系数，也就是从左边入射的波的透射系数和反射系数。而 t_{21} 和 r_{21} 是后向的振幅透射系数与反射系数，即从右边入射的波的透射系数和反射系数。下标 12，表示光从材料 1 射入材料 2。散射矩阵元素的物理意义可以很简单地加以验证。假设在平面 2 处没有后向波，即从右向左的波，那么 $\boldsymbol{U}_2^{(-)} = 0$ ，有 $\boldsymbol{U}_2^{(+)} = t_{12} U_1^{(+)}$ ，以及 $\boldsymbol{U}_1^{(-)} = r_{12} U_1^{(+)}$ 。类似地，如果在平面 1 处没有前向波，即从左向右的波，那么 $\boldsymbol{U}_1^{(+)} = 0$ ，可得 $\boldsymbol{U}_2^{(+)} = r_{21} U_2^{(-)}$ ，以及 $\boldsymbol{U}_1^{(-)} = t_{21} U_2^{(-)}$ 。

S 矩阵形式的显著优势是其元素直接与系统的物理参数相关，但缺点是基本单元的级联系统的总 **S** 矩阵并不等于各基本单元的 **S** 矩阵的乘积。所以，一种分析级联系统的策略是同时利用传输矩阵和散射矩阵：先利用 **M** 矩阵的乘法式，然后转换为 **S** 矩阵确定级联系统的总体透射系数和反射系数。

【例 3.1-1】 沿均匀介质的传输

考虑一层均匀介质材料构成的平板，其厚度为 d ，折射率为 n ，在箭头所指的两处的总前向波和总后向波满足 $\boldsymbol{U}_2^{(+)}=\mathrm{e}^{-\mathrm{j}\varphi}\boldsymbol{U}_1^{(+)}$ 和 $\boldsymbol{U}_1^{(-)}=\mathrm{e}^{-\mathrm{j}\varphi}\boldsymbol{U}_2^{(-)}$ ，其中 $\varphi=nk_0d$ ，因此波转移矩阵和散射矩阵如式（3.1-4）所示。

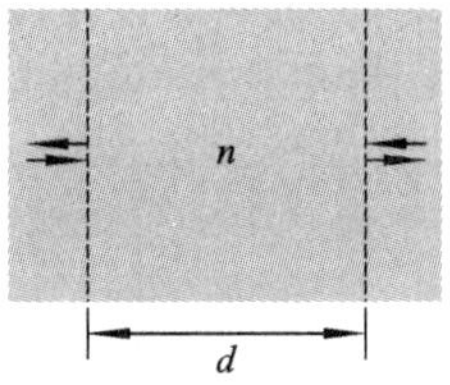

$$\boldsymbol{M}=\begin{bmatrix}\exp(-\mathrm{j}\varphi) & 0\\ 0 & \exp(\mathrm{j}\varphi)\end{bmatrix},\quad \boldsymbol{S}=\begin{bmatrix}\exp(-\mathrm{j}\varphi) & 0\\ 0 & \exp(-\mathrm{j}\varphi)\end{bmatrix},\quad \varphi=nk_0d \tag{3.1-4}$$

3. M 矩阵与 S 矩阵的元素之间的关系

为寻找 **M** 矩阵与 **S** 矩阵的元素之间的关系，可以对式（3.1-1）和式（3.1-3）进行数学恒等变换，最后得到由式（3.1-5）和式（3.1-6）所示的变换关系。

$$\boldsymbol{M}=\begin{bmatrix}\boldsymbol{A} & \boldsymbol{B}\\ \boldsymbol{C} & \boldsymbol{D}\end{bmatrix}=\frac{1}{t_{21}}\begin{bmatrix}t_{12}t_{21}-r_{12}r_{21} & r_{21}\\ -r_{12} & 1\end{bmatrix} \tag{3.1-5}$$

$$\boldsymbol{S}=\begin{bmatrix}t_{12} & r_{21}\\ r_{12} & t_{21}\end{bmatrix}=\frac{1}{\boldsymbol{D}}\begin{bmatrix}\boldsymbol{AD}-\boldsymbol{BC} & \boldsymbol{B}\\ -\boldsymbol{C} & 1\end{bmatrix} \tag{3.1-6}$$

需要指出的是，当 $t_{21}=0$ 或矢量 $\boldsymbol{D}$ 为零向量时，这两个等式失效。

4. 矩阵法求解多层介质结构的规范程序

当多层介质结构各层的厚度和折射率已知时，矩阵法为求解其振幅透射系数和振幅反射系数提供了一套规范的程序：

（1）多层介质结构被分解为一组基本单元的级联，这些单元由若干界面以及界面之间的均匀材料层构成，每一层都有特定的厚度和折射率；

（2）确定每个单元的 **M** 矩阵。要做到这一点，可以先运用菲涅耳式求解透射系数和反射系数以确定该单元的 **S** 矩阵，然后再通过转换式（3.1-5）计算单元的 **M** 矩阵；

（3）多层结构的 **M** 矩阵，等于每个单元的 **M** 矩阵的乘积，如式（3.1-2）所示；

（4）多层结构的 **S** 矩阵可以通过它的 **M** 矩阵变换得来，参考式（3.1-6）。而从 **S** 矩阵的元素就可以得到整个多层结构的透射系数和反射系数。

5. 级联的两个系统：艾里公式

运用矩阵法，可以从一个复合系统的各子系统的 **S** 矩阵出发，求得该复合系统的 **S** 矩阵。

假设现有一列光波穿过一个系统，其 **S** 矩阵中的元素分别为 t_{12}、r_{21}、r_{12}、t_{21}，然后穿过另一系统，其 **S** 矩阵中的元素分别为 t_{23}、r_{32}、r_{23}、t_{32}。

通过将这两个系统的 **M** 矩阵相乘再转换为 **S** 矩阵，可以得到复合系统的总前向透射系数和反射系数，如式（3.1-7）所示。

$$t_{13}=\frac{t_{12}t_{23}}{1-r_{21}r_{23}},\quad r_{13}=r_{12}+\frac{t_{12}t_{21}r_{23}}{1-r_{21}r_{23}} \tag{3.1-7}$$

如果两个级联系统是通过均匀介质联结的，如图 3.1-2 所示，则使用式（3.1-4）中的波转移矩阵，并令相位为 $\varphi=nk_0d$，其中 d 是传播距离，n 是介质的折射率，即可得出以下总透射系数和反射系数的式子，即艾里公式：

$$t_{13}=\frac{t_{12}t_{23}\exp(-\mathrm{j}\varphi)}{1-r_{21}r_{23}\exp(-\mathrm{j}2\varphi)},\quad r_{13}=r_{12}+\frac{t_{12}t_{21}r_{23}\exp(-\mathrm{j}2\varphi)}{1-r_{21}r_{23}\exp(-\mathrm{j}2\varphi)} \tag{3.1-8}$$

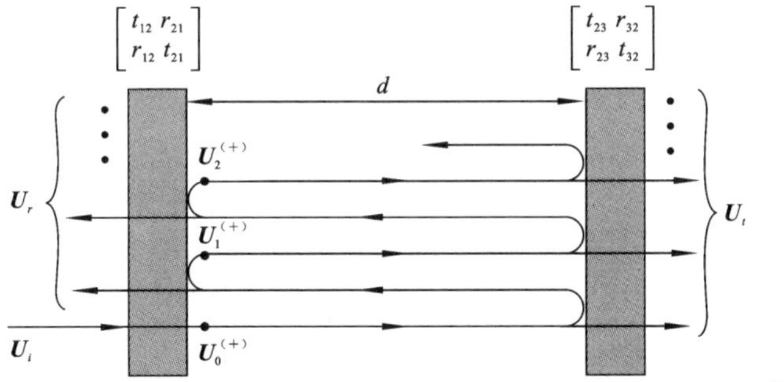

图 3.1-2　一列平面波穿过两个通过均匀介质联结起来的分离系统[1]

另一种推导艾里公式的方法是追踪入射光在两个系统中所经历的多次透射与反射，并将所有透射波和反射波的振幅叠加起来，如图 3.1-2 所示。一列复振幅为 $\boldsymbol{U}_i$ 的平面波入射至第一个系统，并产生一列初始的内部波，其振幅为 $\boldsymbol{U}_0^{(+)}=t_{12}\boldsymbol{U}_i$。该内部波在两个子系统之间来回反射并产生了其他内部波 $\boldsymbol{U}_1^{(+)}$，$\boldsymbol{U}_2^{(+)}$，…，这些标注为“+”的内部波都是向前传播的。总前向内部波 $\boldsymbol{U}^{(+)}$ 等于所有前向内部波的复振幅之和，即 $\boldsymbol{U}^{(+)}=\boldsymbol{U}_0^{(+)}+\boldsymbol{U}_1^{(+)}+\boldsymbol{U}_2^{(+)}+\cdots$，而总透射波 $\boldsymbol{U}_t=t_{23}\exp(-\mathrm{j}\varphi)\boldsymbol{U}^{(+)},\varphi=nk_0d$。级联系统的总振幅透射系数

$$t_{13}=\frac{\boldsymbol{U}_t}{\boldsymbol{U}_i}=t_{12}t_{23}\exp(-\mathrm{j}\varphi)(\boldsymbol{U}^{(+)}/\boldsymbol{U}_0^{(+)})$$

由于 $\boldsymbol{U}^{(+)}=\boldsymbol{U}_0^{(+)}(1+h+h^2+\cdots)=\boldsymbol{U}_0^{(+)}/(1-h)$，其中 $h=r_{21}r_{23}\exp(-\mathrm{j}2\varphi)$ 是往返一周的乘数因子，而总振幅透射系数 t_{13} 的表达式就是艾里公式（3.1-8）。

6. 无损介质中的能量守恒关系

如果平面 1 和平面 2 之间的介质是无损的，那么入射光和出射光的能量应该是相等的。更进一步，如果入射平面和出射平面有相同的阻抗和折射率，那么入射光和出射光的能量可

以写成复振幅的幅值的平方，即$|U_{1,2}^{(\pm)}|^2$。那么，对于任意的入射光振幅，描述能量守恒关系的等式为：$|U_1^{(+)}|^2+|U_2^{(-)}|^2=|U_2^{(+)}|^2+|U_1^{(-)}|^2$。令$U_1^{(+)}$和$U_2^{(+)}$的取值组合分别为（1，0）、（0，1）以及（1，1），就可以从能量守恒等式导出三个等式，它们描述了 S 矩阵元素之间的关系。而从这些等式出发又可以进一步证明以下关系式。

$$|t_{12}|=|t_{21}|\equiv|t|,\quad |r_{12}|=|r_{21}|\equiv|r|,\quad |t|^2+|r|^2=1 \tag{3.1-9}$$

$$\frac{t_{12}}{t_{21}^*}=-\frac{r_{12}}{r_{21}^*} \tag{3.1-10}$$

对于无损介质且入射平面和出射平面处的折射率相等的情况，式（3.1-9）描述了 S 矩阵中各元素的幅值之间的关系，而式（3.1-10）则描述了这些元素的幅角之间的关系。

将能量守恒等式式（3.1-9）、式（3.1-10）代入波转移矩阵和散射矩阵之间的变换关系式（3.1-5）、式（3.1-6），可进一步求得 M 矩阵元素之间的关系式：

$$|D|=|A|,\quad |C|=|B|,\quad |A|^2-|B|^2=1 \tag{3.1-11}$$

$$\det M=\frac{C}{B^*}=\frac{A}{D^*}=\frac{t_{12}}{t_{21}},\quad |\det M|=1 \tag{3.1-12}$$

【例 3.1-2】 单介质边界

在这个例子中，系统只有一个界面。由菲涅耳式可知，在折射率分别为n_1和n_2的两介质界面处，光波的透射率和反射率由 S 矩阵表征，如式（3.1-13）所示。

$$S=\begin{bmatrix} t_{12} & r_{21} \\ r_{12} & t_{21} \end{bmatrix}=\frac{1}{n_1+n_2}\begin{bmatrix} 2n_1 & n_2-n_1 \\ n_1-n_2 & 2n_2 \end{bmatrix} \tag{3.1-13}$$

将式（3.1-13）代入式（3.1-5），可得 M 矩阵的表达式，如式（3.1-14）所示。

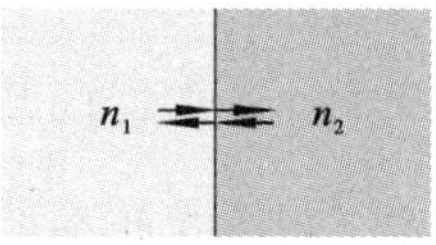

$$M=\frac{1}{2n_2}\begin{bmatrix} n_2+n_1 & n_2-n_1 \\ n_2-n_1 & n_2+n_1 \end{bmatrix} \tag{3.1-14}$$

7. 无损对称系统

对于具有互易对称性的无损系统，即**前向透射率/反射率与后向透射率/反射率相等的系统**，$t_{21}=t_{12}\equiv t$和$r_{21}=r_{12}\equiv r$。在这种情况下，由式（3.1-9）和式（3.1-10）可得

$$|t|^2+|r|^2=1,\quad t/r=-(t/r)^*,\quad \arg\{r\}-\arg\{t\}=\pm\frac{\pi}{2} \tag{3.1-15}$$

式（3.1-15）揭示了透射波与反射波相位差为 π/2。在该条件下，M 矩阵的元素满足以下关系：

$$A=D^*,\quad B=C^*,\quad |A|^2-|B|^2=1,\quad \det M=1 \tag{3.1-16}$$

而 S 矩阵与 M 矩阵具有以下较简单的形式：

$$\boldsymbol{S}=\begin{bmatrix} t & r \\ r & t \end{bmatrix},\quad \boldsymbol{M}=\begin{bmatrix} \dfrac{1}{t^*} & \dfrac{r}{t} \\ \dfrac{r^*}{t^*} & \dfrac{1}{t} \end{bmatrix} \tag{3.1-17}$$

此时系统仅由两个复数t和r描述，t和r的关系由式（3.1-15）给出。

在这类系统中，只有相对相位是重要的，所以可以假设$\arg\{t\}=0$。那么从式（3.1-15）可以得出$\arg\{r\}=\pm\pi/2$，因此$r=\pm \mathrm{j}|r|$，而式（3.1-17）中的矩阵可以有更简化的形式：

$$\boldsymbol{S}=\begin{bmatrix} |t| & \mathrm{j}|r| \\ \mathrm{j}|r| & |t| \end{bmatrix},\quad \boldsymbol{M}=\frac{1}{|t|}\begin{bmatrix} 1 & \mathrm{j}|r| \\ -\mathrm{j}|r| & 1 \end{bmatrix},\quad |t|^2+|r|^2=1 \tag{3.1-18}$$

这些式经常用于描述无损对称系统，例如立方体分束器和薄膜分束器，以及集成光波导耦合器。**进一步，如果这类系统是平衡的，**即$|r|=|t|=\dfrac{1}{\sqrt{2}}$，则有$\boldsymbol{S}=\dfrac{1}{\sqrt{2}}\begin{bmatrix} 1 & \mathrm{j} \\ \mathrm{j} & 1 \end{bmatrix}$。

【例 3.1-3】　介质平板

考虑一个由三个子系统级联而成的无损对称系统：①界面 1，其两侧的材料折射率为n_1和n_2；②折射率为n_2的一层介质平板；③界面 2，其两侧的材料折射率为n_2和n_1。

根据式(3.1-2)给出的计算法则，该系统总的$\boldsymbol{M}$矩阵由三个子系统的$\boldsymbol{M}$矩阵按$\boldsymbol{M}_3$、$\boldsymbol{M}_2$、$\boldsymbol{M}_1$的顺序，即相反的顺序级联相乘而得，如式（3.1-19）所示。

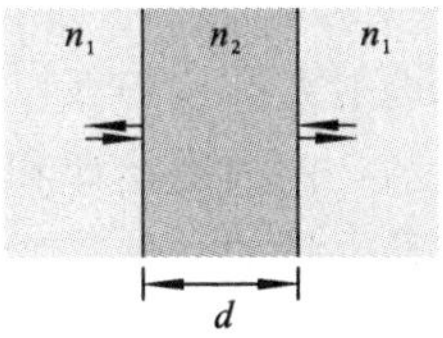

$$\boldsymbol{M}=\frac{1}{4n_1n_2}\begin{bmatrix} n_1+n_2 & n_1-n_2 \\ n_1-n_2 & n_1+n_2 \end{bmatrix}\begin{bmatrix} \mathrm{e}^{-\mathrm{j}\varphi} & 0 \\ 0 & \mathrm{e}^{\mathrm{j}\varphi} \end{bmatrix}\times\begin{bmatrix} n_2+n_1 & n_2-n_1 \\ n_2-n_1 & n_2+n_1 \end{bmatrix} \tag{3.1-19}$$

式中，$\varphi=n_2k_0d$；d为介质平板的厚度；$\boldsymbol{M}$矩阵的元素为

$$\boldsymbol{A}=\boldsymbol{D}^*=\frac{1}{t^*}=\frac{1}{4n_1n_2}[(n_1+n_2)^2\mathrm{e}^{-\mathrm{j}\varphi}-(n_2-n_1)^2\mathrm{e}^{\mathrm{j}\varphi}] \tag{3.1-20}$$

$$\boldsymbol{B}=\boldsymbol{C}^*=\frac{r}{t}=-\mathrm{j}\frac{(n_2^2-n_1^2)}{2n_1n_2}\sin\varphi \tag{3.1-21}$$

可以看出该$\boldsymbol{M}$矩阵的元素满足式（3.1-16）所述的无损对称系统的特性。

从式（3.1-20）和式（3.1-21）可以得出t和r的表达式：

$$t=\frac{4n_1n_2\exp(-\mathrm{j}\varphi)}{(n_1+n_2)^2-(n_1-n_2)^2\exp(-\mathrm{j}2\varphi)},\quad r=-\mathrm{j}\left[\frac{(n_2^2-n_1^2)}{2n_1n_2}\sin\varphi\right]t \tag{3.1-22}$$

功率的透射率$|t|^2$和功率的反射率$|r|^2=1-|t|^2$，是关于相位φ的周期性函数，周期为π。无论φ的取值是多少，r和t之间的相位差的幅值总是$\pi/2$，但是每当φ的取值变化π，导致$\sin\varphi$的符号发生正负切换时，r和t之间的相位差的符号也随之发生正负切换。

另一种推导式（3.1-20）和式（3.1-21）的方法是，将该系统看作两个界面被单层介质连接，所以可以应用艾里公式（3.1-8），并假设：

$$t_{12}=t_{32}=\frac{2n_1}{n_1+n_2},\quad t_{21}=t_{23}=\frac{2n_2}{n_1+n_2},$$

$$r_{12}=r_{32}=-r_{21}=-r_{23}=\frac{n_1-n_2}{n_1+n_2}$$

【练习 3.1-1】　波长薄膜用作抗反射膜

经过专门设计的薄膜常被用于降低或消除光在折射率不同的两介质界面处的反射。考虑一层折射率为 n_2，厚度为 d 的薄膜，被夹在折射率为 n_1 和折射率为 n_3 的两个介质之间，如图 3.1-3 所示。试推导该多层膜结构的 $\boldsymbol{M}$ 矩阵中的元素 $\boldsymbol{B}$ 的表达式，并证明：当 $d=\lambda/4$，$n_2=\sqrt{n_1n_3}$，$\lambda=\lambda_0/n_2$ 时，从介质 1 射向该多层膜结构的光波的反射率为 0。

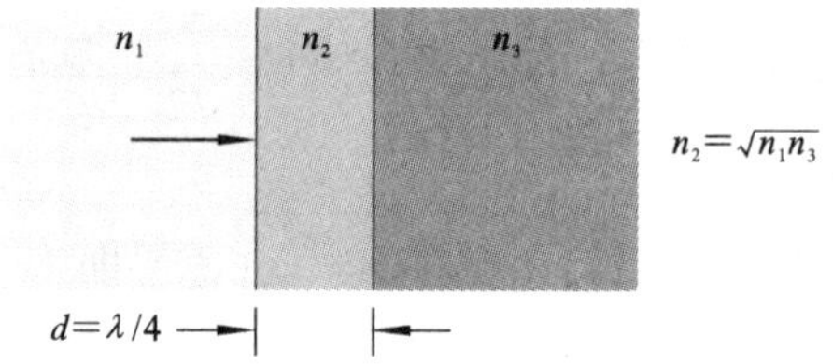

图 3.1-3　抗反射膜

8. 多层膜结构中的离轴波

当倾斜波入射至多层膜结构时，透射波和反射波以及它们各自的反射波和透射波依次在各层中来回往复，如图 3.1-4（a）所示。由反射定律和折射定律可知，在同一层中的所有前向波都是平行的，而所有后向波也都是平行的。并且，在任意给定层内，前向波和后向波的倾斜角的幅值是相等的。

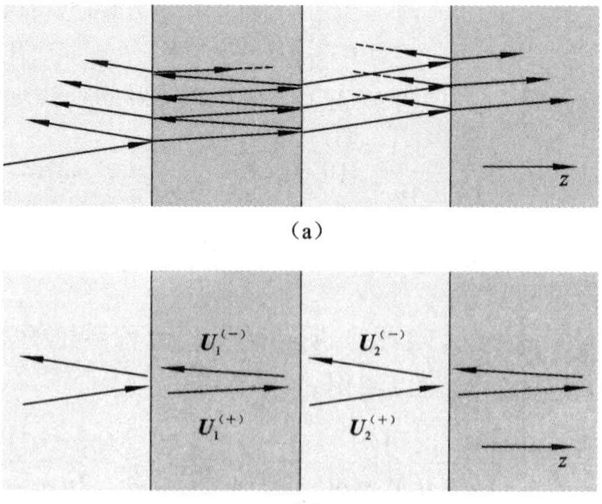

图 3.1-4　多层膜结构中的离轴波

（a）一列倾斜入射波在多层膜结构的各界面处产生的反射波和透射波；（b）在每一层中，所有的前向波被合并为一个总前向波，而所有的后向波被合并为一个总后向波

先前用于处理正入射波的“宏观”方法同样适用于倾斜波，如图 3.1-4（b）所示。区别在于界面处的菲涅耳透射率和反射率 t_{12}、r_{21}、r_{12}、t_{21} 是角度相关并且偏振相关的（见 2.8

节)。最简单的例子是一列波偏离 z 轴的倾斜角为 θ，在折射率为 n 的均匀介质中传播了距离 d，那么，波转移矩阵 $\boldsymbol{M}$ 由式（3.1-4）给出，而其中的相位为 $\varphi = nk_0 d\cos\theta$。另外两个例子如下。

【例 3.1-4】　单一边界：倾斜 TE 波

一列波穿过介质 1（n_1）和介质 2（n_2）的界面，波在介质 1 和介质 2 中的倾斜角分别为 θ_1 和 θ_2，且满足折射定律 $n_1\sin\theta_1 = n_2\sin\theta_2$，该系统可由菲涅耳公式（2.8-8）和式（2.8-9）确定的 $\boldsymbol{S}$ 矩阵描述，如式（3.1-23）所示，且其相应的 $\boldsymbol{M}$ 矩阵如式（3.1-24）所示。

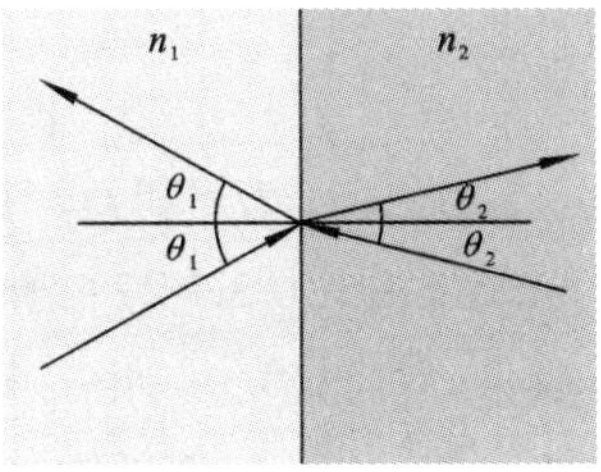

$$\boldsymbol{S} = \begin{bmatrix} t_{12} & r_{21} \\ r_{12} & t_{21} \end{bmatrix} = \frac{1}{\tilde{n}_1 + \tilde{n}_2} \begin{bmatrix} 2a_{12}\tilde{n}_1 & \tilde{n}_2 - \tilde{n}_1 \\ \tilde{n}_1 - \tilde{n}_2 & 2a_{21}\tilde{n}_2 \end{bmatrix} \tag{3.1-23}$$

$$\boldsymbol{M} = \begin{bmatrix} \boldsymbol{A} & \boldsymbol{B} \\ \boldsymbol{C} & \boldsymbol{D} \end{bmatrix} = \frac{1}{2a_{21}\tilde{n}_2} \begin{bmatrix} \tilde{n}_1 + \tilde{n}_2 & \tilde{n}_2 - \tilde{n}_1 \\ \tilde{n}_2 - \tilde{n}_1 & \tilde{n}_1 + \tilde{n}_2 \end{bmatrix} \tag{3.1-24}$$

当满足以下定义时，上面的表达式适用于 TE 波和 TM 波：

TE：$\tilde{n}_1 = n_1\cos\theta_1$，$\tilde{n}_2 = n_2\cos\theta_2$，$a_{12} = a_{21} = 1$；

TM：$\tilde{n}_1 = n_1\sec\theta_1$，$\tilde{n}_2 = n_2\sec\theta_2$，$a_{12} = \cos\theta_1 / \cos\theta_2 = 1/a_{21}$。

【例 3.1-5】　介质平板：离轴波

接下来考虑一列倾斜波通过【例 3.1-3】所述系统：折射率为 n_2，厚度为 d 的平板，位于折射率为 n_1 的介质中。该倾斜波的波转移矩阵是正入射情况的推广：

$$\boldsymbol{M} = \frac{1}{4\tilde{n}_1\tilde{n}_2} \begin{bmatrix} \tilde{n}_1 + \tilde{n}_2 & \tilde{n}_1 - \tilde{n}_2 \\ \tilde{n}_1 - \tilde{n}_2 & \tilde{n}_1 + \tilde{n}_2 \end{bmatrix} \begin{bmatrix} e^{-j\tilde{\varphi}} & 0 \\ 0 & e^{j\tilde{\varphi}} \end{bmatrix} \times \begin{bmatrix} \tilde{n}_2 + \tilde{n}_1 & \tilde{n}_2 - \tilde{n}_1 \\ \tilde{n}_2 - \tilde{n}_1 & \tilde{n}_2 + \tilde{n}_1 \end{bmatrix} \tag{3.1-25}$$

式中，$\tilde{\varphi} = n_2 k_0 d_1 \cos\theta_2$。并且，例如式（3.1-4），对 TE 偏振有 $\tilde{n}_1 = n_1\cos\theta_1$ 和 $\tilde{n}_2 = n_2\cos\theta_2$，对 TM 偏振有 $\tilde{n}_1 = n_1\sec\theta_1$ 和 $\tilde{n}_2 = n_2\sec\theta_2$。

式（3.1-25）中的 $\boldsymbol{M}$ 矩阵与描述轴上系统（正入射）的式（3.1-19）具有相同的表达式，只是参数 n_1、n_2、φ 被角度相关且偏振相关的参数 $\tilde{n}_1$ 和 $\tilde{n}_2$ 以及与角度相关的参数 $\tilde{\varphi}$ 替代。注意，在式（3.1-24）中，每个界面处出现的因子 a_{12} 和 a_{21} 通过 $a_{12}a_{21} = 1$ 消去。通过这些替换关系，【例 3.1-3】中推导的轴上透射率和反射率的表达式（3.1-22）可以推广到**离轴、偏振相关**的情况，如式（3.1-26）所示。

$$t = \frac{4\tilde{n}_1\tilde{n}_2\exp(-j\tilde{\varphi})}{(\tilde{n}_1 + \tilde{n}_2)^2 - (\tilde{n}_1 - \tilde{n}_2)^2\exp(-j2\tilde{\varphi})}, \quad r = -j\left[\frac{\tilde{n}_2^2 - \tilde{n}_1^2}{2\tilde{n}_1\tilde{n}_2}\sin\tilde{\varphi}\right]t \tag{3.1-26}$$

3.1.2 法布里-珀罗标准具

法布里-珀罗标准具是由**两个平行的高反射镜构成的干涉仪**，它仅在一组特定的频率处允许光通过，且该组频率的分布是均匀的，而频率间隔取决于反射镜之间的光程。它**既可用作滤光器又可用作频谱分析仪**，并且可以通过移动其中一面反射镜来改变光程长度，实现光谱特性的调控。在 6.1 节中，它也被用作光谐振器。在本小节中，将应用本章介绍的矩阵方法来研究这种多层器件。

1. 反射镜法布里-珀罗标准具

考虑两面无损部分反射镜，其振幅透射率为t_1和t_2，振幅反射率为r_1和r_2，两镜被折射率为n的介质隔开，距离为d。该系统可由式（3.1-27）所示矩阵描述。

$$\boldsymbol{M}=\begin{bmatrix}1/t_1^* & r_1/t_1\\ r_1^*/t_1^* & 1/t_1\end{bmatrix}\begin{bmatrix}\exp(-\mathrm{j}\varphi) & 0\\ 0 & \exp(\mathrm{j}\varphi)\end{bmatrix}\begin{bmatrix}1/t_2^* & r_2/t_2\\ r_2^*/t_2^* & 1/t_2\end{bmatrix} \tag{3.1-27}$$

式中，$\varphi=nk_0d$。由于**系统是无损且互易对称的**，$\boldsymbol{M}$矩阵可采用式（3.1-17）给出的简化形式，并且振幅透射率t是$\boldsymbol{M}$矩阵的元素$\boldsymbol{D}$的倒数，因此有

$$t=\frac{t_1t_2\exp(-\mathrm{j}\varphi)}{1-r_1r_2\exp(-\mathrm{j}2\varphi)} \tag{3.1-28}$$

式（3.1-28）也可以直接从艾里公式（3.1-8）得出。

于是，标准具的强度透射率如式（3.1-29）所示。

$$T=|t|^2=\frac{|t_1t_2|^2}{|1-r_1r_2\exp(-\mathrm{j}2\varphi)|^2} \tag{3.1-29}$$

假设$\arg\{r_1r_2\}=0$，则该表达式可以写成如式（3.1-30）所示形式。

$$T=\frac{T_{\max}}{1+(2F/\pi)^2\sin^2\varphi} \tag{3.1-30}$$

其中

$$T_{\max}=\frac{|t_1t_2|^2}{(1-|r_1r_2|)^2}=\frac{(1-|r_1|^2)(1-|r_2|^2)}{(1-|r_1r_2|)^2} \tag{3.1-31}$$

并且

$$F=\frac{\pi\sqrt{|r_1r_2|}}{1-|r_1r_2|} \tag{3.1-32}$$

参数F称为精细度，是关于反射率乘积r_1r_2的单调递增函数，可用于评价标准具的品质。例如，如果$r_1r_2=0.99$，那么$F\approx313$。

从式（3.1-30）可知，透射率T是关于φ的周期函数且周期为π。当$|r_1|=|r_2|$时，T达到最大值$T_{\max}=1$，此时φ是π的整数倍。当精细度F很大（即$|r_1r_2|\approx1$）时，$T(\varphi)$成为具有尖锐谐振峰的函数，半峰宽度近似为π/F。因此，精细度F越高，$T(\varphi)$的谐振峰就越尖锐。

相位$\varphi=nk_0d=(\omega/c)d$与频率成正比，因此条件$\varphi=\pi$对应于$\omega=\omega_F$，或$\nu=\nu_F$，其中

$$\nu_F = \frac{c}{2d}, \quad \omega_F = \frac{\pi c}{d} \tag{3.1-33}$$

被称为**自由光谱范围**。所以，透射率 $T(\nu)$ 是关于频率 ν 的周期函数，周期为 ν_F。

$$T(\nu) = \frac{T_{\max}}{1 + (2F/\pi)^2 \sin^2(\pi\nu/\nu_F)} \tag{3.1-34}$$

如图 3.1-5 所示，$T(\nu)$ 在**谐振频率** $\nu_q = q\nu_F$ 时达到其峰值 $T_{\max}$，其中 q 为整数。当精细度 $F \gg 1$ 时，频率 ν 略微偏离 ν_q，$T(\nu)$ 就会随之急剧下降，因此 $T(\nu)$ 具有梳状函数的形式。这些高透射率谱段的光谱宽度如式（3.1-35）所示。

$$\delta\nu = \frac{\nu_F}{F} \tag{3.1-35}$$

即谐振频率间隔的 F 分之一。

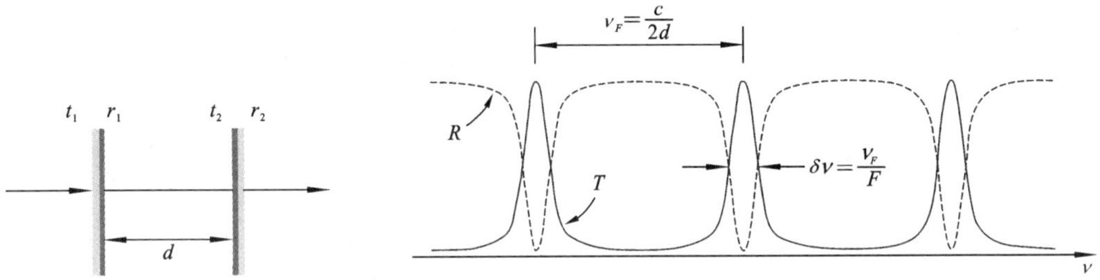

图 3.1-5　法布里-珀罗标准具的透射率 $T(\nu)$ 和反射率 $R(\nu)$

法布里-珀罗标准具可用作窄线宽的光学滤波器或频谱分析仪。然而，由于其光谱响应的周期性，法布里-珀罗标准具所测量的光谱宽度必须比其自由光谱范围 $\nu_F = c/2d$ 窄，以避免测量误差。

法布里-珀罗标准具作为滤波器时，谐振频率的移动可以通过调整反射镜之间的距离 d 实现。镜面间距的微小变化 Δd 使共振频率 $\nu_q = \dfrac{qc}{2d}$ 发生较大的变化，变化量为

$$\Delta\nu_q = -\left(\frac{qc}{2d^2}\right)\Delta d = -\frac{\nu_q \Delta d}{d}$$

虽然频率间隔 ν_F 也发生变化，但它的变化量远小于 $-\dfrac{\nu_F \Delta d}{d}$。例如，当 $n=1$ 时，镜面间距 $d = 1.5\,\text{cm}$ 对应的自由光谱范围 $\nu_F = 10\,\text{GHz}$。对于典型的光学频率 $\nu = 10^{14}\,\text{Hz}$，对应的 $q = 10^4$，当 d 的相对变化量为 10^{-4} 时（$\Delta d = 1.5\,\mu\text{m}$），峰值频率的变化为 $\Delta\nu_q = 10\,\text{GHz}$，而自由光谱范围仅改变 1 MHz，变为 9.999 GHz。

法布里-珀罗标准具作为谐振器的应用在 6.1 节中介绍。

2. 法布里-珀罗标准具-离轴透射的情况

当一列倾斜波的传播方向与法布里-珀罗标准具的光轴成角度 θ 时，其振幅透射率由式（3.1-28）给出，其中的相位 φ 由 $\tilde{\varphi} = nk_0 d\cos\theta$ 代替。进而，式（3.1-34）中的强度透射率在离轴情况下被推广为

$$T(\nu)=\frac{T_{\max}}{1+(2F/\pi)^2\sin^2(\pi\cos\theta\nu/\nu_F)} \tag{3.1-36}$$

当频率满足以下条件时，透射率达到最大值：

$$\nu=q\nu_F\sec\theta,\quad q=1,2,\cdots,\quad \nu_F=c/2d \tag{3.1-37}$$

如果标准具的精细度很大，则光几乎只会在这些峰值频率处透过标准具，在所有其他频率处则几乎完全截止。图 3.1-6（c）给出的关系曲线说明，对于每个倾斜角 θ，满足高透射率条件的频率 ν 为一组离散的值。同样地，对于每个光频率 ν，满足高透射率条件的倾斜角 θ 为一组离散的值。因此，当入射光为宽谱的光锥时，透过标准具的光呈现出一组彩虹般分布的同心环，如图 3.1-6（b）所示。当入射光的光谱宽度小于标准具的自由光谱范围 ν_F 时，透过标准具的每个频率分量对应且仅对应于一个 θ 值，因此标准具可用作频谱分析仪。

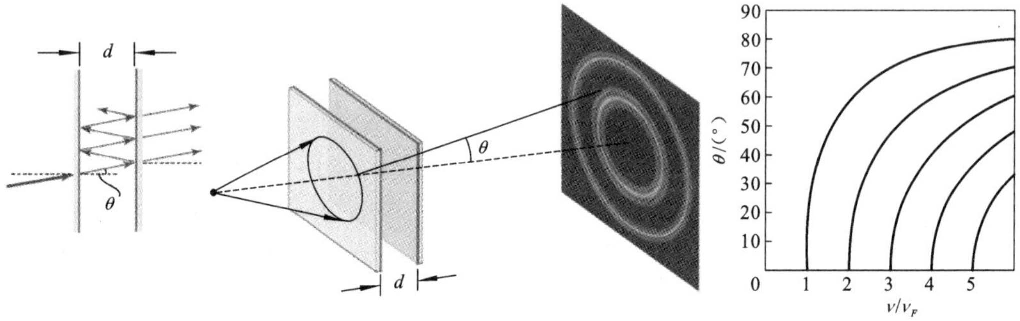

图 3.1-6　法布里-珀罗标准具中的离轴波

（a）透过法布里-珀罗标准具的离轴波；（b）由点光源发出的白光透过标准具后不同频率（颜色）分量分散开形成一组同心环；（c）满足式（3.1-37）给出的峰值透射率条件的频率和倾斜角

【例 3.1-6】　基于介质平板的分束器

式（3.1-26）给出了位于宿主材料（折射率为 n_1）中的介质平板（厚度为 d、折射率为 n_2）的透射率和反射率。如图 3.1-7（a）所示，当入射角为 θ_1 时，从【例 3.1-4】可知，对于 TE 波有 $\tilde{n}_1=n_1\cos\theta_1$，$\tilde{n}_2=n_2\cos\theta_2$，$\tilde{\varphi}=n_2k_0d\cos\theta_2$，$\sin\theta_2=(n_1/n_2)\sin\theta_1$。这个结果也可以通过将 $t_1t_2=4\tilde{n}_1\tilde{n}_2/(\tilde{n}_1+\tilde{n}_2)$ 和 $r_1r_2=(\tilde{n}_1-\tilde{n}_2)^2/(\tilde{n}_1+\tilde{n}_2)^2$ 代入法布里-珀罗标准具的式（3.1-28）得到。那么，反射镜标准具的强度透射率的表达式（3.1-30）和式（3.1-34）也适用于介质平板。从式（3.1-32）可以得出介质平板的精细度为

$$F=\frac{\pi}{4}\frac{|\tilde{n}_2^2-\tilde{n}_1^2|}{\tilde{n}_1\tilde{n}_2} \tag{3.1-38}$$

介质平板标准具的精细度 F 的取值通常不会很大。例如，当 $n_1=1.5$（SiO_2 的折射率），$n_2=3.5$（Si 的折射率），入射角 $\theta_1=45^\circ$ 时，精细度 $F=1.89$。如图 3.1-7（b）所示，透射率 T 的极大值和反射率 R 的极小值出现的条件为 $\tilde{\varphi}=q\pi$，这里 q 是整数，且 T 和 R 随相位 $\tilde{\varphi}$（$\tilde{\varphi}$ 的取值正比于频率）的变化关系曲线没有出现尖峰，而这种尖峰会出现在高反射镜组成的标准具的透射率光谱和反射率光谱中，参见图 3.1-5。获得较大 F 值的方法是在介质平板表面镀膜以提升其内反射率。

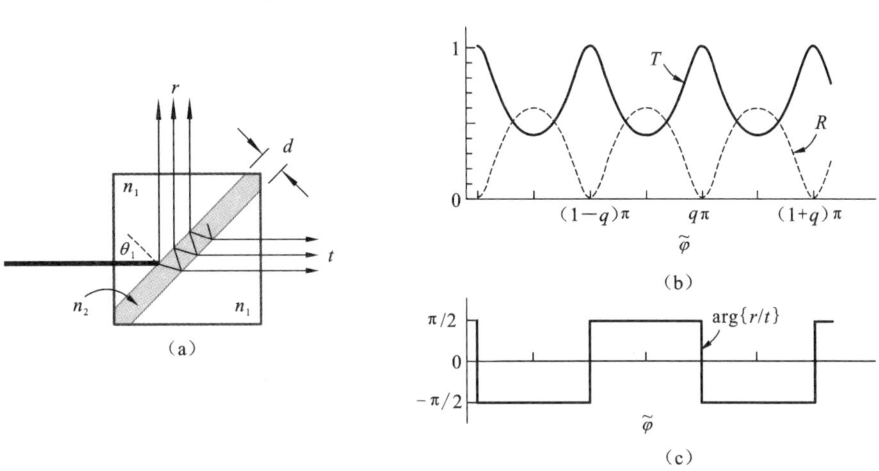

图 3.1-7　介质平板分束器

(a) 介质平板用作分束器；(b) 强度透射率 T 和反射率 R 随相位 $\tilde{\varphi}$ 的变化关系曲线；

(c) 反射波和透射波之间的相对相位差是 $\pm\pi/2$，正负号的切换发生在 $\tilde{\varphi}=q\pi$ 处

介质平板可以用作分束器。例如，假设平板厚度 $d=1\,\text{mm}$，则其透射率谱中相邻峰值的频率差约等于 45 GHz。从图 3.1-7 (b) 可以看出，相邻峰值中间的频率处透射率和反射率变化都比较平缓。由于分束器在干涉仪中很常用，需要理解反射波和透射波的相位之间的关联。从图 3.1-7 (c) 中可以看出，反射波和透射波的相对相位差永远是 $\pm\pi/2$，这里正负号的切换发生在峰值透射率对应的频率处。

3.1.3　布拉格光栅

布拉格光栅的一个实例是由一组均匀间隔的平行部分反射平面镜构成的周期性结构，这种结构所具有的角度选择性和频率选择性有很多应用。本小节将布拉格光栅的定义推广为由 N 个相同的多层结构为单元均匀排布而成的复合结构，并发展一种用矩阵法分析光的反射和透射的理论。根据这种理论构建的器件有分布布拉格反射镜以及光纤布拉格光栅，这些器件在谐振腔和激光器中得到广泛的应用。

1. 简化理论

考虑一列倾斜角为θ的斜入射波，被 N 个平行部分反射镜组成的级联结构反射，相邻反射面的间距为 Λ，且往返相位 $2\varphi=2k\Lambda\cos\theta$。作为简化的理论模型，这里假设：①反射镜是弱反射的，即每次反射只有一小部分入射波被反射，因此入射波在传播过程中不会被耗尽，并且 M 列反射波的幅度近似相等；②二次反射（即反射波的反射）可以忽略不计。

基于该近似，由 N 面部分反射镜构成的光栅的总反射率 R_N 与单面反射镜的反射率 R 之间的关系为

$$R_N=\frac{\sin^2 N\varphi}{\sin^2\varphi}R \tag{3.1-39}$$

式中，$\sin^2 N\varphi/\sin^2\varphi$ 为 N 个具有单位幅度且相位差为 2φ 的移相器级联的总强度。当满足布

拉格条件，即 $2\varphi=q2\pi$ 时，该函数达到极大值 N^2，其中 $q=0,1,2,\cdots$。因此该光栅的反射率达到最大值的条件是 $2k\Lambda\cos\theta=2q\pi$，或

$$\cos\theta=q\frac{\lambda}{2\Lambda}=q\frac{\omega_B}{\omega}=q\frac{\nu_B}{\nu} \tag{3.1-40}$$

式中

$$\nu_B=\frac{c}{2\Lambda},\quad \omega_B=\frac{\pi c}{\Lambda} \tag{3.1-41}$$

图 3.1-8 给出满足布拉格条件的频率 ν 和角度 θ 的组合。例如，如果 $\nu=1.5\nu_B$，则 $\theta=48.2^\circ$，对应的布拉格角 $\theta_B=41.8^\circ$（入射光与光栅平面的夹角）。当频率偏离布拉格条件确定的频率时，函数值从这些峰值急剧下降，光谱宽度与 N 成反比。可见，在这个简化的理论模型中，总的强度反射率最多是一个单元的反射率的 N^2 倍。

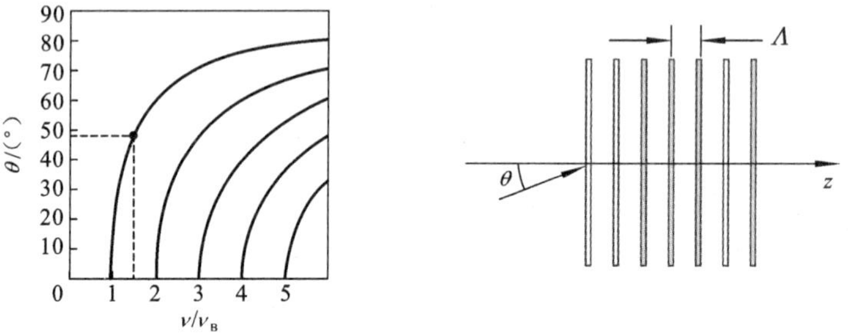

图 3.1-8　满足布拉格条件的频率 ν 和角度 θ 的组合

在正入射条件下（$\theta=0^\circ$），反射率达到峰值的条件是频率等于布拉格频率的整数倍，即 $\nu=q\nu_B$。当频率 $\nu<\nu_B$ 时，任何入射角度都不能满足布拉格条件。当频率 ν 满足 $\nu_B<\nu<2\nu_B$ 时，存在一个入射角度 $\theta=\cos^{-1}(\lambda/2\Lambda)=\cos^{-1}(\nu_B/\nu)$ 可以满足布拉格条件。该角度的补角 $\theta_B=\pi/2-\theta$，即布拉格角

$$\theta_B=\sin^{-1}(\lambda/2\Lambda) \tag{3.1-42}$$

当频率 $\nu\geqslant 2\nu_B$ 时，满足布拉格条件的入射角度多于一个。图 3.1-8 说明了基于简化理论的布拉格光栅反射的光谱和角度依赖性。

2. 矩阵理论

现在使用上一小节中介绍的**矩阵方法来推导关于布拉格反射的精确理论**，该理论考虑了入射光的多次透射和反射，以及损耗。结果表明，**反射波和反射波的反射波之间的协同效应可以导致总反射波的增强**，并且这种现象不仅在 $\nu_B/\cos\theta$ 的倍数频率处产生，**在这些频率附近的光谱段中也会产生**。

考虑由 N 个相同单元级联而成的光栅（图 3.1-9），每个单元由**一个单模波转移矩阵 $\boldsymbol{M}_0$** 描述 **$\boldsymbol{M}_0$ 满足无损、互易对称系统的守恒关系**，这样

$$\boldsymbol{M}_0=\begin{bmatrix}1/t^* & r/t\\ r^*/t^* & 1/t\end{bmatrix} \tag{3.1-43}$$

式中，t 和 r 分别为满足式（3.1-15）中所述条件的复振幅透射率和反射率。而相应的强度透

射率和反射率可以分别定义为 $T=|t|^2$ 和 $R=|r|^2$。

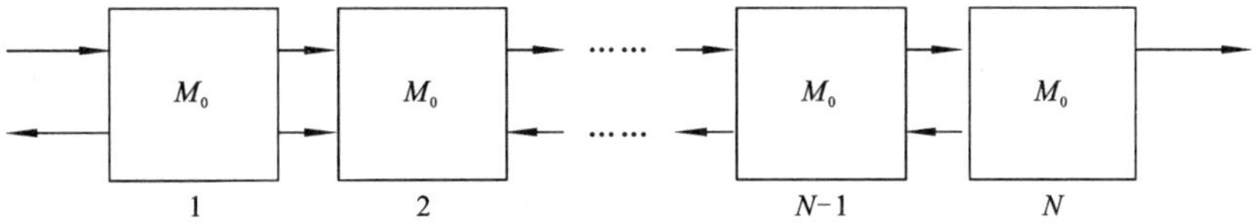

图 3.1-9　布拉格光栅的矩阵模型

根据式(3.1-2)，N 个相同单元级联的 $\boldsymbol{M}$ 矩阵是每个单元的 $\boldsymbol{M}_0$ 矩阵的乘积，即 $\boldsymbol{M}=\boldsymbol{M}_0^N$。由于 $\boldsymbol{M}_0$ 是单位矩阵，即 $\det\boldsymbol{M}_0=1$，所以有以下关系：

$$\boldsymbol{M}_0^N=\Psi_N\boldsymbol{M}_0-\Psi_{N-1}\boldsymbol{I} \tag{3.1-44}$$

并且

$$\Psi_N=\frac{\sin N\Phi}{\sin\Phi} \tag{3.1-45}$$

$$\cos\Phi=\mathrm{Re}\{1/t\} \tag{3.1-46}$$

式中，$\boldsymbol{I}$ 为单位矩阵。

式（3.1-44）可以用归纳法证明（可以通过直接替换并应用三角恒等式证明：如果这个关系式对 $N-1$ 个单元的级联有效，则它对 N 个单元的级联也成立）。

由于 N 个单元的级联也是无损且互易对称的，它的矩阵可以写成以下形式：

$$\boldsymbol{M}_0^N=\begin{bmatrix} 1/t_N^* & r_N/t_N \\ r_N^*/t_N^* & 1/t_N \end{bmatrix} \tag{3.1-47}$$

式中，t_N 和 r_N 分别为 N 个单元级联的总振幅透射率和总振幅反射率。

将式（3.1-43）和式（3.1-47）代入式（3.1-44），并比较等式两边矩阵的对角元素和非对角元素，得到式（3.1-48）和式（3.1-49）：

$$\frac{1}{t_N}=\Psi_N\frac{1}{t}-\Psi_{N-1} \tag{3.1-48}$$

$$\frac{r_N}{t_N}=\Psi_N\frac{r}{t} \tag{3.1-49}$$

这两个等式用 t 和 r 定义了 t_N 和 r_N。

通过对式(3.1-49)两边取绝对值的平方，并利用关系 $R=1-T$，可得强度透射率 $T_N=|t_N|^2$ 的表达式：

$$T_N=\frac{T}{T+\Psi_N^2(1-T)} \tag{3.1-50}$$

以及强度反射率 $R_N=1-T_N$ 的表达式：

$$R_N=\frac{\Psi_N^2R}{1-R+\Psi_N^2R} \tag{3.1-51}$$

N 个相同单元级联的总反射率 R_N 与每个单元的反射率 R 之间的非线性关系由式（3.1-51）给出，该等式中包含的 Ψ_N 因子是由 N 个单元的集体反射引起的干涉效应造成的。

按式（3.1-45）的定义，Ψ_N 的取值取决于单元的数量 N 和一个附加参量 Φ，而 Φ 通过式（3.1-46）与单元的复振幅透射率 t 相关。

在特定的约束条件下，式（3.1-51）给出的 R_N 与 R 的函数关系可以有较简单的表达式。如果每个单元的反射率非常小，即 $R \ll 1$，并且 Ψ_N^2 不是很大，所以 $\Psi_N^2 R \ll 1$，则式（3.1-51）可以近似为

$$R_N \approx \Psi_N^2 R = \frac{\sin^2 N\Phi}{\sin^2 \Phi} R \tag{3.1-52}$$

该关系式在形式上类似于式（3.1-39），这里的 Φ 扮演了相位 φ 的角色。

相反，当 $\Psi_N^2 \gg 1$ 时，反射率 $R_N \approx \Psi_N^2 R / (1+\Psi_N^2 R)$。$R_N$ 和 R 之间的这种非线性关系呈现出饱和状态，而这是具有反馈的系统的典型特征，这里反馈是由单元边界处的多次内反射引起的。

最后，如果 $\Psi_N^2 R \gg 1$，那么反射率 R_N 将接近 100%，此时 N 个单元的级联可以实现光的完全反射，哪怕其中的每个单元都只是部分反射的。当 R 增加时，较大的干涉因子 Ψ_N 促使总反射率 R_N 更快地增长到 100%。

根据式（3.1-45），干涉因子 Ψ_N 是 $\Phi = \cos^{-1}(\mathrm{Re}\{1/t\})$ 的函数，它存在两种截然不同的取值情况：①正常情况，Φ 是实数，光栅呈现部分反射/透射（包括零反射，即完全透射）；②反常情况，Φ 是复数，Ψ_N 的取值可以非常大，对应于光栅全反射的情况。

3. 部分反射和零反射的情况

部分反射和零反射情况需要满足的条件是 $|\mathrm{Re}\{1/t\}| \leqslant 1$，该条件确保 $\Phi = \cos^{-1}(\mathrm{Re}\{1/t\})$ 是实数。在这种情况下，R_N 与 R 和 Ψ_N 的关系由式（3.1-45）和式（3.1-51）决定。当 Ψ_N 的取值为最大值 N 时，反射率达到其最大值。此时，$R_N = N^2 R/(1-R+N^2 R)$。因此，只有在 $R=1$ 时，R_N 的取值才能完全等于 1。例如，当 $N=10$，$R=0.5$ 时，R_N 的最大值为 0.99。

零反射率或者说全透射也是可能的，即使单个单元的反射率 R 很大。这种情况发生在 $\Psi_N=0$，$\sin N\Phi = 0$ 或者 $\Phi = q\pi/N$ 时，其中 $q = 0,1,\cdots,N-1$。发生这种全透射的 N 个频率是光栅的谐振频率。这种现象说明光波可以在一组部分反射单元的级联中发生某种形式的隧穿。

4. 全反射的情况

在全反射情况下，$|\mathrm{Re}\{1/t\}| = |\cos\Phi| > 1$，因此 Φ 是一个复数：$\Phi = \Phi_R + \mathrm{j}\Phi_I$。令式（3.1-46）两边的实部和虚部分别相等，并应用恒等式

$$\cos(\Phi_R + \mathrm{j}\Phi_I) = \cos\Phi_R \cosh\Phi_I - \mathrm{j}\sin\Phi_R \sinh\Phi_I$$

可得 $\sin\Phi_R = 0$，因此 $\Phi_R = m\pi$，当 m 分别是偶数或奇数时，$\cos\Phi_R = +1$ 或者 -1，进而有以下结果：

$$\cosh\Phi_I = |\mathrm{Re}\{1/t\}| \tag{3.1-53}$$

干涉因子 $\Psi_N = \sin N\Phi / \sin\Phi$ 可进一步表达为

$$\Psi_N = \pm\frac{\sinh N\Phi_I}{\sinh\Phi_I} \tag{3.1-54}$$

这里的±由 $\cos(Nm\pi)/\cos(m\pi)$ 的符号决定。当 N 很大时，$\sinh(\cdot)$ 的取值随 N 的增加而指数增长，所以 $|\Psi_N|$ 可以比 N 大得多。在这种情况下，根据式（3.1-54），反射率 $R_N \approx 1$，光栅成为全反射镜。前向波成为倏逝波，无法穿透多个单元，就如同完全内反射的情况。

因为 Φ 取决于 t，而 t 又取决于频率 ν，上述两种情况**对应两类完全不同的光谱区间。与全反射情况对应的光谱区间称为阻带**，因为它们代表光传输几乎完全受阻的谱段。而**另一种情况对应于通带**，在通带内的特定谐振频率处，可以发生完全透射（零反射）的情况。

【例 3.1-7】　部分反射镜的堆叠

考虑一个由 N 个完全相同的部分反射镜构成的光栅，这些反射镜位于折射率为 n 的均匀介质中，彼此之间的距离为 Λ，如图 3.1-10（a）所示。该光栅的一个周期单元包括厚度为 Λ 的均匀介质和一个部分反射镜，其振幅透射率和振幅反射率分别为 t 和 r 。将式（3.1-17）中的矩阵与式（3.1-4）中的矩阵相乘，可得该周期单元的波转移矩阵 $\boldsymbol{M}_0$ 为

$$\boldsymbol{M}_0 = \frac{1}{|t|}\begin{bmatrix} e^{-j\varphi} & j|r|e^{j\varphi} \\ -j|r|e^{-j\varphi} & e^{j\varphi} \end{bmatrix}, \quad \varphi = nk_0\Lambda = \pi\nu/\nu_B \tag{3.1-55}$$

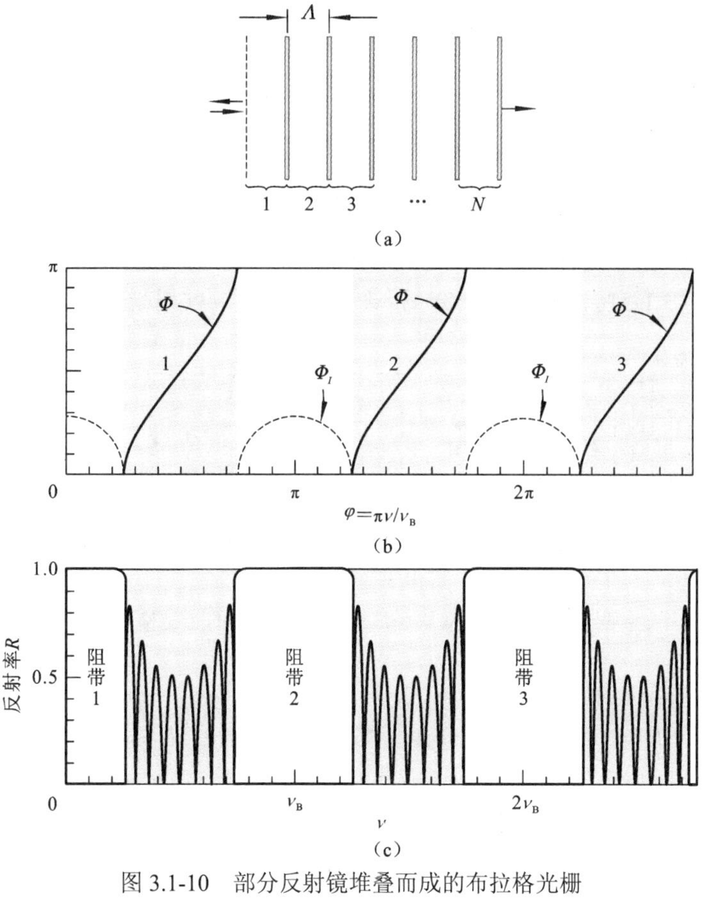

图 3.1-10　部分反射镜堆叠而成的布拉格光栅

（a）由 $N=10$ 个相同的部分反射镜组成的布拉格光栅，每个反射镜的功率反射率为 $|r|^2=0.5$；（b）Φ 与相位延迟 $\varphi = nk_0\Lambda$ 的关系曲线。在阴影区域内，Φ 为复数，其虚部 Φ_I 由虚线表示；（c）反射率 R 与频率 ν 的关系曲线（以布拉格频率 $\nu_B = c/2\Lambda$ 为单位）。在阻带内，反射率接近 1

式中，$\nu_B = c/2\Lambda$ 为布拉格频率。这里假设 $t = |t|e^{j\varphi}$，而 Φ 可由以下等式求得

$$\cos\Phi = \frac{1}{|t|}\cos\varphi,\quad |\cos\varphi| \leqslant |t| \tag{3.1-56}$$

$$\cosh\Phi_I = \frac{1}{|t|}|\cos\varphi|,\quad |\cos\varphi| > |t| \tag{3.1-57}$$

如图 3.1-10（b）所示，Φ 和 φ，以及 Φ_I 和 φ 之间的关系是非线性的。相应地，功率反射谱 R_N 和 φ 的对应关系如图 3.1-10（c）所示。在正常情况下（如阴影区域所示），Φ 的取值是实数，反射谱存在多个峰值区，而相邻峰值区之间有若干反射率为 0 的点。尽管干涉因子 Ψ_N 达到了最大值 $N=10$，但是没有一个反射谱的峰值达到 100%。

这种情况与 Φ 为复数的全反射区（如无阴影区域所示）完全不同。当 $|t|^2 = 0.5$ 时，干涉因子 Ψ_N 的取值在 $\varphi = \pi$ 时约为 3 000。φ 的这些取值区间对应了光栅的全反射区（$R_N \approx 1$）。因为 φ 正比于频率 ν，图 3.1-10（c）实际上也就是光谱反射率，而无阴影区对应了光栅的阻带。

【例 3.1-8】 介质布拉格光栅

图 3.1-11 给出一个由 N 个相同的介质层组成的光栅，介质层的折射率为 n_2，宽度为 d_2，介质层的间距为 d_1，位于折射率为 n_1 的介质中。该光栅是由 N 个相同的双层结构组成的堆栈，该双层结构在【例 3.1- 3】中分析过，其波转移矩阵 $\boldsymbol{M}_0$ 的元素 $A = 1/t^*$ 由式（3.1-20）给出

$$\mathrm{Re}\left\{\frac{1}{t}\right\} = \frac{(n_1+n_2)^2}{4n_1n_2}\cos(\varphi_1+\varphi_2) - \frac{(n_2-n_1)^2}{4n_1n_2}\cos(\varphi_1-\varphi_2) \tag{3.1-58}$$

式中，$\varphi_1 = n_1k_0d_1$ 和 $\varphi_2 = n_2k_0d_2$ 为双层结构的两层引入的相位。该等式可以与式（3.1-45）、式（3.1-46）、式（3.1-51）、式（3.1-53）和式（3.1-54）一并用于确定光栅的反射率。

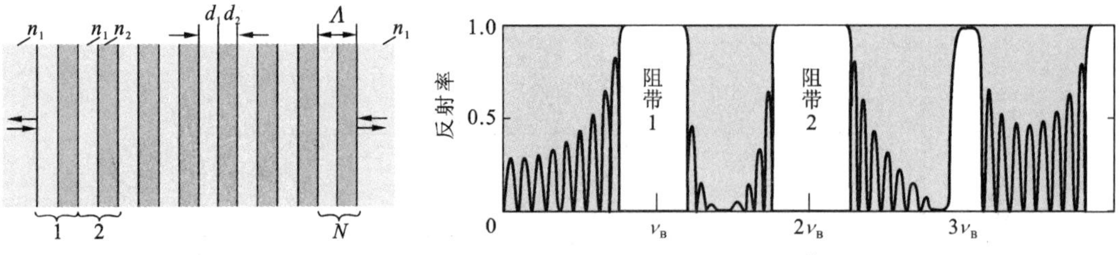

图 3.1-11 N 个双层介质结构堆叠而成的布拉格光栅

反射率与频率 ν 的函数关系可以根据 $\varphi_1+\varphi_2 = k_0(n_1d_1+n_2d_2) = \pi\nu/\nu_B$ 求得，这里的 $\nu_B = (c_0/\bar{n})/2\Lambda$，而 $\bar{n} = (n_1d_1+n_2d_2)/\Lambda$ 是平均折射率。布拉格频率 ν_B 是结构单元中的往返相位 $k_0(n_1d_1+n_2d_2) = 2\pi$ 的频率。相位差 $\varphi_1-\varphi_2 = \zeta\pi\nu/\nu_B$，这里 $\zeta = (n_1d_1-n_2d_2)/(n_1d_1+n_2d_2)$，也与频率成正比。图 3.1-11 给出一个反射率与频率 ν 的函数的例子，在以 $\nu_B = c/2\Lambda$ 的整数倍为中心频率的阻带内，反射率趋近于 1，这里 $c = c_0/\bar{n}$，而 $\bar{n}$ 为平均折射率。

【例 3.1-9】 介质布拉格光栅：斜入射的情况

【例 3.1-8】中的结果可以推广到斜入射的情况，光在介质 1 中的倾斜角为 θ_1，在介质 2 中的倾斜角为 θ_2，满足关系 $n_1\sin\theta_1 = n_2\sin\theta_2$。此时，式（3.1-58）可以写为

$$\mathrm{Re}\left\{\frac{1}{t}\right\}=\frac{\left(\tilde{n}_1+\tilde{n}_2\right)^2}{4\tilde{n}_1\tilde{n}_2}\cos\left(\tilde{\varphi}_1+\tilde{\varphi}_2\right)-\frac{\left(\tilde{n}_2-\tilde{n}_1\right)^2}{4\tilde{n}_1\tilde{n}_2}\cos\left(\tilde{\varphi}_1-\tilde{\varphi}_2\right) \tag{3.1-59}$$

式中，$\tilde{\varphi}_1=n_1k_0d_1\cos\theta_1$；$\tilde{\varphi}_2=n_2k_0d_2\cos\theta_2$。对于 TE 偏振，$\tilde{n}_1=n_1\cos\theta_1,\tilde{n}_2=n_2\cos\theta_2$，而对于 TM 偏振，$\tilde{n}_1=n_1\sec\theta_1,\tilde{n}_2=n_2\sec\theta_2$。该式可用于计算任意入射角的功率反射谱。图 3.1-12 展示了在 TE 偏振和 TM 偏振下，一个高对比度光栅的反射谱 R_N 与频率和入射角的关系。当折射率对比度 n_2/n_1 增加时，能使反射率达到 100%，倾斜角的范围也随之扩大。

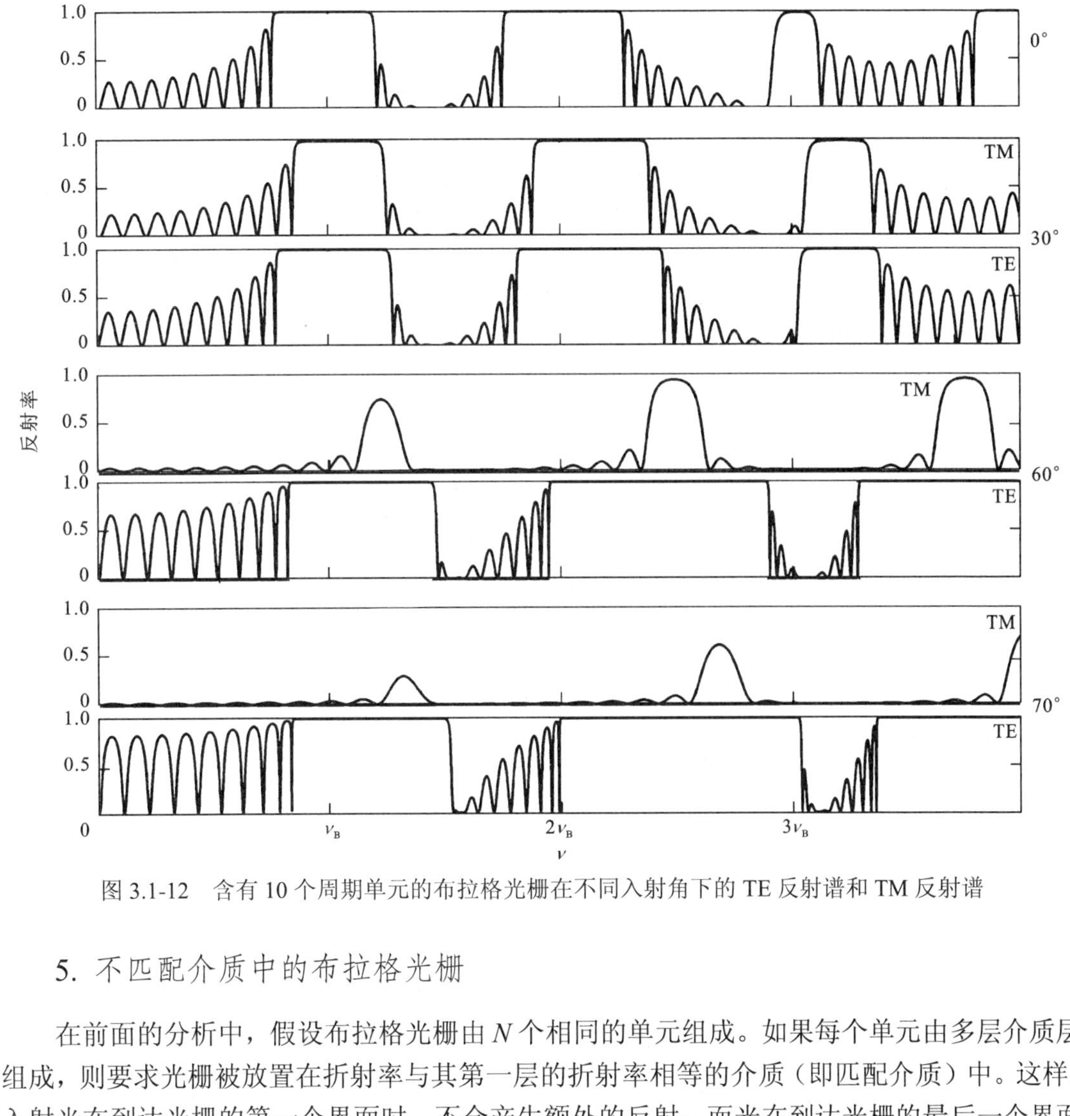

图 3.1-12　含有 10 个周期单元的布拉格光栅在不同入射角下的 TE 反射谱和 TM 反射谱

5. 不匹配介质中的布拉格光栅

在前面的分析中，假设布拉格光栅由 N 个相同的单元组成。如果每个单元由多层介质层组成，则要求光栅被放置在折射率与其第一层的折射率相等的介质（即匹配介质）中。这样，入射光在到达光栅的第一个界面时，不会产生额外的反射；而光在到达光栅的最后一个界面时，仿佛是在进入光栅的另一个单元。【例 3.1-8】中描述的光栅就满足这种条件。

然而在大多数应用中，光栅位于不匹配的介质中，例如空气，因此必须考虑边界效应。要处理边界效应，只需写出包含系统中所有界面的波转移矩阵 $\boldsymbol{M}$，并根据转换关系求出对应的散射矩阵 $\boldsymbol{S}$，而系统的反射率可以从 $\boldsymbol{S}$ 矩阵的元素中求得。

考虑一段由 N 个单元组成的光栅位于与第一层匹配的介质中，则该光栅整体的波转移矩阵 $\boldsymbol{M}_0^N$ 可表达为

$$\boldsymbol{M}=\boldsymbol{M}_e\boldsymbol{M}_0^{N-1}\boldsymbol{M}_i \tag{3.1-60}$$

式中，$\boldsymbol{M}_i$ 为入射界面的波传递矩阵；$\boldsymbol{M}_e$ 为与匹配介质相连的第 N 个单元的波转移矩阵。

【例 3.1-10】 位于不匹配介质中的布拉格光栅的反射

考虑一段具有 N 个单元的光栅，该光栅由折射率为 n_1，厚度为 d_1 的介质层和折射率为 n_2，厚度为 d_2 的介质层交替组成，光栅位于折射率为 n_0 的介质中。假设光从外部介质中以倾斜角 θ_0 入射，由折射定律可以求得两介质层中的倾斜角 θ_1 和 θ_2。试求该条件下的反射率。

在这种情况下，式（3.1-60）可用于下列波传递矩阵：①由【例 3.1-4】可知，$\boldsymbol{M}_i$ 代表折射率为 n_0 和 n_i 的介质层的界面；②由【例 3.1-5】可知，$\boldsymbol{M}_0$ 代表光栅的一个单元；③ $\boldsymbol{M}_e$ 代表光在折射率为 n_1 的介质中传播一段距离 d_1，再穿过厚度为 d_2，折射率为 n_2 的介质层，最后进入折射率为 n_0 的介质层。在 $\boldsymbol{M}$ 矩阵确定之后，可以通过转换关系式（3.1-6）确定相应的散射矩阵 $\boldsymbol{S}$，而整体的反射率为式（3.1-5）中的 r_{12}。图 3.1-13 给出了光栅的反射率随入射角 θ 的函数。以空气中的光栅为例，在 $0.97\nu_B$ 到 $1.18\nu_B$ 的频率区间内，无论是 TE 偏振还是 TM 偏振，所有入射角处的反射率均为 1。

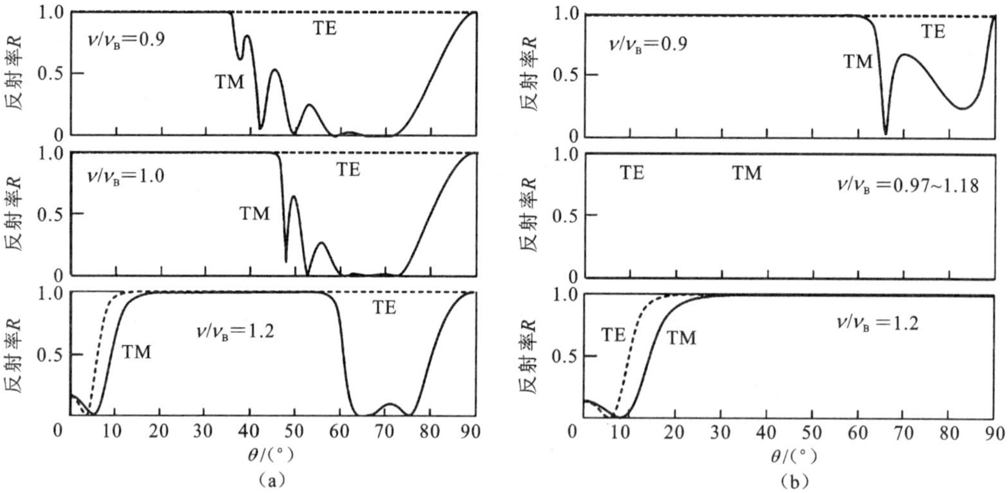

图 3.1-13　位于不匹配介质中的布拉格光栅的反射率

3.2　一维光子晶体

一维光子晶体是一种介质结构，其光学性质在一个方向上呈周期性变化，该方向称为周期性轴，而在与周期性轴垂直的方向上，一维光子晶体的光学性质为常数。这些结构呈现出独特的光学特性，特别是当周期与波长的数量级相当时。如果将周期性轴设为 z 轴，那么结构中的材料光学特性，例如介电常数 $\varepsilon(z)$ 和介电阻隔率 $\eta(z)=\varepsilon_0/\varepsilon(z)$ 是 z 的周期函数，即

$$\eta(z+\Lambda)=\eta(z) \tag{3.2-1}$$

上式对所有 z 均成立，式中 Λ 表示周期。要研究波在这种周期介质中的传播特性，只需求解

含周期函数 $\eta(z)$ 的广义亥姆霍兹方程（3.0-2）。

对于沿 z 轴传播且沿 x 方向偏振的**轴上波**，电场分量 E_x 和磁场分量 H_y 是 z 的函数，与 x 和 y 无关，因此式（3.0-2）可写为

$$-\frac{\mathrm{d}}{\mathrm{d}z}\left[\eta(z)\frac{\mathrm{d}}{\mathrm{d}z}\right]H_y=\frac{\omega^2}{c_0^2}H_y \tag{3.2-2}$$

对于离轴波，即在 x-z 平面内沿任意方向传播的波，广义亥姆霍兹方程的形式更为复杂。例如，对于 TM 极化的离轴波，磁场指向 y 方向，式（3.0-2）可写为

$$\left\{-\frac{\partial}{\partial z}\left[\eta(z)\frac{\partial}{\partial z}\right]+\eta(z)\frac{\partial^2}{\partial x^2}\right\}H_y=\frac{\omega^2}{c_0^2}H_y \tag{3.2-3}$$

注意式（3.2-2）和式（3.2-3）被写成特征值问题的形式，求解该特征值问题就可求出模式函数 $H_y(x,z)$。

在求解这些特征值问题之前，首先研究与**结构周期性相关的平移对称性**对传播模式的约束。

3.2.1　布洛赫模式

首先考虑均匀介质，它对坐标系的任意平移是不变的。在均匀介质中，光波模式是一种在坐标系平移后保持不变的波；仅有的变化是乘以一个单位振幅的常数（相位因子）。平面波 $\exp(-\mathrm{j}kz)$ 就是这样一种模式，在传播一段距离 d 后，它变为 $\exp[-\mathrm{j}k(z+d)]=\exp(-\mathrm{j}kd)\exp(-\mathrm{j}kz)$。相位因子 $\exp(-\mathrm{j}kd)$ 是平移操作的特征值。

1. 轴上布洛赫模式

现在考虑一维周期性介质，该周期性介质在沿周期性轴平移一个周期 Λ 后保持不变。那么其中的光波模式也应该在经过一个周期的平移后维持原来的数学形式，仅仅附加一个相位因子。这些模式的数学表达式由式（3.2-4）给出：

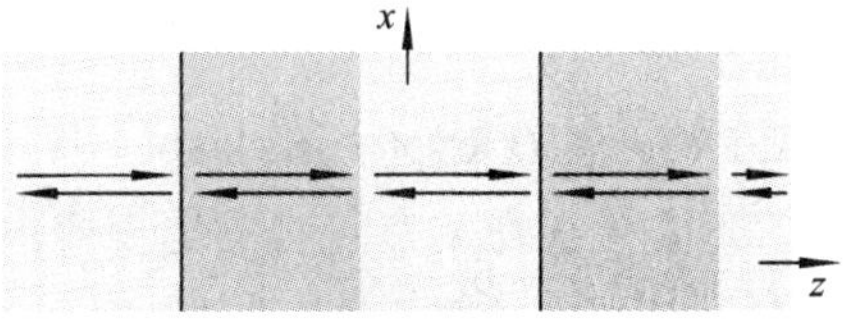

$$\boldsymbol{U}(z)=p_K(z)\exp(-\mathrm{j}Kz) \tag{3.2-4}$$

这里的 $\boldsymbol{U}$ 代表任意一个场分量 E_x、E_y、H_x、H_y，K 是常数，$p_K(z)$ 是周期为 Λ 的一个周期函数。这种数学表达式满足每平移一个周期 Λ 仅附加一个相位因子 $\exp(-\mathrm{j}K\Lambda)$ 这一条件，因为周期性函数 $p_K(z)$ 在平移一个周期 Λ 后保持不变。这种光波模式被称为布洛赫波，而参数 K 被称为布洛赫波数，它表征了光波模式及相关联的周期性函数 $p_K(z)$。

因此，布洛赫波是一个传播常数为 K 的平面波 $\exp(-\mathrm{j}Kz)$，被具有驻波特性的周期性函数 $p_K(z)$ 调制的结果。从图 3.2-1（a）可以看到布洛赫波的实部呈驻波状。由于以 Λ 为周期的函数可以用傅里叶级数展开为 $\exp(-\mathrm{j}mgz)$ 的叠加形式，其中 $m=0,\pm1,\pm2\cdots$，而

$$g = 2\pi/\Lambda \tag{3.2-5}$$

所以，布洛赫波可以看作是一组空间频率为 $K+mg$ 的平面波的叠加。如图 3.2-1（b）所示，周期性结构的基础空间频率 g 和它的谐波 mg，附加在布洛赫波数 K 上，构成了布洛赫波的空间谱。由周期性结构诱导的空间频率偏移现象，与移动物体的反射导致的时间频率偏移现象，即多普勒效应类似。

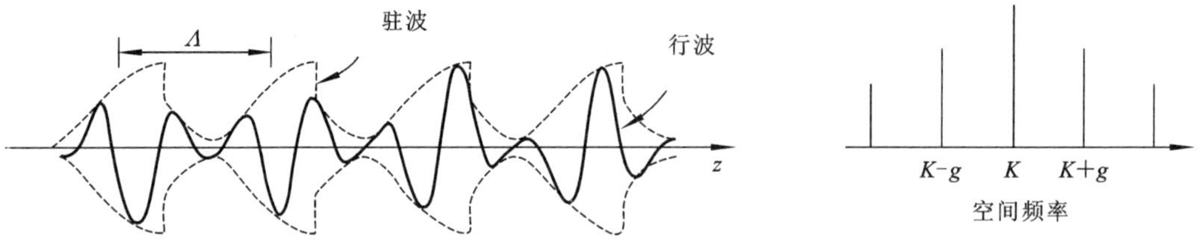

（a）　　　　（b）

图 3.2-1　布洛赫波是幅值被驻波调制的平面波

（a）布洛赫模式；（b）空间谱

两个波数分别为 K 和 $K'=K+g$ 的布洛赫波是等价的，因为它们对应了相同的相位因子：$\exp(-\mathrm{j}K'\Lambda)=\exp(-\mathrm{j}K\Lambda)\exp(-\mathrm{j}2\pi)=\exp(-\mathrm{j}K\Lambda)$。从另一个角度理解，因为因子 $\exp(-\mathrm{j}gz)$ 本身也是周期性的，所以也可以归入 $p_K(z)$ 之中。因此，要研究所有的布洛赫波，仅需要考虑宽度为 $g=2\pi/\Lambda$ 的空间频率区间中的那些 K 值。这里所构造的区间 $[-g/2, g/2]=[-\pi/\Lambda, \pi/\Lambda]$，又被称为第一布里渊区，这是一种常用的表示方式。

2. 离轴布洛赫模式

在 x-z 平面内以特定倾斜角传播的离轴布洛赫波可用式（3.2-6）描述：

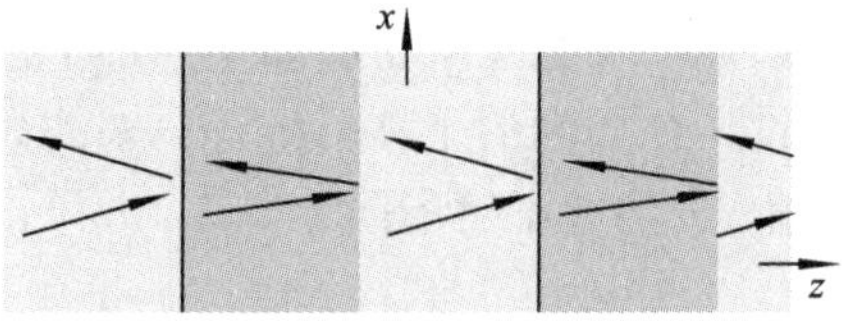

$$\boldsymbol{U}(x,y,z)=p_K(z)\exp(-\mathrm{j}Kz)\exp(-\mathrm{j}k_x x) \tag{3.2-6}$$

介质在 x 方向上的均匀性决定了光波模式在 x 方向的变化规律由 $\exp(-\mathrm{j}k_x x)$ 描述，而对波矢的 x 分量 k_x 没有其他的约束。在传射率为 n 的位置，$k_x = nk_0\sin\theta$，其中 θ 是光的传播方向与 z 轴的夹角。当光穿过非均匀介质中的各层时，倾斜角 θ 会发生改变，但由折射定律可知，$n\sin\theta$ 和 k_x 不变。

3. 法向布洛赫模式

当折射率最高的介质中入射光的倾斜角大于临界角（全反射）时，光不再沿着周期性轴的方向（z 方向）传播，而变成了沿 x 轴横向传播的**法向轴模式**，它的布洛赫波形式是式（3.2-6）中 $K=0$ 的情况：

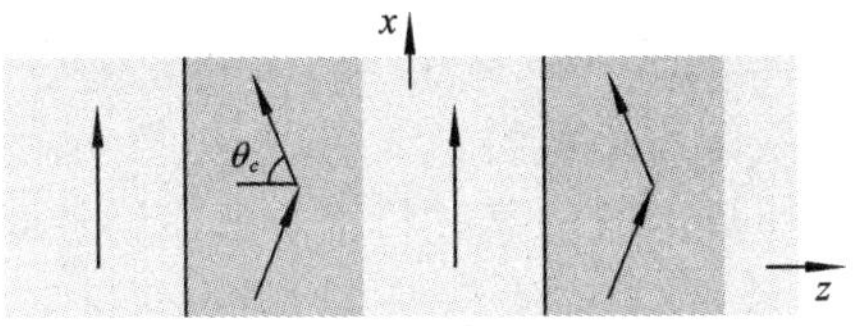

$$U(x,y,z)=p_0(z)\exp(-\mathrm{j}k_x x) \tag{3.2-7}$$

式中，$p_0(z)$ 为沿周期性轴的一列驻波的周期函数。

4. 特征值问题、色散关系和光子带隙

已经从周期性介质的平移对称性求得其中的光波模式的数学模型，下一步是求解由广义亥姆霍兹方程描述的特征值问题。对于一个布洛赫波数为 K 的模式，特征值 ω^2/c_0^2 给定了一组离散的频率 ω。这些特征值可以用来构造 ω 和 K 之间的色散关系。本征方程可以帮助从与 K 相关的频率 ω 出发，求解对应的布洛赫周期函数 $p_K(z)$。

ω-K 关系是以 g 为周期的关于 K 的多值函数，g 是周期结构的基本空间频率。通常在布里渊区 $[-g/2<K\leqslant g/2]$ 上分析 ω-K 关系，如图 3.2-2（a）所示。如果将其看作关于 K 的单调递增函数，则它是一个具有离散阶跃点的连续函数，**其中的阶跃点 K 等于 $g/2$ 的整数倍**。这些不连续性对应了**光子带隙**，即色散曲线没有经过的光谱区间，在这些光谱区间不存在传播模式。

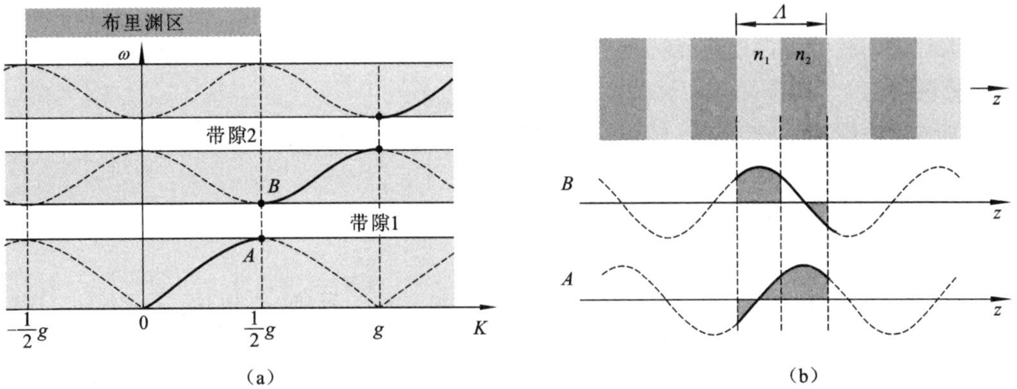

图 3.2-2　色散关系与光子带隙的起源

（a）色散关系是一个周期为 $g=2\pi/\Lambda$ 的多值周期函数，当 K 等于 $g/2$ 的整数倍时，函数值出现跳变；

（b）在 $n_2>n_1$ 的周期性交替介质层中，与布里渊区边缘的 A 点和 B 点对应的布洛赫波

色散关系中的不连续性源于当 $K=g/2$ 时出现的特殊对称，即当周期性介质的周期恰好等于行波的周期的一半时。考虑两种模式，它们的布洛赫波数 $K=\pm g/2$，而布洛赫周期函数为 $p_K(z)=p_{\pm g/2}(z)$。因为这两个模式以相同的波数传播，但传播方向相反，它们各自看到的周期性介质是镜像对称的，即：$p_{-g/2}(z)=p_{g/2}(-z)$。但这两种模式实际上是同一模式，因为它们的布洛赫波数相差 g。所以，在布里渊区的边缘处，存在两个互为反转版本的布洛赫周期函数。由于周期性介质的结构单元内部是不均匀的，或者说是分段均匀的，这两列布洛赫波分别与周期性介质发生不同的相互作用，因此具有两个不同的特征值，即不同的 ω 值。这可

以解释当连续的 ω-K 线穿过布里渊区域的边界时出现的不连续性。类似的论证也可以解释当 K 等于 $g/2$ 的其他整数倍时发生的不连续性。

变分原理有助于揭示这些特征函数的某些特征。基于该原理，厄米算子的本征函数是一系列正交的分布函数，这些本征函数使变分能量最小化。与特征值方程式（3.0-2）中的线性算子 $\mathcal{L}$ 相关的变分能量是 $E_v = \frac{1}{2}(\boldsymbol{H},\mathcal{L}\boldsymbol{H})/(\boldsymbol{H},\boldsymbol{H})$。利用麦克斯韦方程，可以证明 $(\boldsymbol{H},\mathcal{L}\boldsymbol{H}) = (\boldsymbol{H},\nabla\times[\eta(r)\nabla\times\boldsymbol{H}]) = \int|(\boldsymbol{D}(r)|^2/\varepsilon(r)\mathrm{d}r$。因此，要实现 E_v 的最小化，可以让电位移场 $\boldsymbol{D}(r)$ 较强的区域与 $1/\varepsilon(r)$ 较小（即折射率较大）的区域重叠。例如，如果周期性介质由两个交替的介质层构成，如图 3.2-2（b）所示，那么在不连续处，频率较低的本征函数的电位移场 $\boldsymbol{D}(r)$ 会集中在具有折射率较高的层中。同理，频率较高的本征函数具有相反的分布情况，其电位移场 $\boldsymbol{D}(r)$ 集中在折射率较低的层中。

下面的关键问题是求解亥姆霍兹方程的特征值问题。这里有两种方法。

（1）将描述介质的周期函数 $\eta(z)$ 和描述布洛赫波的周期函数 $p_K(z)$ 展开为傅里叶级数，并将亥姆霍兹微分方程转换成一组代数方程，并写成矩阵的特征值问题，再用数值法求解。这种方法称为傅里叶光学方法。

（2）不求解亥姆霍兹方程，**而是直接运用波在介质内部的传播规律和界面处的折/反射定律**，它们都是麦克斯韦方程组的已知结论。然后，将 3.1.1 小节中**研究多层膜结构时建立的矩阵法**应用于 3.1.3 小节中的布拉格光栅。这种矩阵光学的方法引出一个 2×2 矩阵的特征值问题，求解该问题就可以确定光栅的色散关系和布洛赫波。该方法适用于具有平面边界的多层膜（分段均匀）结构。

下面讨论矩阵光学的方法，傅里叶光学方法将会在 3.2.3 小节中作进一步研究。

3.2.2 周期性介质的矩阵光学

一维周期性介质由完全相同的单元组成，这些单元称为**晶胞**，它们沿一个方向（z 轴）作周期性排布，且周期为 Λ（图 3.2-3）。每个**晶胞**中包含一系列按特定顺序排列的无损介质材料层或部分反射镜，从而形成一个互易系统，该系统可由一个幺模波传输矩阵表示，如式（3.2-8）所示。

$$\boldsymbol{M}_0 = \begin{bmatrix} 1/t^* & r/t \\ r^*/t^* & 1/t \end{bmatrix} \tag{3.2-8}$$

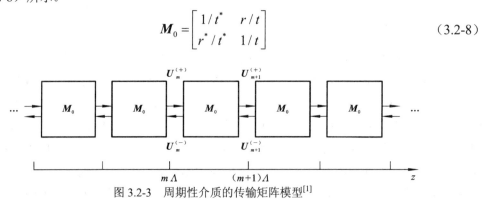

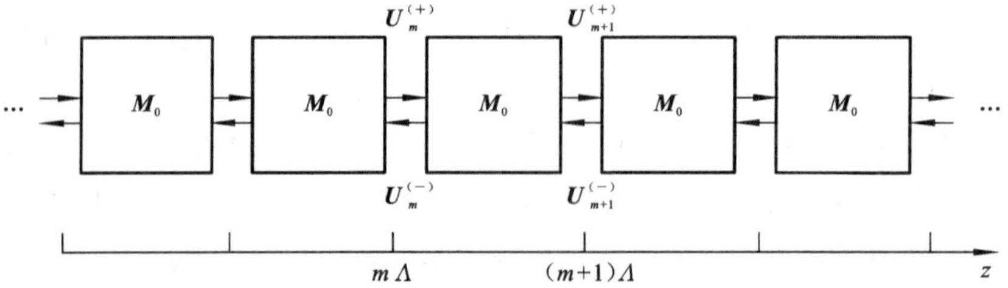

图 3.2-3 周期性介质的传输矩阵模型[1]

式中，t 和 r 分别为满足式（3.1-17）的复振幅透射率和反射率。而相应的强度透射率和反射率可以分别定义为 $T=|t|^2$ 和 $R=|r|^2$。该一维周期性介质可以看作**无限长的布拉格光栅**。在该介质中传播的波经历多次透射和反射，在每个界面处累加成一个前向波和一个后向波。现在利用 3.1.1 小节中所建立的矩阵法来求解布洛赫波。

令 $\{\boldsymbol{U}_m^{(\pm)}\}$ 为第 m 个晶胞的初始位置 $z=m\Lambda$ 处的前向波和后向波的复振幅。如 3.1 节所述，知道了这些波振幅，再应用适当的传输矩阵，就可以求解晶胞内其他位置处的波振幅。因此，只需着重研究波从一个晶胞传播到另一个晶胞的过程中，其振幅 $\{\boldsymbol{U}_m^{(\pm)}\}$ 的变化规律。这些变化规律由递归关系式（3.2-9）描述：

$$\begin{bmatrix}\boldsymbol{U}_{m+1}^{(+)}\\ \boldsymbol{U}_{m+1}^{(-)}\end{bmatrix}=\boldsymbol{M}_0\begin{bmatrix}\boldsymbol{U}_{m}^{(+)}\\ \boldsymbol{U}_{m}^{(-)}\end{bmatrix} \tag{3.2-9}$$

当前一单元的波振幅已知的时候，通过该关系式可以确定后一单元的波振幅。

1. 特征值问题和布洛赫模式

根据定义，周期性介质中的模式是**自再现的波**，即在传播了距离 Λ（一个晶胞）之后，**前向波和后向波的振幅保持不变，而相位的变化量都是 $\boldsymbol{\Phi}$**，称为**布洛赫相位**：

$$\begin{bmatrix}\boldsymbol{U}_{m+1}^{(+)}\\ \boldsymbol{U}_{m+1}^{(-)}\end{bmatrix}=\mathrm{e}^{-\mathrm{j}\Phi}\begin{bmatrix}\boldsymbol{U}_{m}^{(+)}\\ \boldsymbol{U}_{m}^{(-)}\end{bmatrix},\quad m=1,2,\cdots \tag{3.2-10}$$

相应的布洛赫波数是 $K=\Phi/\Lambda$，则布洛赫相位可写为

$$\Phi=K\Lambda \tag{3.2-11}$$

要求解满足自再现条件式（3.2-10）的复振幅 $\{\boldsymbol{U}_m^{(\pm)}\}$ 和相位 $\Phi=k\Lambda$，只需令式（3.2-9）中的 $m=0$，并代入式（3.2-10），即可得到由式（3.2-12）描述的**特征值问题**：

$$\boldsymbol{M}_0\begin{bmatrix}\boldsymbol{U}_{0}^{(+)}\\ \boldsymbol{U}_{0}^{(-)}\end{bmatrix}=\mathrm{e}^{-\mathrm{j}\Phi}\begin{bmatrix}\boldsymbol{U}_{0}^{(+)}\\ \boldsymbol{U}_{0}^{(-)}\end{bmatrix} \tag{3.2-12}$$

这是一个关于 2×2 单位矩阵 $\boldsymbol{M}_0$ 的特征值问题，因子 $\mathrm{e}^{-\mathrm{j}\Phi}$ 是特征值，分量为 $\boldsymbol{U}_0^{(+)}$ 和 $\boldsymbol{U}_0^{(-)}$ 的向量是特征向量。

要确定特征值，只需令矩阵 $\boldsymbol{M}_0-\mathrm{e}^{-\mathrm{j}\Phi}\boldsymbol{I}$ 的行列式等于零，并与关系式 $|t|^2+|r|^2=1$ 联立，可得一个一元二次方程，其解为

$$\mathrm{e}^{-\mathrm{j}\Phi}=\frac{1}{2}(1/t+1/t^*)\pm\mathrm{j}\left\{1-\left[\frac{1}{2}(1/t+1/t^*)\right]^2\right\}^{1/2}$$

并且

$$\cos\Phi=\mathrm{Re}\left\{\frac{1}{t}\right\} \tag{3.2-13}$$

式（3.2-13）与描述布拉格光栅的式（3.1-46）具有相同的形式，这意味着：**周期性介质可以看作无限扩展的布拉格光栅**。

由于 $\boldsymbol{M}_0$ 是一个 2×2 矩阵，它具有两个特征值。因此，式（3.2-13）的多个解中只有两个是独立的。

由于 $\cos^{-1}(\cdot)$ 函数是偶对称的，区间[−π，π]内的两个解幅值相等且符号相反。**它们对应于向前传和向后传的布洛赫模式**。这两个解各自再加上 2π 的整数倍可以得到其他解，但这些解不是独立的，因为它们与相位因子 $e^{-j\Phi}$ 无关。

因此与 $\boldsymbol{M}_0$ 相关的特征向量为

$$\begin{bmatrix} \boldsymbol{U}_0^{(+)} \\ \boldsymbol{U}_0^{(-)} \end{bmatrix} \propto \begin{bmatrix} r/t \\ e^{-j\Phi} - 1/t^* \end{bmatrix} \tag{3.2-14}$$

要检验上述结论，只需将 $\boldsymbol{M}_0$ 矩阵与式（3.2-14）右侧的向量相乘，计算结果是式（3.2-14）右侧向量乘以一个常数。

要求解与布洛赫波相关联的周期函数 $p_K(z)$，可以考察振幅为 $\boldsymbol{U}_0^{(+)}$ 的前向波和振幅为 $\boldsymbol{U}_0^{(-)}$ 的后向波在晶胞中传播的情况。例如，如果晶胞中的初始层是折射率 n_1、宽度 d_1 的均匀介质，则在该层中位置 z 处波的表达式如式（3.2-15）所示。

$$p_K(z)e^{-jKz} = \boldsymbol{U}_0^{(+)}e^{-jn_1k_0z} + \boldsymbol{U}_0^{(-)}e^{jn_1k_0z}, \quad 0 < z < d_1 \tag{3.2-15}$$

结合式（3.2-14）和式（3.2-11），式（3.2-15）可改写为

$$p_K(z) \propto [-re^{-jn_1k_0z} + (e^{-jK\Lambda} - 1)e^{jn_1k_0z}]e^{jKz}, \quad 0 < z < d_1 \tag{3.2-16}$$

式（3.2-16）所描述的波在传播到晶胞中后续层中的表达式可以通过运用适当的 $\boldsymbol{M}$ 矩阵求得（参考 3.1.1 小节）。

2. 色散关系和光子能带结构

色散关系是将布洛赫波数 K 和角频率 ω 联系起来的等式。式（3.2-13）给出晶胞矩阵的特征值 $\exp(-j\Phi)$，它是求解一维周期介质的色散关系的来源。相位 $\Phi = K\Lambda$ 与 K 成比例，而 $t = t(\omega)$ 与 ω 的函数关系，由波在晶胞中传播过程中产生的相位延迟决定。所以式（3.2-13）可以写为 ω 与 K 的色散关系，如式（3.2-17）所示。

$$\cos\left(2\pi\frac{K}{g}\right) = \mathrm{Re}\left\{\frac{1}{t(\omega)}\right\} \tag{3.2-17}$$

式中，$g = 2\pi/\Lambda$ 为周期性介质的基础空间频率。函数 $\cos(2\pi K/g)$ 是关于 K 的周期函数，周期为 $g = 2\pi/\Lambda$，因此对于给定的 ω，式（3.2-17）具有多个解。然而，这些彼此之间相差周期 g 的系列解并不是独立的，因为它们对应相同的布洛赫波。因此，一种常用的操作是将色散关系式的 K 值约束在区间 $[-g/2, g/2]$ 或 $[-\pi/\Lambda, \pi/\Lambda]$ 内，该区间也就是布里渊区。这种操作等同于将相位 Φ 约束在区间[−π，π]中。此外，由于 $\cos(2\pi K/g)$ 是 K 的偶函数，所以对于**每个 ω 的取值，在布里渊区域内存在两个独立的 K 值，它们的大小相等、符号相反**，分别对应于前向传播和后向传播的独立布洛赫波。

根据 K 的取值不同，可以将色散关系曲线划分为不同的频率区间，这些频率区间对应了布洛赫波的两种状态。

（1）**传播态**。**K 为实数的频率区间对应于传播模式**。满足 K 为实数的条件是 $|\mathrm{Re}\{1/t(\omega)\}| \leqslant 1$，符合该条件的频段按频率从低到高编号为 1，2，…。

（2）**光子带隙态**。**K 为复数的频率区间对应于快速衰减的倏逝波**。满足 K 为复数的条件是 $|\mathrm{Re}\{1/t(\omega)\}| \leqslant 1$，这些频段对应于 3.1.3 小节中衍射光栅的阻带。它们也被称为**光子带隙**

或禁隙，因为其中不存在传播模式。

色散关系通常绘制为 K 的曲线，K 的单位是周期结构的基础空间频率 $g=2\pi/\Lambda$，而 ω 以布拉格频率 $\omega_B=\pi c/\Lambda$ 为单位，其中 $c=c_0/\bar{n}$，$\bar{n}$ 为周期性介质的平均折射率。需指出的是，波在折射率为 $\bar{n}$ 的均匀介质中传播，其色散关系为 $\omega=cK$，而比值 $\omega_B/(g/2)=c$ 正是色散关系曲线 $\omega=cK$ 的斜率。

【例 3.2-1】 部分反射镜的周期性堆叠

考察一组无损反射镜的周期性堆叠，反射镜的强度反射率和强度透射率分别为 $|r|^2$ 和 $|t|^2=1-|r|^2$，其中每个反射镜的强度透射率 $|t|^2=0.5$，间距为 Λ，沿该结构的周期性轴传播的布洛赫波的色散关系可由【例 3.1-7】的结论出发求解，即 $t=|t|\mathrm{e}^{\mathrm{j}\varphi}$ 与 $\varphi=nk_0\Lambda=(\omega/c)\Lambda$，再结合式（3.2-13），可得色散关系，如式（3.2-18）所示。

$$\cos\left(2\pi\frac{K}{g}\right)=\frac{1}{|t|}\cos\left(\pi\frac{\omega}{\omega_B}\right) \tag{3.2-18}$$

式中，$g=2\pi/\Lambda$；$\omega_B=c\pi/\Lambda$ 为布拉格频率。该色散关系曲线由图 3.2-4 所示。图中的 $\omega_B=c\pi/\Lambda$，$g=2\pi/\Lambda$，虚线代表波在均匀介质中传播的情况，在这种情况下有 $\omega/K=\omega_B/(g/2)=c$。

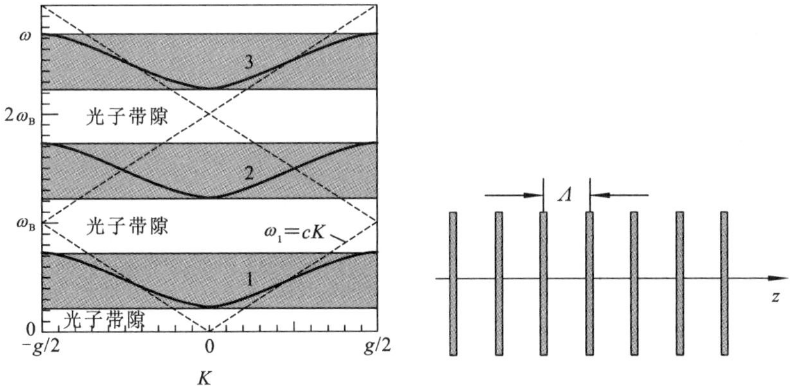

图 3.2-4 部分反射镜的周期性堆栈的色散图

图 3.2-4 中的光子带隙，对应于式（3.2-18）不存在实数解的频率区间，这些光子带隙的中心频率是 ω_B，$2\omega_B$，…。在光子带隙中不存在传播的模式，这对应于图 3.1-10 中反射率为 1 的阻带。在该系统中，最低阶的光子带隙的起始频率是 $\omega=0$。

【例 3.2-2】 交替介质层的周期性堆叠

考察由两种介质层交替构成的周期性介质，介质层的折射率为 n_1 和 n_2，厚度为 d_1 和 d_2，周期 $\Lambda=d_1+d_2$。该系统是【例 3.1-8】中介质布拉格光栅在 $N=\infty$ 时的情况。对于沿周期性轴传播的波，式（3.1-58）已经给出了 $\mathrm{Re}\{1/t\}=\mathrm{Re}\{A\}$ 的关系式。再应用关系式 $\varphi_1+\varphi_2=k_0(n_1d_1+n_2d_2)=\pi\omega/\omega_\mathrm{B}$ 和 $\varphi_1-\varphi_2=\zeta\pi\omega/\omega_\mathrm{B}$，其中 $\omega_\mathrm{B}=(c_0/\bar{n})(\pi/\Lambda)$ 是布拉格频率，$\bar{n}=(n_1d_1+n_2d_2)/\Lambda$ 是平均折射率，$\zeta=(n_1d_1-n_2d_2)/(n_1d_1+n_2d_2)$，从式（3.2-13）可求得色散关系：

$$\cos\left(2\pi\frac{K}{g}\right)=\frac{1}{t_{12}t_{21}}\left[\cos\left(\pi\frac{\omega}{\omega_\mathrm{B}}\right)-|r_{12}|^2\cos\left(\pi\zeta\frac{\omega}{\omega_\mathrm{B}}\right)\right] \tag{3.2-19}$$

式中，$t_{12}t_{21}=4n_1n_2/(n_1+n_2)^2$；$|r_{12}|^2=(n_2-n_1)^2/(n_1+n_2)^2$。

这种色散关系的一个例子由图 3.2-5 给出，其中的介质材料折射率为 $n_1=1.5$ 和 $n_2=3.5$，厚度 $d_1=d_2$。图中虚线代表波在折射率为 $\bar{n}$ 的均匀介质中传播的情况。在这种情况下有 $\omega/K=\omega_B/(g/2)=c_0/\bar{n}=c$。与【例 3.2-1】中考察的部分反射镜周期性堆叠的情况一样，光子带隙以 ω_B 及其整数倍为中心，并且出现在布里渊区的中心（$K=0$）或其边缘（$K=g/2$）。然而，在这种情况下，$\omega=0$ 附近的频率区间允许传播模式而不是禁隙。折射率差较小的周期性介质具有较窄的带隙，但无论折射率差多么小，带隙都存在。

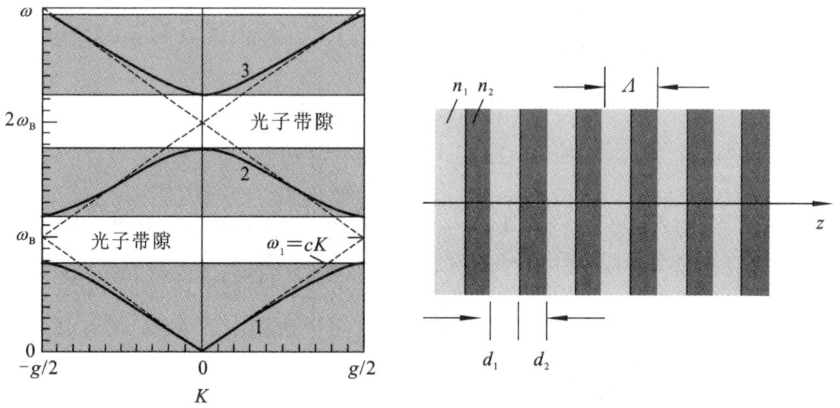

图 3.2-5　交替电介质层的周期性堆栈的色散图

3. 相速度和群速度

传播常数 K 对应于相速度 ω/K 和等效折射率 $n_{\text{eff}}=c_0K/\omega$。而群速度 $v=\mathrm{d}\omega/\mathrm{d}K$ 决定了介质中光脉冲的传播速度，它与等效群折射率 $N_{\text{eff}}=c_0\mathrm{d}K/\mathrm{d}\omega$ 相关联。在 ω-K 色散曲线上的任意一点处计算该点的曲线斜率 $\mathrm{d}\omega/\mathrm{d}K$ 和比率 ω/K，即连接该点与坐标系原点的线的斜率，就可以求出该点处周期性介质的群折射率和等效折射率。

图 3.2-6 给出了由交替介质层构成的周期性介质的色散关系示意图，以及等效折射率和群折射率的示意图，频率范围覆盖了两个光子带和一个光子带隙。

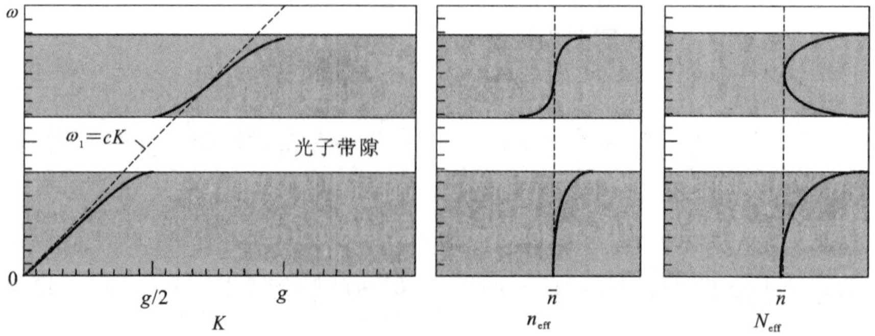

图 3.2-6　周期性介质的色散关系以及等效折射率与频率的函数关系

在第一光子带内的低频处，**n_{eff} 近似等于平均折射率 $\bar{n}$**。这是因为对于长波长的波而言，周期性介质表现为具有平均折射率 $\bar{n}$ 的均匀介质。随着频率的增加，**n_{eff} 增加到 $\bar{n}$ 以上，并在带边达到最大值**。在第二个光子带的底部，n_{eff} 小于 $\bar{n}$，但 n_{eff} 随着频率的增加而增大，并在光子带中间处趋近 $\bar{n}$。

在带隙下边不远处等效折射率 n_{eff} 大于平均折射率 $\bar{n}$，而在带隙上边不远处 n_{eff} 小于平均折射率 $\bar{n}$，**这是因为这两种情况对应的布洛赫波的空间分布有显著的不同**。位于低频光子带顶部的模式在高折射率的介质层中具有较大的能量分布，因此其等效折射率 n_{eff} 大于平均折射率 $\bar{n}$。而位于高频光子带底部的模式，其较大的能量分布于低折射率的层中，因此其等效折射率 n_{eff} 小于平均折射率 $\bar{n}$。

从图 3.2-6 还可以看出，等效群折射率随频率的变化关系呈现出不同的规律。**当频率从小到大接近带隙边缘时，等效群折射率显著增加，而群速度则显著减小，这意味着在带隙的边缘附近光脉冲的传播速度非常慢。**

4. 离轴色散关系与能带结构

离轴波的色散关系也可以用式 $\cos(K\Lambda)=\text{Re}\{1/t(\omega)\}$ 求解，此时 $\text{Re}\{1/t(\omega)\}$ 取决于每层中入射波的倾斜角和偏振态（TE 或 TM）。例如，对于由交替介质层构成的周期性介质，$\text{Re}\{1/t(\omega)\}$ 的更一般化的表达式由式（3.1-59）给出。

由于波矢的横向分量 k_x 在界面处是连续的，它决定了波在相邻两层中的入射角（$k_x=n_1k_0\sin\theta_1=n_2k_0\sin\theta_2$），所以可以将色散关系写成 k_x 的函数，并用 $\omega=\omega(K,k_x)$ 所规定的三维表面来呈现色散关系。k_x 的每个取值都对应一个类似于图 3.2-5 的色散图。由 $\omega(K,k_x)$ 规定的三维表面的一种简化表达方式是投影色散图，如图 3.2-7 所示，它用一个二维图画出与每个 k_x 值对应的两种偏振态的光子带与带隙的边界。该图的构建方法：先针对特定的 k_x 值在色散关系图中确定光子带和带隙各自的角频率范围，再将这些频率范围投影到投影色散图中与该 k_x 值对应的垂直线上。图 3.2-7 中的绿色阴影区代表这些垂直线上不同 k_x 值处的光子带连成的轨迹，而无阴影的白色区域则代表了带隙。

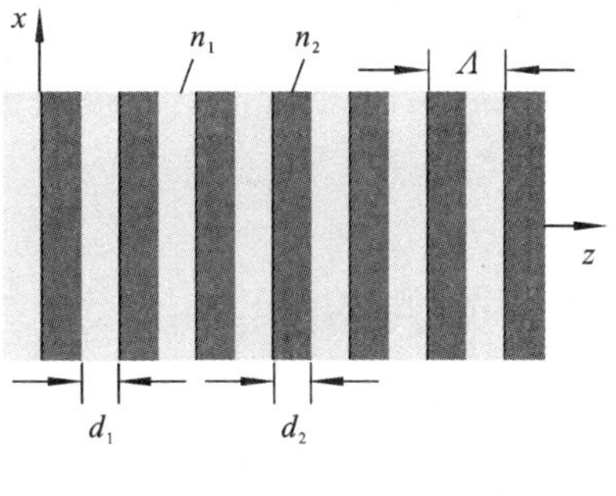

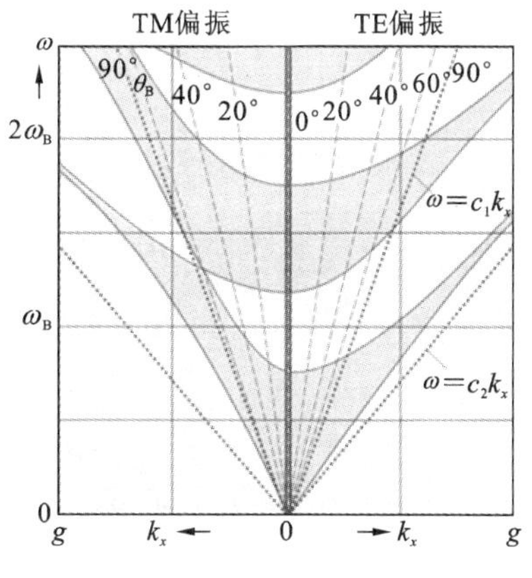

图 3.2-7　交替介质层的周期性堆栈的投影色散图

在该图中，每个入射角 θ_1 由 1 条经过原点的直线（虚线）表示，其中包含布儒斯特角 $\theta_B = 66.8°$。例如，层 1 中的入射角 θ_1 对应于 $k_x = (\omega / c_1)\sin\theta$ 代表的直线，即 $\omega = (c_1 / \sin\theta_1)k_x$，其中 $c_1=c_0/n_1$。$\omega = c_1 k_x$ 代表的直线，称为光线，它对应于 $\theta_1 = 90°$ 的情况。对于介质 2 中的入射角也可以绘制类似的线。图 3.2-7 假设 $n_2 > n_1$，即 $c_2 < c_1$，因此仅显示了 $\omega = c_2 k_x$ 这条光线。位于光线 $\omega = c_1 k_x$ 和 $\omega = c_2 k_x$ 之间的区域中的点表示垂直于周期性轴的模式，这些模式在高折射率的介质层（介质 2）中通过全反射沿横向传播。

这里有一个问题：是否存在一个频率范围，在其中的所有频率处，对于任意的入射角 θ_1 和 θ_2，两个偏振态的波都被禁止传播？这种情况只有在位于 $k_x = 0$ 和 $k_x \omega / c_2$ 之间的所有 k_x 值处两种偏振态的禁隙能够融合成一个共同的光子带隙（完全光子带隙）。然而在图 3.2-7 的例子中显然不是这种情况。实际上这是不可能的，在一维周期结构内不存在完全光子带隙。但是在 3.3 节中会看到，它们可以出现在二维和三维周期结构中。

还有一种完全不存在光子带隙的特殊情况，即一列倾斜的 TM 波以布儒斯特角 $\theta_B = \tan^{-1}(n_2 / n_1)$ 为倾斜角在第 1 层中传播的情况。如图 3.2-7 所示，布儒斯特角处的直线不经过任何光子带隙，是因为在布儒斯特角处，晶胞的反射率为零，并且前向波和后向波是不耦合的，所以不会因为波在周期性结构中的多次反射与干涉而导致全反射的现象。

3.2.3 周期性介质的傅里叶分析法

前一节中介绍的周期性介质的矩阵分析法适用于层状（即分段均匀）介质。适用于任意周期性介质（包括连续介质）的更一般方法，是采用基于周期函数的傅里叶级数分析法将亥姆霍兹方程转换为一组代数方程，然后从这些方程的解求得周期性介质的色散关系和布洛赫模式。在 3.3 节中会看到，这种方法也可以推广到二维和三维的周期性介质。

广义亥姆霍兹方程式（3.2-2）描述了一列沿着一维周期性介质的周期性轴（z 轴）传播并沿 x 方向偏振的波。因为 $\eta(z)$ 是周期函数，周期为 Λ，它可以用傅里叶级数展开，

$$\eta(z) = \sum_{l=-\infty}^{\infty} \eta_l \exp(-\mathrm{j}lgz) \tag{3.2-20}$$

式中，$g = 2\pi / \Lambda$ 为周期结构的空间频率；η_l 为第 l 个谐波的傅里叶系数。又因为 $\eta(z)$ 是实数，有 $\eta_{-l} = \eta_l^*$。

式（3.2-4）中布洛赫波 $p_K(z)$ 的周期性部分也可以用傅里叶级数展开，

$$p_K(z) = \sum_{m=-\infty}^{\infty} C_m \exp(-\mathrm{j}mgz) \tag{3.2-21}$$

所以，磁场的布洛赫波表达式可以写为

$$\boldsymbol{H}_y(z) = \sum_{m=-\infty}^{\infty} C_m \exp[-\mathrm{j}(K + mg)z] \tag{3.2-22}$$

为了保持表达式的简洁，傅里叶系数 $\{C_m\}$ 与布洛赫波的波数 K 的关系没有在下标中体现出来。将这些傅里叶展开式代入亥姆霍兹方程（3.2-2），并令等式两边空间频率相同的谐波项相等，可得

$$\sum_{l=-\infty}^{\infty} F_{ml} C_l = \frac{\omega^2}{c_0^2} C_m, \quad F_{ml} = (K+mg)(K+lg)\eta_{m-l}, \quad m = 0, \pm 1, \pm 2, \cdots \tag{3.2-23}$$

现在，微分方程式（3.2-2）被改写为一组关于未知傅里叶系数 $\{C_m\}$ 的线性方程如式（3.2-23）。这些方程可以被写成一个矩阵的特征值问题。对于每个 K，特征值 ω^2/c_0^2 对应于 ω 的多个值，由此可以构造 ω-K 的色散关系。特征向量是傅里叶系数 $\{C_m\}$ 的集合，将它们代入式（3.2-21）可以求得与每个 K 对应的布洛赫模式的周期函数 $p_K(z)$。

在写成元素为 F_{ml} 的矩阵 $\boldsymbol{F}$ 的特征值问题之后，耦合方程式（3.2-23）可以使用标准的数值方法求解。由于 $\eta_{m-l} = \eta_{l-m}^*$，矩阵 $\boldsymbol{F}$ 是共轭的，即 $\boldsymbol{F}_{ml} = \boldsymbol{F}_{lm}^*$。需要注意的是，如果使用的是电场的亥姆霍兹方程而不是磁场的亥姆霍兹方程式（3.2-2），那么将获得特征值问题的另一个矩阵表达式，但此时矩阵将是非共轭的，因此更难以解决。这就是选择使用磁场的亥姆霍兹方程的原因。

1. 本征值问题的近似解

在式（3.2-23）中，光波的谐波分量与周期性介质的谐波分量耦合在一起。空间频率为 $K+lg$ 的光波谐波分量与空间频率为 $(m-l)g$ 的介质谐波分量混合，得到空间频率为 $(K+lg)+(m-l)g = K+mg$ 的光波谐波分量。

通过提取式（3.2-23）中的第 m 项，可以确定强耦合出现的条件：

$$C_m = \sum_{l \neq m} \frac{\eta_{m-l}}{\eta_0} \frac{(K+lg)(K+mg)}{(\bar{n}\omega/c_0)^2 - (K+mg)^2} C_l, \quad m = 0, \pm 1, \pm 2, \cdots \tag{3.2-24}$$

式中，$\bar{n} = 1/\sqrt{\eta_0}$ 为介质的平均折射率。如果式（3.2-24）中的分母很小，即

$$\omega\bar{n}/c_0 \approx |K+mg| \tag{3.2-25}$$

则光波的 m 次谐波与介质的其他次谐波之间存在强耦合。式（3.2-25）代表谐波之间相互作用的共振条件，它也可以被视为相位匹配条件。

图 3.2-8 是根据式（3.2-25）所作出的图。对于每个 m 值，ω-K 关系是一条 V 形曲线。这些曲线的交点代表一组 ω 和 K 的取值，在这些取值处，两个谐波同时满足式（3.2-25）。$m=0$ 曲线（虚线）与 $m=-1$，$m=-2$，$\cdots$ 的曲线之间的交点用实心圆圈标记；它们分别对应于最低阶带隙 1，2，$\cdots$。在每个交叉点，K 是 $1/2g$ 的整数倍，而 ω 是布拉格频率的整数倍 $\omega_{\mathrm{B}} = (c_0/\bar{n})g/2$ 或 $\omega_{\mathrm{B}}/2\pi = \nu_{\mathrm{B}} = (c_0/\bar{n})/2\Lambda$。这对应于介质中的布拉格波长 $\lambda_{\mathrm{B}} = 2\Lambda$，即全反射的情况。图 3.2-8 中那些未标记的交叉点并不是独立的，因为它们的 ω 与标记的交叉点的 ω 都相同，而它们的 K 与标记的交叉点的 K 相差一个晶格常数 g 的倒数。

最低阶带隙发生在 $m=0$ 和 $m=-1$ 曲线的交点处（图 3.2-8 中的点 1）。在这种情况下，只有系数 C_0 和 C_{-1} 强耦合，因此式（3.2-24）得到两个耦合方程：

$$C_0 = \frac{\eta_1}{\eta_0} \frac{(K-g)K}{\omega^2\bar{n}^2/c_0^2 - K^2} C_{-1} \tag{3.2-26}$$

$$C_{-1} = \frac{\eta_1^*}{\eta_0} \frac{K(K-g)}{\omega^2\bar{n}^2/c_0^2 - (K-g)^2} C_0 \tag{3.2-27}$$

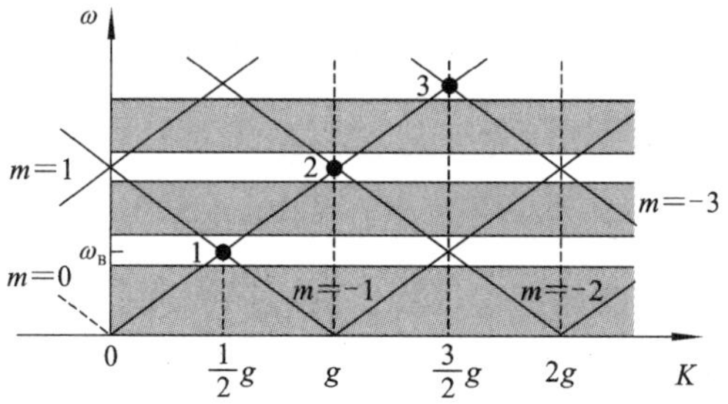

图 3.2-8　强耦合条件

式中，$\eta_{-1}=\eta_1^*$。这两个耦合方程的自洽条件是

$$\frac{|\eta_1|^2}{\eta_0^2}K^2(K-g)^2=\left[\omega^2\frac{\overline{n}^2}{c_0^2}-K^2\right]\left[\omega^2\frac{\overline{n}^2}{c_0^2}-(K-g)^2\right] \tag{3.2-28}$$

根据该等式作出的曲线图（图 3.2-9）就是在带隙边缘附近的 ω-K 色散关系。对于 $K=\frac{1}{2}g$，从式（3.2-28）导出两个频率：

$$\omega_{\pm}=\omega_{\mathrm{B}}\sqrt{1\pm|\eta_1|/\eta_0} \tag{3.2-29}$$

它们对应于第一个光子带隙的边缘。带隙的中心位于布拉格频率

$$\omega_{\mathrm{B}}=(c_0/\overline{n})(g/2)=(\pi/\Lambda)(c_0/\overline{n})$$

带隙宽度与中心频率的比率（称为带宽-中心频率比）随着介质的介电阻隔率的对比度$|\eta_1|/\eta_0$的增加而增大。

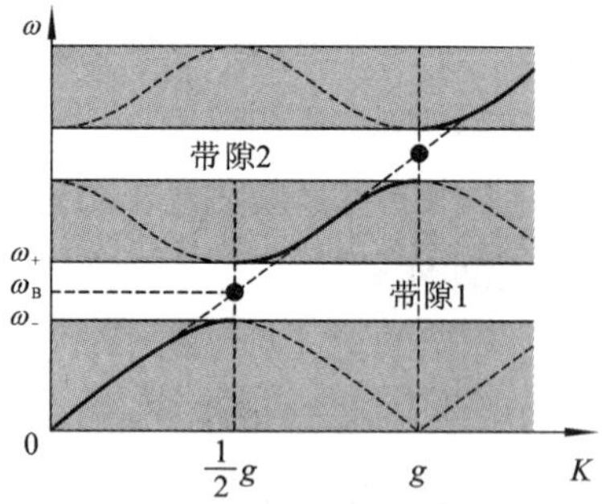

图 3.2-9　光子带隙边缘附近的色散关系[1]

按类似的步骤，也可以确定高阶光子带隙的带宽。第 m 级带隙的宽度由与式（3.2-29）形式相同的式确定，但是要用比率$|\eta_m|/\eta_0$替换掉$|\eta_1|/\eta_0$，因此较高阶的带隙由周期函数$\eta(z)$的较高阶空间谐波控制。

2. 离轴波

离轴波的色散关系同样可以用傅里叶展开法来确定。对于在 x-z 平面中沿任意方向传播的 TM 偏振离轴波，其亥姆霍兹方程由式（3.2-3）给出。利用式（3.2-6）对式（3.2-22）进行推导，可得此时布洛赫波的表达式为

$$\boldsymbol{H}_y(z)=\sum_{m=-\infty}^{\infty}C_m\exp[-\mathrm{j}(K+mg)z]\exp(-\mathrm{j}k_x x) \tag{3.2-30}$$

采取与轴上波情况类似的计算步骤，可得以下一组关于 C_m 系数的代数方程：

$$\sum_{l=-\infty}^{\infty}F_{ml}C_l=\frac{\omega^2}{c_0^2}C_m,\quad F_{ml}=[(K+lg)(K+mg)+k_x^2]\eta_{m-l} \tag{3.2-31}$$

式（3.2-31）是为了描述离轴波而对式（3.2-23）进行的推广。通过求解该矩阵本征值问题，得到与每组 K 和 k_x 相对应的频率 ω，即可确定离轴波的色散关系。

3.2.4 周期性介质与均匀介质的界面

到目前为止，对周期性介质中光传播的研究仅限于确定其色散关系与能带结构，以及波的相速度和群速度。根据定义，周期性介质在所有方向上是无限延伸的，但实际中这不可能做到。所以需要研究波在周期性介质和均匀介质的界面处的反射和透射。首先研究波在单个界面处的反射，然后研究嵌入均匀介质中的周期性介质平板的情况。在 5.5 节和 6.3.4 小节中，将讨论无限延伸的周期性介质中包含均匀结构（例如平板或孔），即光子晶体波导和光子晶体微腔的情况。

1. 单一界面处的全向反射

图 3.2-10 给出了光在半无限大均匀介质和半无限大一维周期介质的界面处的反射和透射示意图。可以证明，在特定条件下，周期性介质在给定的频段内表现为一个完美反射镜，将任意方向入射的任意偏振态的波完全反射回去。

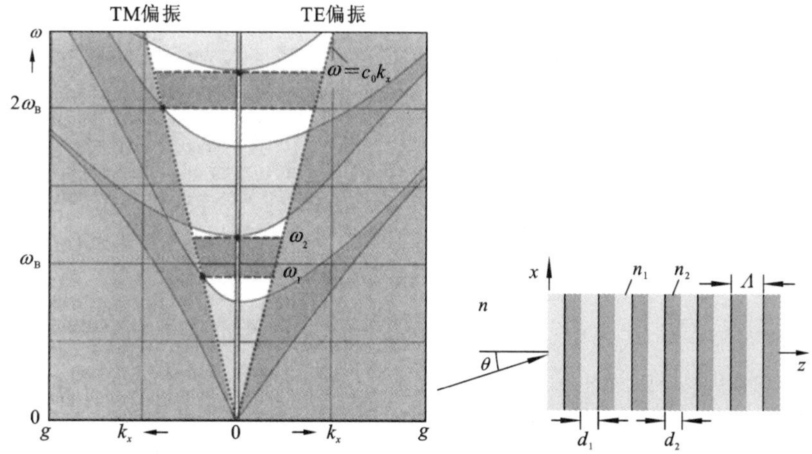

图 3.2-10 周期性介质在由 ω_1 和 ω_2 限定的频段内的反射和透射示意图

周期性介质在由 ω_1 和 ω_2 限定的频段内表现为一个完美反射镜，将任意方向入射的任意偏振态的波完全反射回去

波在两介质的界面处的透射和反射由相位匹配条件决定。例如，在两均匀介质的界面处，界面两侧的波矢横向分量 k_x 必须相等。由于 $k_x=k\sin\theta=(\omega/c_0)n\sin\theta$，这个条件意味着乘积 $n\sin\theta$ 的取值是个不变量。在 2.4 节中讨论过，这正是折射定律的起源。

类似地，对于从均匀介质入射到一维周期性介质的波，k_x 也必须保持不变。因此，如果入射波的角频率为 ω 且入射角为 θ，则有 $k_x=(\omega/c_0)n\sin\theta$，其中 n 是均匀介质的折射率。当 k_x 和 ω 已知时，就可以根据周期性介质的色散关系 $\omega=\omega(K,k_x)$ 以及光波的偏振态，求解布洛赫波数 K。对于给定的 k_x，如果角频率 ω 位于带隙内，则入射波不会传播到周期性介质内，而是会发生全反射。对所有的频率，入射角和偏振态重复该过程，就可以求出布洛赫波数 K 的全部取值。

接下来考察均匀介质与周期性介质的界面充当全向反射镜（完美反射镜）的可能性。为此，使用投影色散图，如图 3.2-10 所示，它给出每个 k_x 值对应的带隙。在同一图表中，用红色虚线描绘了波可以从均匀介质进入周期性介质的 $\omega-k_x$ 区间。该区间由等式 $k_x=(\omega/c_0)n\sin\theta$ 所规定，这要求 $k_x<(\omega/c_0)n$ 或 $\omega>(c_0/n)k_x$；因此该区间被 $\omega=(c_0/n)k_x$ 或 $\omega/\omega_B=(\bar{n}/n)[k_x/(g/2)]$，即光线所界定。光线对应于均匀介质中光的倾斜角 $\theta=90°$ 的情况。图 3.2-10 是在图 3.2-7 的基础上添加了光线并注明了光可以从均匀介质进入周期性介质的 $\omega-k_x$ 区间。该区间内的点包含了从均匀介质进入周期性介质的光的全部入射角和偏振态；而该区间外的点，则代表从均匀介质中入射的波永远无法达到的 (ω,k_x) 组合。图 3.2-10 中由角频率 ω_1 和 ω_2 所限定的频带中的所有 $\omega-k_x$ 点都在带隙内。因此，在该频带内，无论其角度和偏振态如何，从均匀介质中入射波都不能与周期性介质中的传导波相匹配，此时界面就充当了完美的全方向反射镜。图 3.2-10 中还标明了角频率更高的第二光谱带，它也具有全方向反射的特性。

2. 嵌入均匀介质中的周期性材料平板

位于均匀介质中的一维周期性介质只不过是片段数量有限的一维布拉格光栅。3.1 节已经研究过波在布拉格光栅中的反射和透射。

考察一段片段数量 N 很大但是有限的布拉格光栅，其基本光学特性与由相同单元构成的周期性介质一致。这是因为布拉格光栅的通带和阻带与无限延伸的周期性介质的光子带和带隙在数学上是一致的。然而，随着布拉格光栅尺度的变化以及边界的存在，其光谱透射率和反射率呈现出显著的振荡变化，这一点在无限长周期性介质中没有对应物。

同样，从无限长周期性介质的色散关系得出的相速度、群速度和等效折射率等参数在布拉格光栅中也没有直接对应物。然而，也可以为布拉格光栅定义这些参数，只需确定光栅的复振幅透射率 $t(\omega)$，并将其等效为一段总厚度 d 与光栅相等的均匀介质，使得 $\arg\{t_N\}=(\omega/c_0)n_{\text{eff}}d$ 即可。而相应的等效群折射率为 $N_{\text{eff}}=n_{\text{eff}}+\omega\mathrm{d}n_{\text{eff}}/\mathrm{d}\omega$。这些等效折射率随频率的变化关系与图 3.2-6 中无限长周期性介质的情况不同之处在于它在通带内呈现出振荡的情况。然而，对于足够大的 N，例如 $N>100$，这些振荡的情况会消失，而等效折射率则变得与无限长周期性介质几乎相同。

另一种有趣的结构是被周期性介质包裹的均匀介质平板。在这种结构中，通过周期性介质的全方向反射，光可以被限制在均匀介质平板中，此时介质平板就成为了光波导。这种结构在 5.5 节中详细讨论。

3.3　二维与三维光子晶体

3.2 节中为了研究一维周期性介质中光的传播而引入的概念可以推广到二维和三维结构的情况。这些概念包括作为周期性介质中自再现模式的布洛赫波、含有光子带和带隙的 ω-K 色散关系。与一维结构不同的是，二维光子晶体中存在二维完全光子带隙，即沿周期性平面内任意方向传播的两个偏振态的波的共同带隙。然而，三维完全光子带隙，即沿所有方向传播的任意偏振态的波的共同带隙，只可能在三维光子晶体中实现。二维和三维周期性介质的数学处理更加复杂，并且由于涉及更多的自由度，色散关系图的绘制也更困难，但是这些概念与一维周期性介质中遇到的概念本质上是一样的。本节首先对二维结构做简单的数学处理，之后对三维结构作更详细的数学处理。

3.3.1　二维光子晶体

1. 二维周期性结构

图 3.3-1（a）给出了二维周期性结构的一个例子，它由嵌入均匀介质中的一组相同的棒、管或孔构成，这些棒、管或孔彼此平行并按矩形晶格排布，如图 3.3-1（b）所示。周期性介质的介电阻隔率 $\eta(x,y)=\varepsilon_0/\varepsilon(x,y)$ 在横向上，即 x 和 y 方向上，是周期性的；而在轴向上，即 z 方向上是均匀的。假设 a_1 和 a_2 分别是 x 方向和 y 方向的周期，那么 $\eta(x,y)$ 对于所有整数 m_1 和 m_2 都满足平移对称关系式（3.3-1）：

$$\eta(x+m_1a_1, y+m_2a_2)=\eta(x,y) \tag{3.3-1}$$

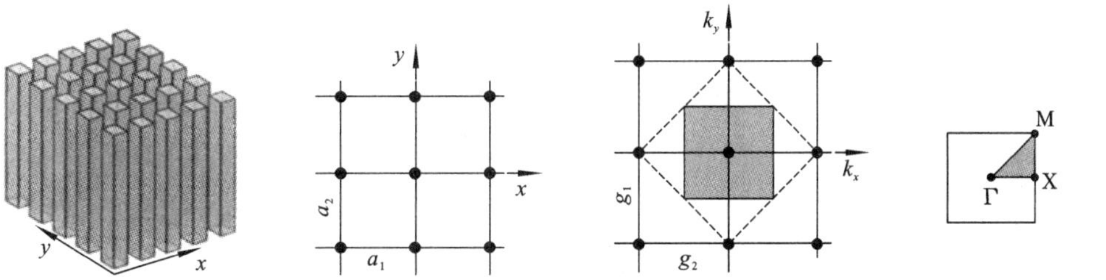

（a）二维周期结构　（b）晶格　（c）倒易晶格　（d）不可约布里渊区

图 3.3-1　矩形晶格结构

（a）由平行棒组成的二维周期结构；（b）棒位于矩形晶格的格点；（c）格点的二维傅里叶变换是另一组构成倒易晶格的点，倒易晶格周期为 $g_1=2\pi/a_1$ 和 $g_2=2\pi/a_2$，阴影（黄色）区域是布里渊区；（d）对于正方晶格 $(a_1=a_2=a)$，不可约布里渊区是△ΓMX

这个周期函数可以展开为二维傅里叶级数，如式（3.3-2）所示。

$$\eta(x,y)=\sum_{l_1=-\infty}^{\infty}\sum_{l_2=-\infty}^{\infty}\eta_{l_1,l_2}\exp(-\mathrm{j}l_1g_1x)\exp(-\mathrm{j}l_2g_2x) \tag{3.3-2}$$

式中，$g_1=2\pi/a_1$ 和 $g_2=2\pi/a_2$ 分别为 x 和 y 方向的基本空间频率；l_1g_1 和 l_2g_2 为它们的谐波。

傅里叶系数 η_{l_1,l_2} 取决于周期函数的实际曲线线形，而周期函数的线形则由棒的形状和尺寸等决定。

如图 3.3-1（c）所示，周期函数的二维傅里叶变换由矩形晶格上的点（δ 函数）组成。这种傅里叶域的晶格被固体物理学家称为倒易晶格，或倒格子。

对式（3.2-4）给出的一维周期性介质的自再现模式进行简单推广，就可以得到具有二维周期对称性的介质中的光学模式。对于传播方向平行于 x - y 平面的波，其自再现模式为二维布洛赫波：

$$\boldsymbol{U}(x,y)=p_{K_x,K_y}(x,y)\exp(-\mathrm{j}K_x x)\exp(-\mathrm{j}K_y y) \tag{3.3-3}$$

式中，$p_{K_x,K_y}(x,y)$ 为一个周期函数，具有与周期性介质相同的周期。该布洛赫波可由一对布洛赫波数 (K_x,K_y) 代表，而布洛赫波数为 (K_x+g_1,K_y+g_2) 的波并不是新的模式。如图 3.3-1（c）所示，傅里叶平面中的一组完整模式的布洛赫波数由 $[-g_1/2<K_x\leqslant g_1/2]$ 和 $[-g_2/2<K_y\leqslant g_2/2]$ 定义的矩形中的那些点所描述，该矩形区域即第一布里渊区。

其他对称性可用于减少布里渊区内独立布洛赫波矢量的数量。当将所有对称性都考虑在内时，可以得到一个被称为不可约布里渊区的傅里叶域区间。如图 3.3-1（d）所示，正方晶格所固有的旋转对称性导致三角形的不可约布里渊区。

2. 二维倾斜周期结构

图 3.3-2（a）给出了另一类二维周期结构的例子，它是按三角形晶格排布的一组平行圆柱孔。如图 3.3-2（b）所示，由于晶格点是倾斜的（不与 x 和 y 轴对齐），可以通过晶格矢量 $\boldsymbol{R}=m_1\boldsymbol{a}_1+m_2\boldsymbol{a}_2$ 来构造晶格，这里 $\boldsymbol{a}_1$ 和 $\boldsymbol{a}_2$ 是基矢量，而 m_1 和 m_2 是整数。还可定义位置向量 $\boldsymbol{r}_\mathrm{T}=(x,y)$，使得周期函数 $\varepsilon(\boldsymbol{r}_\mathrm{T})\equiv\varepsilon(x,y)$ 满足平移对称关系 $\varepsilon(\boldsymbol{r}_\mathrm{T}+\boldsymbol{R})=\varepsilon(\boldsymbol{r}_\mathrm{T})$（下标“T”表示横向）。

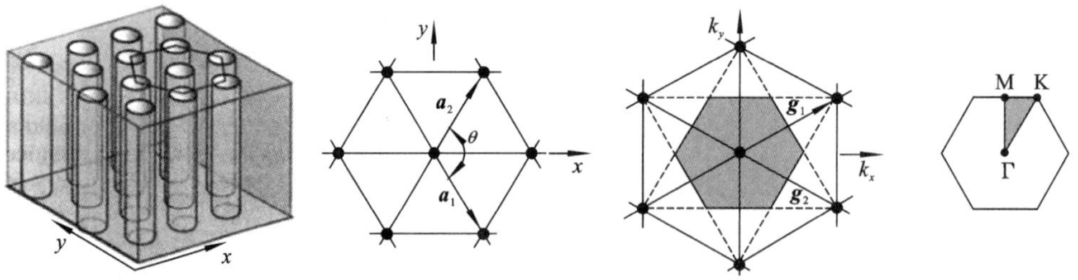

（a）二维周期结构　（b）晶格　（c）倒易晶格　（d）不可约布里渊区

图 3.3-2　三角形晶格结构

（a）由平行圆柱孔组成的二维周期结构；（b）圆柱孔位于三角形晶格的格点，$a_1=a_2=a$，$\theta=120°$；（c）倒易晶格，阴影（黄色）区域是六角形的布里渊区域；（d）不可约布里渊区是△ΓMK

该二维周期性函数的二维傅里叶级数是由矢量 $\boldsymbol{g}_1$ 和 $\boldsymbol{g}_2$ 定义的倒易晶格上的一组点，它们分别与 $\boldsymbol{a}_1$ 和 $\boldsymbol{a}_2$ 正交，$\boldsymbol{g}_1$ 和 $\boldsymbol{g}_2$ 的幅值为 $g_1=2\pi/a_1\sin\theta$ 和 $g_2=2\pi/a_2\sin\theta$，这里的 θ 是 a_1 和 a_2 之间的一个角度。如图 3.3-2（c）所示，此时的二维倒易晶格也是由矢量 $\boldsymbol{G}=l_1\boldsymbol{g}_1+l_2\boldsymbol{g}_2$ 构造的三角形晶格，其中 l_1 和 l_2 是整数。

对于传播方向与 x-y 平面平行的波，其布洛赫模式是

$$\boldsymbol{U}(\boldsymbol{r}_{\mathrm{T}})=p_{\boldsymbol{K}_{\mathrm{T}}}(\boldsymbol{r}_{\mathrm{T}})\exp(-\mathrm{j}\boldsymbol{K}_{\mathrm{T}}\cdot\boldsymbol{r}_{\mathrm{T}}) \tag{3.3-4}$$

式中，$\boldsymbol{K}_{\mathrm{T}}=(K_x,K_y)$是布洛赫波矢；$p_{\boldsymbol{K}_{\mathrm{T}}}(\boldsymbol{r}_{\mathrm{T}})$是同一晶格上的二维周期函数。布洛赫波矢为$\boldsymbol{K}_{\mathrm{T}}$和$\boldsymbol{K}_{\mathrm{T}}+\boldsymbol{G}$的两个布洛赫模式是等效的。所以，要囊括所有独立的布洛赫波矢，只需考虑图 3.3-2（c）所示的布里渊区内的矢量。图 3.3-2（d）标出的△ΓMK 是不可约布里渊区。

要求解色散关系，只需令式（3.3-3）或式（3.3-4）中的布洛赫波满足广义亥姆霍兹方程，并结合一维周期性结构中用过的傅里叶级数的方法即可。而在三维情况中，傅里叶级数的方法也会以更一般的方式被再次使用。

【例 3.3-1】　三角晶格上的圆柱孔

考察一个由嵌入均匀介质（$n=3.6$）的空气填充圆柱孔构成的二维光子晶体，圆柱孔排布在晶格常数为a的三角形晶格的格点处，孔的半径为$0.48a$。对于在传播方向与周期平面平行（$k_z=0$）的 TE 波和 TM 波，计算得到的色散关系如图 3.3-3 所示，横坐标覆盖了由不可约布里渊区（△ΓMK）边缘上的点定义的布洛赫波矢。纵坐标的单位是$\omega_0=\pi c_0/a$。波的传播方向与周期性平行，具有 TE 偏振（左）和 TM 偏振（右）。红色阴影区着重显示了在$\omega_0=\pi c_0/a$附近的频率处出现的二维完全光子带隙。与一维情况一样，通过使用具有更高折射率差的材料，可以让带隙更宽。实际上，如果材料的折射率差足够高，大多数结构都会表现出光子带隙。这种光子晶体结构可用作“多孔”光纤，它具有诸多优良的光学特性。

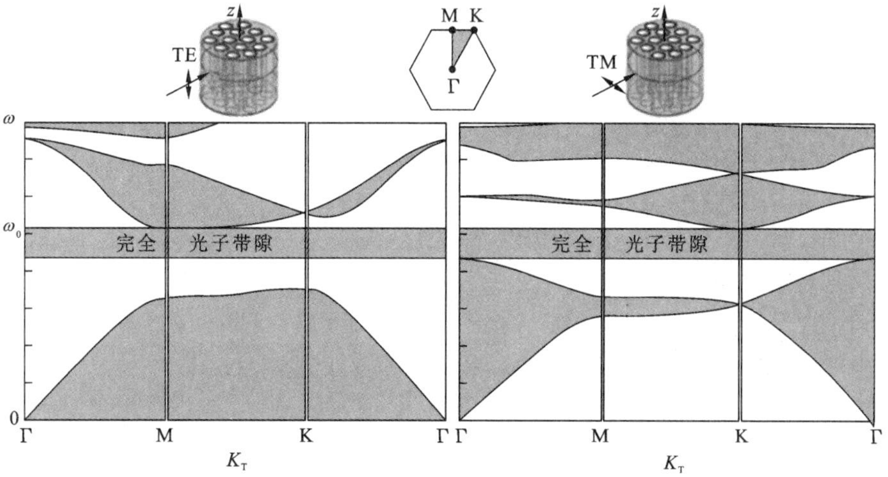

图 3.3-3　TE 波和 TM 波在由周期性圆柱孔阵列构成的二维光子晶体中的色散关系

对于与 x-y 平面成一定角度斜入射的波，式（3.3-4）中的布洛赫波变为

$$\boldsymbol{U}(\boldsymbol{r}_{\mathrm{T}})=p_{\boldsymbol{K}_{\mathrm{T}}}(\boldsymbol{r}_{\mathrm{T}})\exp(-\mathrm{j}\boldsymbol{K}_{\mathrm{T}}\cdot\boldsymbol{r}_{\mathrm{T}})\exp(-\mathrm{j}k_z z) \tag{3.3-5}$$

式中，k_z是常数。能带结构表现为由$\omega=\omega(\boldsymbol{K}_{\mathrm{T}},k_z)$所定义的一组曲面。

三维完全光子带隙是没有被这些曲面穿过的频率范围，即ω的值无法通过任意一组实数$\boldsymbol{K}_{\mathrm{T}}$和$k_z$求得。如图 3.3-3 中的示例所示，虽然$k_z=0$时存在二维完全光子带隙，但是任何离轴波的光子带隙都无法在二维周期结构中获得。

3.3.2 三维光子晶体

1. 晶格结构

要构建三维光子晶体，只需通过晶格矢量 $\boldsymbol{R}=m_1\boldsymbol{a}_1+m_2\boldsymbol{a}_2+m_3\boldsymbol{a}_3$ 生成三维晶格，并在格点处放置相同的基本介质结构（例如球体或立方体）即可，这里 m_1、m_2、m_3 是整数，$\boldsymbol{a}_1$、$\boldsymbol{a}_2$ 和 $\boldsymbol{a}_3$ 是定义晶格单元的基矢量。这样构建的结构在整体上是周期性的，而其物理性质，例如介电常数 $\varepsilon(\boldsymbol{r})$ 和介电阻隔率 $\eta(\boldsymbol{r})=\varepsilon_0/\varepsilon(\boldsymbol{r})$，在平移一个矢量 $\boldsymbol{R}$ 后保持不变：

$$\eta(\boldsymbol{r}+\boldsymbol{R})=\eta(\boldsymbol{r}) \tag{3.3-6}$$

该平移不变性对所有位置 $\boldsymbol{r}$ 皆适用。因此该周期函数可以展开成三维傅里叶级数：

$$\eta(\boldsymbol{r})=\sum_{\boldsymbol{G}}\eta_{\boldsymbol{G}}\exp(-\mathrm{j}\boldsymbol{G}\cdot\boldsymbol{r}) \tag{3.3-7}$$

式中，$\boldsymbol{G}=l_1\boldsymbol{g}_1+l_2\boldsymbol{g}_2+l_3\boldsymbol{g}_3$ 为由倒易晶格的基向量 $\boldsymbol{g}_1$、$\boldsymbol{g}_2$ 和 $\boldsymbol{g}_3$ 定义的向量，l_1、l_2 和 l_3 是整数。向量 $\boldsymbol{g}$ 与向量 $\boldsymbol{a}$ 之间的关系是

$$\boldsymbol{g}_1=2\pi\frac{\boldsymbol{a}_2\times\boldsymbol{a}_3}{\boldsymbol{a}_1\cdot\boldsymbol{a}_2\times\boldsymbol{a}_3},\quad \boldsymbol{g}_2=2\pi\frac{\boldsymbol{a}_3\times\boldsymbol{a}_1}{\boldsymbol{a}_1\cdot\boldsymbol{a}_2\times\boldsymbol{a}_3},\quad \boldsymbol{g}_3=2\pi\frac{\boldsymbol{a}_1\times\boldsymbol{a}_2}{\boldsymbol{a}_1\cdot\boldsymbol{a}_2\times\boldsymbol{a}_3} \tag{3.3-8}$$

所以，$\boldsymbol{g}_1\cdot\boldsymbol{a}_1=2\pi$，$\boldsymbol{g}_1\cdot\boldsymbol{a}_2=0$，$\boldsymbol{g}_1\cdot\boldsymbol{a}_3=0$，即 $\boldsymbol{g}_1$ 与 $\boldsymbol{a}_2$ 和 $\boldsymbol{a}_3$ 正交，并且其长度与 $\boldsymbol{a}_1$ 成反比。类似的结论也适用于 $\boldsymbol{g}_2$ 和 $\boldsymbol{g}_3$，而这些特性也可以总结为 $\boldsymbol{G}\cdot\boldsymbol{R}=2\pi$。

如果 $\boldsymbol{a}_1$、$\boldsymbol{a}_2$、$\boldsymbol{a}_3$ 相互正交，则 $\boldsymbol{g}_1$、$\boldsymbol{g}_2$、$\boldsymbol{g}_3$ 也相互正交，幅值 $g_1=2\pi/a_1$，$g_2=2\pi/a_2$，$g_3=2\pi/a_3$ 是与三个方向的周期性相关的空间频率。图 3.3-4 给出三维晶格及其倒易晶格的一个例子。

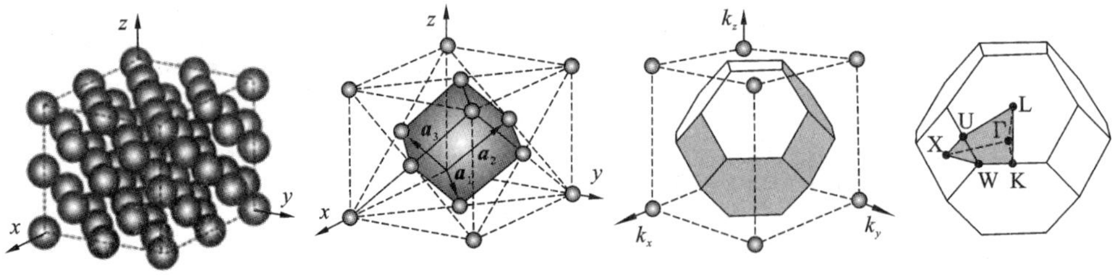

（a）三维周期结构　（b）晶格　（c）倒易晶格　（d）不可约布里渊区

图 3.3-4　三维周期性结构

（a）由介质球组成的三维周期结构；（b）球体放置在金刚石（面心立方）晶格的格点上，$\boldsymbol{a}_1=(a/\sqrt{2})(\hat{x}+\hat{y})$，$\boldsymbol{a}_2=(a/\sqrt{2})(\hat{y}+\hat{z})$，$\boldsymbol{a}_3=(a/\sqrt{2})(\hat{x}+\hat{z})$，$a$ 是晶格常数；（c）倒易晶格是一个体心立方晶格，其中的阴影区域代表布里渊区，称为 Wigner-Seitz 晶胞；（d）不可约布里渊区是一个多面体，其角点由晶体学符号 ΓXULKW 标记

2. 布洛赫模式

三维周期性介质的自再现模式在平移一个晶格矢量 $\boldsymbol{R}$ 后仍能保持其形状，仅有的改变是其振幅乘以一个幅值为 1 的常数。这种模式具有布洛赫波的数学形式：$pK(\boldsymbol{r})\exp(-\mathrm{j}\boldsymbol{K}\cdot\boldsymbol{r})\hat{\boldsymbol{e}}$，其中 $pK(\boldsymbol{r})$ 是三维周期函数，其周期性由晶格矢量 $\boldsymbol{R}$ 描述；$\boldsymbol{K}$ 是布洛赫波矢；$\hat{\boldsymbol{e}}$ 是偏振方向的

单位矢量。布洛赫模式是一列受周期函数 $pK(\boldsymbol{r})$ 调制的行波 $\exp(-\mathrm{j}\boldsymbol{K}\cdot\boldsymbol{r})$。布洛赫波平移 1 个晶格矢量 $\boldsymbol{R}$ 导致的变化是其表达式乘以 1 个相位因子 $\exp(-\mathrm{j}\boldsymbol{K}\cdot\boldsymbol{R})$，而该相位因子与 $\boldsymbol{K}$ 相关。

布洛赫波矢为 $\boldsymbol{K}$ 和 $\boldsymbol{K}'=\boldsymbol{K}+\boldsymbol{G}$ 的两个模式是等价的，因为 $\exp(-\mathrm{j}\boldsymbol{K}'\cdot\boldsymbol{R})=\exp(-\mathrm{j}\boldsymbol{K}\cdot\boldsymbol{R})$，即这两个模式在平移 1 个晶格矢量 $\boldsymbol{R}$ 后都乘以相同的相位因子，这是因为 $\exp(-\mathrm{j}\boldsymbol{G}\cdot\boldsymbol{R})=\exp(-\mathrm{j}2\pi)=1$。所以，要研究所有独立的模式，只需考虑在倒易晶格的有限体积内的 K 值，即布里渊区。布里渊区中的点与倒易晶格中的 1 个特殊点（即布里渊区的原点，表示为 Γ）之间的距离比与倒易晶格中的其他点的距离更近。利用晶格的其他对称性，可以将布里渊区进一步压缩成图 3.3-4（d）中的不可约布里渊区。

3. 光子能带结构

为了确定三维周期性介质的 ω-K 色散关系，从广义亥姆霍兹方程式（3.0-2）描述的特征值问题开始。解决这个问题的一种方法是将 3.2.3 小节中为求解一维周期结构而引入的傅里叶分析法进行推广。通过将周期函数 $\eta(\boldsymbol{r})$ 和 $pK(\boldsymbol{r})$ 扩展成傅里叶级数，微分方程式（3.0-2）被转换成一组代数方程，从而变成矩阵特征值问题，可以运用矩阵方法进行数值求解。如 3.2 节结尾所述，选择从磁场入手求解方程，为的是确保矩阵表达式的厄米性。

首先将布洛赫波中的周期函数 $pK(\boldsymbol{r})$ 展开为三维傅里叶级数：

$$p_K(\boldsymbol{r})=\sum_{\boldsymbol{G}}C_{\boldsymbol{G}}\exp(-\mathrm{j}\boldsymbol{G}\cdot\boldsymbol{r}) \tag{3.3-9}$$

再将磁场矢量写成布洛赫波的形式：

$$\boldsymbol{H}(\boldsymbol{r})=p_K(\boldsymbol{r})\exp(-\mathrm{j}\boldsymbol{K}\cdot\boldsymbol{r})\hat{\boldsymbol{e}}=\sum_{\boldsymbol{G}}C_{\boldsymbol{G}}\exp[-\mathrm{j}(\boldsymbol{K}+\boldsymbol{G})\cdot\boldsymbol{r}]\hat{\boldsymbol{e}} \tag{3.3-10}$$

为了符号简单，傅里叶系数 $C_{\boldsymbol{G}}$ 的下标中没有明确标注它对布洛赫波矢量 $\boldsymbol{K}$ 的依赖。将式（3.3-7）和式（3.3-10）代入式（3.0-2），结合关系 $\nabla\times\exp(-\mathrm{j}\boldsymbol{K}\cdot\boldsymbol{r})\hat{\boldsymbol{e}}=-\mathrm{j}(\boldsymbol{K}\times\hat{\boldsymbol{e}})\exp(-\mathrm{j}\boldsymbol{K}\cdot\boldsymbol{r})$，再令等式两边空间频率相同的谐波项分别相等，可得

$$-\sum_{\boldsymbol{G}'}(\boldsymbol{K}+\boldsymbol{G})\times\left[(\boldsymbol{K}+\boldsymbol{G}')\times\hat{\boldsymbol{e}}\right]\eta_{\boldsymbol{G}-\boldsymbol{G}'}C_{\boldsymbol{G}'}=\frac{\omega^2}{c_0^2}C_{\boldsymbol{G}}\hat{\boldsymbol{e}} \tag{3.3-11}$$

令等式两边同时与 $\hat{\boldsymbol{e}}$ 做点积，并结合矢量恒等关系 $\boldsymbol{A}\cdot(\boldsymbol{B}\times\boldsymbol{C})=-(\boldsymbol{B}\times\boldsymbol{A})\cdot\boldsymbol{C}$，可得

$$\sum_{\boldsymbol{G}'}\boldsymbol{F}_{\boldsymbol{G}\boldsymbol{G}'}C_{\boldsymbol{G}'}=\frac{\omega^2}{c_0^2}C_{\boldsymbol{G}},\quad \boldsymbol{F}_{\boldsymbol{G}\boldsymbol{G}'}=[(\boldsymbol{K}+\boldsymbol{G})\times\hat{\boldsymbol{e}}]\cdot[(\boldsymbol{K}+\boldsymbol{G}')\times\hat{\boldsymbol{e}}]\eta_{\boldsymbol{G}-\boldsymbol{G}'} \tag{3.3-12}$$

亥姆霍兹微分方程现已转换为关于傅里叶系数 $\{C_{\boldsymbol{G}}\}$ 的一组线性方程。由于 $\eta(z)$ 是实数，那么 $\eta_{\boldsymbol{G}-\boldsymbol{G}'}=\eta^*_{\boldsymbol{G}-\boldsymbol{G}'}$，并且矩阵 $\boldsymbol{F}_{\boldsymbol{G}\boldsymbol{G}'}$ 是厄米矩阵。因此，式（3.3-12）是一个厄米矩阵的特征值问题。对于每个布洛赫波矢量 $\boldsymbol{K}$，特征值 ω^2/c_0^2 对应多组 ω 值，这些 ω 值可用于构造 ω-K 图和光子能带结构。从特征向量 $\{C_{\boldsymbol{G}}\}$ 出发可以确定布洛赫波的周期函数 $pK(\boldsymbol{r})$。

4. 一些三维结构的例子

金刚石晶格上的球形孔。图 3.3-4 给出一个具有三维完全光子带隙的三维光子晶体的例子。该三维结构由位于金刚石晶格（面心立方）的格点处的球形空气孔组成，整个结构嵌入在高折射率材料中。球形空气孔的半径足够大，使得球体重叠并产生交叉的纹路。图 3.3-5

给出该光子晶体经过计算得到的能带结构，可以看到在频率最低两个光子带之间存在较宽的三维完全光子带隙。

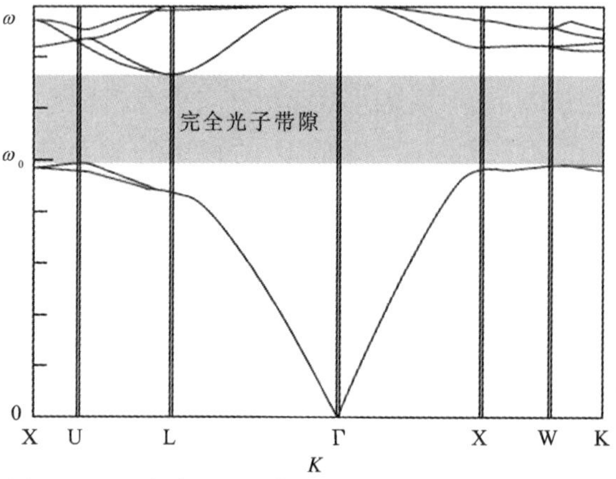

图 3.3-5　具有金刚石晶格的三维光子晶体的能带结构

一个实际的例子是具有反蛋白石结构的硅基光子晶体，这种光子晶体以自组装的致密二氧化硅小球为模板，将硅填充进模板的空隙中，通过烧结，这些填充的硅通过小的瓶颈互相连接起来成为一个完整结构，然后再将二氧化硅模板除去即可得到所需的硅基光子晶体。

Yablonovite。埃利·雅布罗诺维奇（Eli Yablonovitch）和他的同事于 1991 年使用金刚石晶格结构的变体（现称为 Yablonovite）对三维完全光子带隙进行了第一次实验观察。这种倾斜孔结构的制造方式是通过在介质平板中以特定角度钻出周期性的圆柱孔阵列。如图 3.3-6（a）所示，在板坯表面的二维三角形晶格的每个格点处沿着与法线成 35° 角的方向钻出三个倾斜圆柱孔，圆柱孔的方向与金刚石晶格的三个轴平行，在方位角上彼此间隔 120°。当介质平板的折射率 n=3.6 时，该结构具有三维完全光子带隙，带隙宽度与带隙中心频率的比值为 0.19。

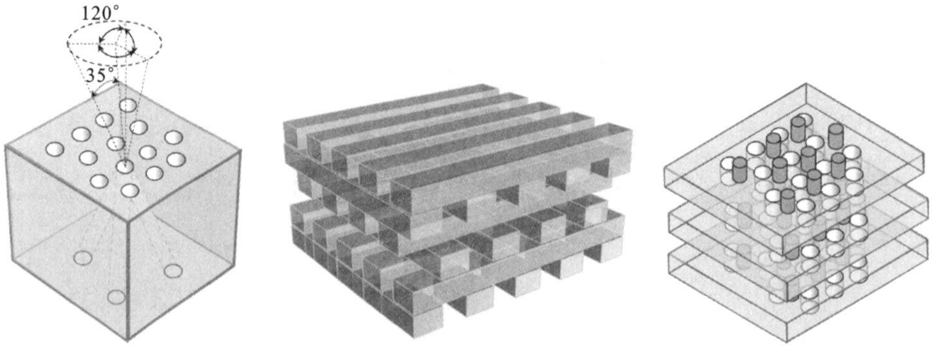

（a）Yablonovite光子晶体　（b）木堆光子晶体　（c）孔-棒结构

图 3.3-6　三维光子晶体

木堆。另一种容易制造的三维光子晶体结构由一维周期性堆叠的交替层组成，每个交替层本身是一个二维光子晶体。例如，图 3.3-6（b）中所示的木堆结构采用按顺序堆叠的平行木条层，每四层为一个堆叠周期。相邻层中的木条方向旋转 90°，而隔一层的木条平移的距离为木条间距的一半。这样得到的结构具有面心四方晶格对称性。该结构由精度为 180 nm

的硅基微加工工艺制成，在 1.35～1.95 μm 的谱段内，表现出三维完全光子带隙。

孔和棒。又一个例子是图 3.3-6（c）所示的孔-棒结构。此处使用了两种互补型的二维周期光子晶体平板交替堆叠而成：一层是按照六边形晶格排列的平行圆柱孔，紧接着一层是对准孔间隙排列的平行圆棒。该结构在硅上制成，对 1.15～1.6 μm 的通信波段内的所有倾斜入射的光都表现出阻带特性。

孔-棒结构和木堆结构都允许引入任意的点缺陷，例如孔或棒的缺失，因此可被用于制造各种光器件，例如光子晶体波导（参见 5.5 节）、光子晶体谐振腔（参见 6.3.4 小节）和受控的光源。实际上，正如一维周期性介质可以被用作全向反射镜一样，允许引入任意缺陷的能力也许是二维和三维周期性结构最有价值的地方。

5. 光子晶体的制造方法

在 20 世纪 90 年代早期，光子晶体是采用传统的半导体纳米加工工艺进行制造的。10 年之后，在 21 世纪早期，人们为实现三维光子晶体发展了一系列新的制造工艺，包括自底向上的工艺和自顶向下的工艺，这些工艺在实际制造中取得了不同程度的成功。其中最有代表性的工艺包括以下三种。

胶体自组装。亚微米级的均匀大小胶体球会自发地组装成面心立方晶格，从而形成合成的蛋白石模板，该模板中可以填充半导体材料（例如硅等）。将模板去除后就可以得到含有周期性球状空气孔的半导体材料，这种三维光子晶体又被称为反蛋白质结构。这种工艺的难点在于如何避免在制造蛋白质模板的过程中生成各种晶格缺陷。

全息光刻。在三维全息光刻工艺中，多个激光光束产生的干涉图案被用于对光刻胶进行曝光。光刻胶被充分曝光的区域变得无法溶解，而未曝光的区域则被显影液去除。显影后，被去除的区域形成空气孔，而未被去除的区域形成由胶连的光刻胶构成的周期性结构。采用液晶空间光调制器控制不同光束的相位可以实现任意干涉图案的产生与动态调控。一个激光器产生的四条光束就足以实现任意的光子能带结构。

三维多光子直写光刻。在三维多光子直写光刻工艺中，飞秒激光脉冲通过透镜聚焦到一种专门开发的透明有机材料层上。激光的功率被设定为仅让透镜焦点处的有机材料发生多光子聚合，而其他位置的有机材料层则不受影响。将透镜的焦点移动到所有需要加工的位置，就可以实现三维光子晶体结构。多光子聚合过程与曝光剂量的关系呈非线性，所以曝光剂量有一个阈值，这一点使得曝光精度可以突破衍射极限。

第 4 章

等离激元与超构材料

生活经验告诉我们，可见光无法在金属等电导率很高的材料中传播。当一束光穿过这类材料的表面进入其内部时，它的强度会在传播一段很短的距离后迅速减小。这个距离称为趋肤深度，可以远小于一个波长。而金属表面的作用如同一面镜子，光从介质材料中入射到金属表面时会被完全反射回介质材料。

因此在很多场合中，基于金属材料的光学元件都被简单地用作反射镜。然而在本章中我们会发现，金属材料也可以支持光波以特定的模式传播，即光波沿着金属材料的界面传播，并且光场被局限在亚波长尺度的空间内。这种光波模式是以传导表面波的形式沿金属表面传播。它是在金属导线的表面，而不是在金属导线内部传播；并且它也可以在基于亚波长金属结构的光子集成电路中传播。此外，亚波长金属结构也可以作为谐振腔，将特定频率的光限制在其中，或者对特定频率的光产生强烈的散射。

随着纳米科技的进步，人们可以用各种方法将这些亚波长金属结构嵌入并散布于介质材料中，形成人工合成的光子材料，即超构材料。这些自然界中不存在的人工合成材料的价值在于，它们被人为地赋予非常有用的光学特性。超构材料带来了许多新奇的应用，并且在光子学研究中扮演重要的角色。

金属和超构材料具有许多独特的光学特性。

（1）金属材料与介质材料的边界可以作为波导，支持沿界面传播的光波模式。这种被称为 SPP（surface plasmon polariton，表面等离极化激元）的表面波被高度局限在界面附近传播；与表面波相伴的，是沿金属表面同步传播且振荡频率相同的电荷密度的纵波，即等离子体波。SPP 对光场的高度局限化和短波长这两个特性可以显著地提高局部光场的强度。而生物传感类的应用就是基于 SPP 对其周围的介质材料特性的敏感性。

（2）嵌入介质材料中的亚波长金属结构（例如纳米球）支持在其边界处的等离激元振荡。当激发光场的频率与结构的谐振频率相匹配时，这些被称为 LSP（localized surface plasmon，局域表面等离激元）的振荡过程就会出现出谐振峰，而峰值波长通常位于光谱的可见或紫外区域。LSP 以谐振的方式增强了纳米颗粒对光的吸收和散射，因此无论从透射的角度还是反射的角度来观察，这些纳米颗粒在可见光波段都呈现出鲜明的色彩。这种被称为等离激元光学的金属光学技术，在诸如彩色玻璃制造、基质材料特性检测等领域都有广泛应用。

（3）与射频和微波频段的电路元件和电磁波天线相对应，金属纳米结构也可以制成工作在红外光与可见光频段的电路元件和纳米天线。这类基于等离激元光学的技术力求将高密度的集成电路（尺寸<100 nm）和光频段的超快光子器件（带宽>100 THz）结合起来，因而有望在芯片间光互联等领域中得到应用。

（4）位于两种介质材料界面处的金属结构阵列构成了超构表面。超构表面所呈现的独特光学特性由金属单元的形状以及阵列的几何排布决定。与光学天线阵列类似，超构表面以不同寻常的方式对光线的传播造成偏折，这种偏折的方式不遵循光在介质材料边界处的反射和折射定律。

（5）如果某种材料中嵌入并分布了金属或介质的亚波长结构，并且这些亚波长结构之间的间隙也是亚波长的，这种材料就会呈现新奇的电特性和磁特性，而这些新奇的特性本质上来自于光场在这些导电的金属结构中诱导出的电荷与电流。这类超构材料可以被人为定制并呈现出不同寻常的光学特性，例如负折射率，而光在这类超构材料与常规介质材料的界面处会产生折射角为负值的现象。

（6）超构材料还可以被人为定制成具有随空间位置变化而变化（梯度）的光学特性，从而以不同寻常的方式实现光波的变换。例如，超构材料可以包裹物体并使其隐形，对应的一个特别有趣的应用是光学隐身。

金属和超构材料的光学性质可以用光的电磁理论来描述，这跟描述介质材料的光学特性是一样的。主要的区别在于，金属和超构材料的介电常数 ε 和磁导率 μ 的取值可能为负值。这里将 ε 和 μ 这两个参数中一个取值为负的材料称为单负材料（single-negative materials，SNG），而两者取值均为负的材料称为双负材料（double-negative materials，DNG）。传统的无损介质材料属于双正材料（double-positive materials，DPS）。

4.1　单负材料与双负材料

电磁波在线性且各向同性的材料中传播的规律由材料的介电常数 ε 和磁导率 μ 决定。一般来说，这两个参数的取值都与频率相关，并且是复数。而电磁波的特性，例如传播常数、速度、衰减系数、阻抗和色散关系，都可以从 ε 和 μ 推导得出。在给定的频率下，ε 和 μ 的实部和虚部的符号决定了电磁波传播的约束条件，下面分类进行叙述[9]。

（1）对于 μ 的取值为正实数的材料，既不存在磁吸收也不存在磁放大，电磁波在其中的传播特性取决于 ε 的实部和虚部的符号：① 如果 ε 是实数，则材料既没有介电吸收也没有介电增益，即它是无损的和无源的，电磁波在其中的传播没有衰减，这种情况在 2.1～2.4 节中已经进行过讨论；② 当材料存在吸收时，ε 为复数，且虚部 ε'' 的取值为负，但实部 ε' 的取值可以为正也可以为负。例如，在 2.5.3 小节中讨论的谐振材料的电极化率 χ 的虚部 χ'' 的取值为负（详见图 2.5-6），同理介电常数 ε 的虚部 $\varepsilon''=\varepsilon_0\chi''$ 的取值也为负。从图 2.5-6 还可以看出，电极化率的实部 χ' 的取值使得介电常数 ε 的实部 $\varepsilon'=\varepsilon_0(1+\chi')$ 的取值在低于材料谐振频率的频段内为正，而在高于材料谐振频率的频段内可能为负；③对于存在增益的有源材料，例如激光器的工作物质，χ'' 的取值为正（增益代表吸收系数为负）。此时，ε'' 的取值为正，而 ε' 的取值可以为正也可以为负。

（2）对于 ε 的取值为正实数的材料，由 μ 所描述的磁特性决定了波在其中传播的特性。磁性材料（包括含有能携带感生电流并产生磁场的金属结构的材料），通常具有复数形式的 μ，其实部和虚部均可能为正或负。

（3）在最一般的情况下，材料的 ε 和 μ 的实部和虚部都可能取正值或负值，此时 ε 和 μ 对电磁波传播特性的影响就更为复杂。

接下来，主要讨论无损和无源的材料，这些材料既没有吸收也没有增益。在实践中，这对应了电磁波的频率远离材料的电共振频率和磁共振频率的情况。在这种情况下，材料的 ε 和 μ 均为实数，并且它们的符号在给定频率下可以为正或负，与之对应的是三种情况。

（1）双正材料（ε 和 μ 均为正）。这些材料是透明的，并且具有正的折射率。普通介质材料属于这一类。

（2）单负材料（ε为负或μ为负）。单负材料是不透明的，但在这些材料与双正材料的界面处支持光频表面电磁波。举例而言，金、银之类的金属材料在红外和可见频段中呈现出负的ε和正的μ；而铁氧体在微波频率下具有正的ε和负的μ。

（3）双负材料（ε和μ均为负）。这类材料也被称为左手材料，它们是透明的，具有负的折射率，这意味着在双正材料和双负材料的界面处运用折射定律会得出折射角为负的结果。这种特性在具有多个界面的光学元件中产生的效果是相当有趣的，而经过人工设计的超构材料在特定的频段内就可以呈现出这种特性。

首先研究线性、无损、无源的材料在具有双正、单负、和双负特性时的光学特性。双负材料中存在损耗的情况将在 4.1.1 小节末尾讨论。

4.1.1　单负材料与双负材料中的电磁波

2.3 节和 2.4 节描述了单频电磁波在线性、各向同性、均匀的介质材料中的传播，这些介质材料具有特定的介电常数ε和磁导率μ。然而，麦克斯韦方程组式（2.3-12）～式（2.3-15），以及亥姆霍兹方程式（2.3-16），适用于ε与μ为任意复数值的情况，无论ε与μ的实部和虚部的符号如何。

为了简单起见，考虑一列单频的平面波，其电场的复振幅矢量和磁场的复振幅矢量分别由$\boldsymbol{E}(\boldsymbol{r})=\boldsymbol{E}_0\exp(-\mathrm{j}\boldsymbol{k}\cdot\boldsymbol{r})$和$\boldsymbol{H}(\boldsymbol{r})=\boldsymbol{H}_0\exp(-\mathrm{j}\boldsymbol{k}\cdot\boldsymbol{r})$给出，波矢量为$\boldsymbol{k}$。由麦克斯韦方程组可得

$$\boldsymbol{k}\times\boldsymbol{H}_0=-\omega\varepsilon\boldsymbol{E}_0 \tag{4.1-1}$$

$$\boldsymbol{k}\times\boldsymbol{E}_0=\omega\mu\boldsymbol{H}_0 \tag{4.1-2}$$

由式（2.4-4）～式（2.4-7）可得，该平面波的波数即矢量$\boldsymbol{k}$的大小为

$$k=\omega\sqrt{\varepsilon\mu} \tag{4.1-3}$$

平面波的波阻抗，即$\boldsymbol{E}_0$和$\boldsymbol{H}_0$的大小之比，由下式给出：

$$\eta=\frac{\omega\mu}{k}=\sqrt{\frac{\mu}{\varepsilon}} \tag{4.1-4}$$

式（4.1-4）与式（2.4-5）一致。式（4.1-1）意味着$\boldsymbol{E}_0$矢量正交于$\boldsymbol{k}$矢量和$\boldsymbol{H}_0$矢量，而式（4.1-2）则表示$\boldsymbol{H}_0$矢量正交于$\boldsymbol{k}$矢量和$\boldsymbol{E}_0$矢量，因此这三个矢量组成了一个两两相互正交的矢量集合。当$\boldsymbol{E}_0$矢量和$\boldsymbol{H}_0$矢量的正交方向确定之后，波矢量$\boldsymbol{k}$就垂直于由$\boldsymbol{E}_0$矢量和$\boldsymbol{H}_0$矢量定义的平面，但会看到，波矢量$\boldsymbol{k}$的方向还取决于ε和μ的符号。

波数k一般来说是复数，因此将k写成$k=\beta-\mathrm{j}\gamma,\beta$和$\gamma$都是实数。结合式（4.1-3），有以下关系式：

$$\beta-\mathrm{j}\gamma=\omega\sqrt{\varepsilon\mu} \tag{4.1-5}$$

式中，$\beta=\omega/c$为传播常数，它决定了波速$c=c_0/n$，以及折射率n；γ为场的衰减系数，$\gamma=\dfrac{1}{2}\alpha$，$\alpha$为强度衰减系数，见 2.5.1 小节。

下面考察这些关系式在ε和μ均为实数时的物理意义，这里的ε和μ可以其中一个为负，或者两个都为负。

1. 双正材料

双正材料作为一种简单而熟悉的约束条件，为其他类型的材料提供了参考的基准。由于 ε 和 μ 都是正数，所以 k 和 η 都是实数，相应地有

$$\gamma=0,\quad \beta=nk_0,\quad n=\sqrt{\frac{\varepsilon}{\varepsilon_0}\frac{\mu}{\mu_0}},\quad \eta=\sqrt{\frac{\mu}{\varepsilon}} \tag{4.1-6}$$

如 2.4.1 小节所述，双正材料支持横电磁波的传播，横电磁波的 $\boldsymbol{E}_0$ 矢量、$\boldsymbol{k}$ 矢量和 $\boldsymbol{H}_0$ 矢量两两相互正交，三者共同构成右手坐标系，如图 4.1-1（a）所示。坡印亭矢量 $\boldsymbol{S}=\frac{1}{2}\boldsymbol{E}_0\times\boldsymbol{H}_0^*$ 的方向与波矢 $\boldsymbol{k}$ 的方向相同，而电磁波的强度（即单位面积内的功率流）为 $I=\mathrm{Re}\{\boldsymbol{S}\}=|\boldsymbol{E}_0|^2/2\eta$。

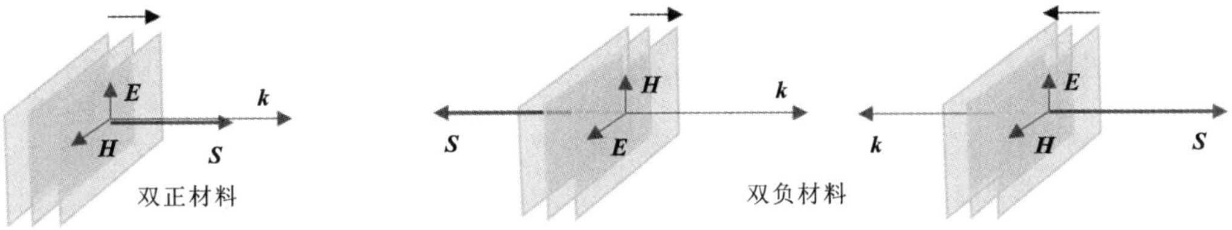

（a）　　　（b）　　　（c）

图 4.1-1　双正材料和双负材料中电磁波的波前与能量的流动方向

（a）在普通双正材料中传播的电磁波；（b）在双负材料中传播的电磁波；（c）与图（b）等效的另一种表示法，是将水平轴（$\boldsymbol{S}$ 和 $\boldsymbol{k}$）旋转 90°，使 $\boldsymbol{E}$ 的方向垂直向上，再将新的垂直轴（$\boldsymbol{E}$）旋转 180°得到的

2. 单负材料

单负材料的 ε 和 μ 其中之一为负的实数，所以 k 和 η 都是虚数，由式（4.1-5）可得

$$\gamma=\omega\sqrt{|\varepsilon||\mu|},\quad \beta=0,\quad \eta=\mathrm{j}\sqrt{\frac{|\mu|}{|\varepsilon|}} \tag{4.1-7}$$

这些参数对应的是一个按指数规律衰减的场，可用 $\exp(-\gamma z)$ 来描述，这里 z 是传播距离。由于 $\beta=0$，所以电磁波无法在单负材料中传播。$d_{\mathrm{p}}=1/2\gamma=\lambda_0/(4\pi\sqrt{|\varepsilon/\varepsilon_0||\mu/\mu_0|})$ 处的光强与 $d=0$ 处的光强相比产生了衰减，衰减的因子为 e^{-1}，而 d_{p} 这个参量就是趋肤深度或透入深度。阻抗 η 为虚数则表明电场和磁场之间存在 $\pi/2$ 的相移。此外，坡印亭矢量 $\boldsymbol{S}=\frac{1}{2}\boldsymbol{E}_0\times\boldsymbol{H}_0^*$ 为虚数，所以电磁波强度 $I=\mathrm{Re}\{\boldsymbol{S}\}=0$，这表明在单负材料中没有能量的传播。

3. 双负材料

双负材料的 ε 和 μ 均为负实数，所以由式（4.1-5）可得 $k=\omega\sqrt{|\varepsilon||\mu|}$，$k$ 值为实数，相应地有

$$\gamma=0,\quad \beta=nk_0,\quad n=-\sqrt{\frac{|\varepsilon|}{\varepsilon_0}\frac{|\mu|}{\mu_0}},\quad \eta=\sqrt{\frac{|\mu|}{|\varepsilon|}} \tag{4.1-8}$$

这表明材料的折射率为负值。由于 $\gamma=0$，双负材料中的电磁波在传输过程中不会衰减。

式（4.1-8）中平方根的符号可以通过考察 $\boldsymbol{E}_0$ 矢量、$\boldsymbol{H}_0$ 矢量和 $\boldsymbol{k}$ 矢量的方向加以确定，这是由麦克斯韦方程组直接决定的。对于双负材料，式（4.1-1）和式（4.1-2）变为

$$\boldsymbol{k}\times\boldsymbol{H}_0=\omega|\varepsilon|\boldsymbol{E}_0 \tag{4.1-9}$$

$$\boldsymbol{k}\times\boldsymbol{E}_0=-\omega|\mu|\boldsymbol{H}_0 \tag{4.1-10}$$

同双正材料一样，双负材料中 $\boldsymbol{E}_0$ 矢量、$\boldsymbol{H}_0$ 矢量和 $\boldsymbol{k}$ 矢量也是两两正交的。然而，与式（4.1-1）和式（4.1-2）相比，式（4.1-9）和式（4.1-10）的符号发生了交换，而这相当于交换电场 $\boldsymbol{E}_0$ 与磁场 $\boldsymbol{H}_0$ 的角色。

图 4.1-1 展示了双正材料和双负材料中电磁波的波前与能量的流动方向。对比图 4.1-1（a）与图 4.1-1（b）和图 4.1-1（c），很明显在双正材料中 $\boldsymbol{E}_0$ 矢量、$\boldsymbol{H}_0$ 矢量和 $\boldsymbol{k}$ 矢量三者服从通常的右手法则，而在双负材料中它们则服从左手法则，双负材料也因此被称为左手材料。这一点具有深刻的物理意义，因为它表示在双负材料中，由式（2.3-10）定义的坡印亭矢量 $\boldsymbol{S}=\dfrac{1}{2}\boldsymbol{E}_0\times\boldsymbol{H}_0^*$ 与波矢 $\boldsymbol{k}$ 具有相反的方向。如式（4.1-8）所示，由于阻抗 η 为正，所以波数 k 为负值，因此折射率 n 也为负值，而双负材料也因此被称为负折射率材料。负折射率的物理意义将在 4.1.2 小节中进一步叙述。

4. ε 和 μ 均为复数的材料

在某些频率上，ε 和 μ 均为负实数的可能性很小。例如，如果 ε 和 μ 都由谐振材料模型描述（如 2.5.3 小节中所考虑的那样），那么在实部为负的整个频段内，由克拉默斯-克勒尼希关系可知虚部不可能为零（见 2.5.2 小节）。但是可以证明，左手特性（即负折射率）可以在材料中存在吸收的情况下表现出来。

对于有吸收的材料，$\varepsilon=\varepsilon'+\mathrm{j}\varepsilon''$ 和 $\mu=\mu'+\mathrm{j}\mu''$ 都是复数，并且虚部 ε'' 和 μ'' 均为负。现在要证明的是，如果实部 ε' 和 μ' 均为负，材料就具有左手特性，即使当 ε'' 和 μ'' 不为零时也是如此。如前所述，考察一列平面波 $\exp(-\mathrm{j}\beta z)\exp(-\gamma z)$，$\gamma$ 为正值，因此平面波的振幅沿 $+z$ 方向衰减。要计算传播常数 β，可以将式（2.1-5）写成 $(\beta-\mathrm{j}\gamma)^2=\omega^2(\varepsilon'+\mathrm{j}\varepsilon'')(\mu'+\mathrm{j}\mu'')$ 的形式，然后令等式两边的虚部相等，得到 $2\gamma\beta=\omega^2(-\mu''\varepsilon'-\varepsilon''\mu')$。如果 ε' 和 μ' 均为负，则 β 为负，折射率也同样为负。那么电磁波的波前将沿 $-z$ 方向传播，与振幅衰减的方向相反。下面进一步说明，能量流动的方向始终与振幅衰减的方向相同，因此波矢的方向与能量流动的方向相反，材料为左手材料。

能量流由 $\mathrm{Re}\{\boldsymbol{S}\}$ 决定，其中 $\boldsymbol{S}=\dfrac{1}{2}\boldsymbol{E}\times\boldsymbol{H}^*$ 为复数坡印亭矢量。由于 $\boldsymbol{E}_0=\eta\boldsymbol{H}_0$，而 $\eta=\sqrt{\mu/\varepsilon}$ 为特征阻抗，并且 $\mathrm{Re}\{\eta\}$ 对于无源材料来说总是正的，因此对于图 4.1-1（c）所示的场矢量关系而言，能量流动方向一定是 $+z$ 方向。通过运用恒等关系式 $\arg\{\eta\}=\dfrac{1}{2}\arg\{\mu\}-\arg\{\varepsilon\}$，可以证明 $\mathrm{Re}\{\eta\}>0$：由于 ε'' 和 μ'' 均为负，有 $\pi<\arg\{\varepsilon\}<2\pi$ 和 $\pi<\arg\{\mu\}<2\pi$，于是 $-\dfrac{1}{2}\pi<\arg\{\eta\}<\dfrac{1}{2}\pi$，所以 $\mathrm{Re}\{\eta\}>0$。

虽然 ε 和 μ 的实部均为负的条件对于实现左手特性是充分的，但这并不是必要的。如果

一种存在吸收的材料中的两个参数 ε' 和 μ' 只有一个是负的，材料也可能表现出左手特性，这说明了左手材料的范畴大于双负材料的范畴。可以证明，实现左手材料的充分必要条件为

$$\frac{\varepsilon'}{|\varepsilon|}+\frac{\mu'}{|\mu|}<0 \tag{4.1-11}$$

如果 ε 和 μ 均为实数，但它们之中只有一个为负数的材料不满足式（4.1-11），因此不是左手材料。如果 ε 和 μ 之一为正实数，那么无论另一个的实部和虚部值如何，都不是左手材料。所以，非磁性材料也不可能是左手材料。

4.1.2　双正材料与单负材料和双负材料界面处的电磁波

现在考虑电磁波在双正材料与单负材料界面处的传播，以及在双正材料与双负材料界面处的传播。

1. 双正材料-单负材料界面处的电磁波反射

来自双正材料的电磁波传播到与单负材料的界面处时会被完全反射，这是因为它无法渡越单负材料。由于双正材料的波阻抗是实数，而单负材料的波阻抗为虚数，因此反射系数的幅值必然为 1。与全反射过程相伴随的，是在单负材料中产生的一个倏逝场；这与两种介质（双正）材料的界面处的全内反射过程相似。但是，全内反射仅在入射角大于临界角时才会发生，而双正材料与单负材料的界面处的反射，无论入射角如何都是全反射，如图 4.1-2 所示。因此，双正材料与单负材料的界面处的反射与在完美反射镜处的反射更相似。

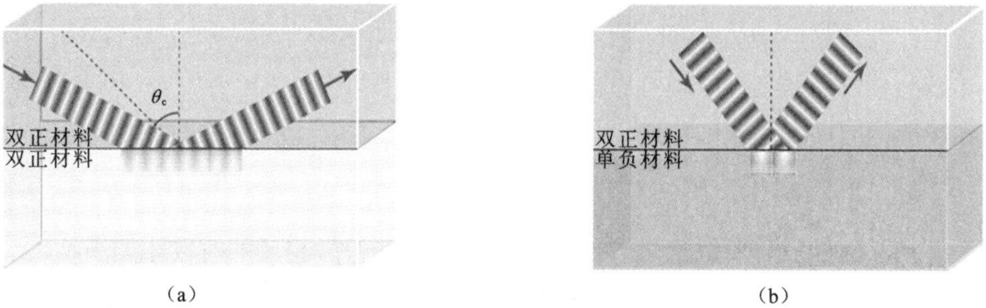

图 4.1-2　两种材料界面处的电磁波反射

（a）当入射角大于临界角 θ_c 时，两种双正材料界面处发生全内反射；（b）任意入射角入射到双正材料与单负材料界面处的电磁波都会被全反射。在这两种情况下，界面附近都会产生倏逝波

2. 双正材料-单负材料界面处的表面波

当电磁波在双正材料与单负材料的界面处发生掠入射（入射角接近 90°）时，可能会产生一种沿着界面传播，但在其两侧均为倏逝场的表面波。例如，考察具有正介电常数 ε_1 的材料 1 与具有负介电常数 ε_2 的材料 2 的界面，假定两种材料都具有相同的正磁导率 μ，并且它们都是无损耗且无源的，即 ε_1、ε_2 和 μ 都是实数。

接着证明，这种双正材料与单负材料的界面可以支持一种传导的表面波，它沿界面传播

而不改变波形，如图 4.1-3（a）所示。假设该表面波为TM偏振的电磁波，其磁场平行于界面并垂直于传播方向。3 个场分量 H_x 、 E_y 和 E_z 的变化规律都服从下式：

$$\exp(-\gamma_1 y)\exp(-\mathrm{j}\beta z),\quad y>0(材料1) \tag{4.1-12}$$

$$\exp(+\gamma_2 y)\exp(-\mathrm{j}\beta z),\quad y<0\,(材料2) \tag{4.1-13}$$

式中，β 为材料 1 和材料 2 中的电磁波共同的传播常数；γ_1 和 γ_2 为正的场消光系数。为了使亥姆霍兹方程在每种材料中都成立，必须有

$$-\gamma_1^2+\beta^2=\omega^2\mu\varepsilon_1,\quad -\gamma_2^2+\beta^2=\omega^2\mu\varepsilon_2 \tag{4.1-14}$$

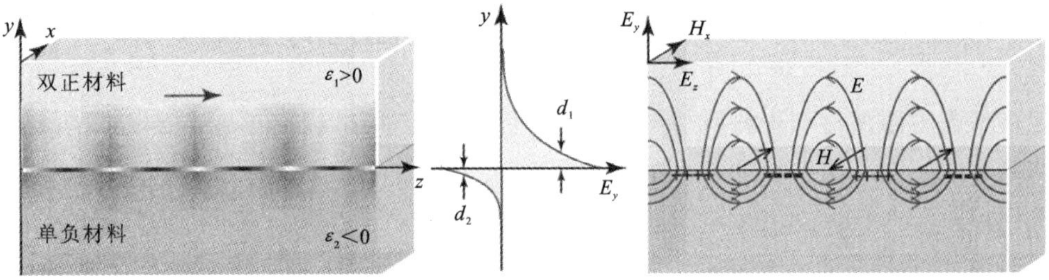

（a）（b）（c）

图 4.1-3　双正材料-单负材料界面处的表面波

（a）沿双正材料和单负材料的界面传播的表面波的示意图；（b）电场的 E_y 分量关于 y（与界面的距离）的函数；（c）电场线和磁场线以及相关联的电荷分布

每种材料中 3 个场分量的振幅由麦克斯韦方程组联系起来，而不同材料中场分量的振幅则由边界条件联系起来。由于 H_x 分量必须是连续的，因此在两种材料中该分量有一个共同的振幅，称之为 H_0 。麦克斯韦方程组式（2.1-1）规定了两种材料中 E_y 分量的振幅为 $(-\beta/\omega\varepsilon_1)H_0$ 和 $(-\beta/\omega\varepsilon_2)H_0$。因此，$D_y=\varepsilon E_y$ 在界面处必须连续的条件得以自动满足。在材料 1 中 E_z 分量的幅值为 $(-\gamma_1/\mathrm{j}\omega\varepsilon_1)H_0$，而在材料 2 中则为 $(\gamma_2/\mathrm{j}\omega\varepsilon_2)H_0$。由于 E_z 分量在边界处必须是连续的，因此有

$$-\frac{\gamma_1}{\varepsilon_1}=\frac{\gamma_2}{\varepsilon_2} \tag{4.1-15}$$

由于 γ_1 和 γ_2 为正数，所以这个条件只有在 ε_1 和 ε_2 的符号相反的时候才能满足。因此，这种表面波不能存在于两种介电常数为正的材料的界面处；但是如果两种材料的介电常数符号相反，则可能存在这种表面波。

如图 4.1-3（b）所示，因为 εE_y 必须是连续的，并且 ε 在界面处改变正负符号，则 E_y 也必须在界面处改变正负符号。这就要求界面处同时存在振荡频率与光场频率 ω 相等的表面电荷密度的纵波。场线和电荷分布如图 4.1-3（c）所示。电荷密度波与光波的耦合被称为 SPP 波。SPP 波在双正材料和单负材料中的穿透深度分别为 d_1 和 d_2，而沿界面传播的距离为 d_b。

概念解析。

（1）等离子体（plasma）：电荷为正的离子与自由电子的混合体，其总净电荷约为零。

（2）等离激元（plasmon）：等离子体振荡过程所携带的最小能量单元（能量子），就像光子是电磁场振荡的能量子一样，等离激元是一种准粒子（quasiparticle）。

（3）极化子（polaron）：由于电磁场（光子）与材料中的电激发过程或磁激发过程相互

耦合而产生的一种准粒子。而 SPP 就是由光子与表面等离激元的耦合产生的极化子。

根据γ_1和γ_2，可以从式（4.1-14）推导出SPP表面波的属性：

$$\beta = n_\mathrm{b}k_0,\quad n_\mathrm{b} = \sqrt{\frac{\varepsilon_\mathrm{b}}{\varepsilon_0}},\quad \varepsilon_\mathrm{b} = \frac{\varepsilon_1\varepsilon_2}{\varepsilon_1+\varepsilon_2} \tag{4.1-16}$$

$$\gamma_1 = \sqrt{\frac{-\varepsilon_1^2}{\varepsilon_0(\varepsilon_1+\varepsilon_2)}}k_0,\quad \gamma_2 = \sqrt{\frac{-\varepsilon_2^2}{\varepsilon_0(\varepsilon_1+\varepsilon_2)}}k_0 \tag{4.1-17}$$

式中，$k_0 = \omega\sqrt{\varepsilon_0\mu}$为自由空间的波数；$n_\mathrm{b}$和$\varepsilon_\mathrm{b}$分别为与SPP波相关联的折射率以及介电常数（下标“b”代表“界面”）。为了使这种表面波成为行波，β必须是实数，这就要求ε_b为正，而这只有在$|\varepsilon_2|>\varepsilon_1$的条件下才成立。即在这种情况下，SPP 表面波可以存在。同样的条件也要求γ_1和γ_2均为正。可见，表面波受$|\varepsilon_2|/\varepsilon_1$的比值的影响很大，具体特性总结如下。

（1）速度为c_0/n_b，传播的波长（称为等离激元波长）为λ_0/n_b。如果$|\varepsilon_2|\approx\varepsilon_1$，则$n_\mathrm{b}$很大，波的传播速度慢，而等离激元波长远小于自由空间波长λ_0。

（2）如图 4.1-3 所示，单负材料中的场消光系数γ_2比双正材料中的γ_1大$|\varepsilon_2|/\varepsilon_1$倍，这个比值大于 1。单负材料中的趋肤深度$d_2 = 1/(2\gamma_2)$，也因此总比双正材料中的趋肤深度$d_1 = 1/(2\gamma_1)$小$|\varepsilon_2|/\varepsilon_1$倍。如果$|\varepsilon_2|\approx\varepsilon_1$，则$\varepsilon_1+\varepsilon_2$很小，并且两种材料的趋肤深度都比自由空间光波长$\lambda_0$小很多，从而将SPP波的光场高度局限在界面处。这是SPP波的一个不同寻常的特性，可以在很多应用中加以利用。

（3）两种材料中的光功率流可以根据$\mathrm{Re}\{\boldsymbol{S}\}$确定，其中$\boldsymbol{S} = \frac{1}{2}\boldsymbol{E}\times\boldsymbol{H}^*$为复数坡印亭矢量。由于$H_x$分量和$E_z$分量的相位相差 90°，因此在$y$方向上没有功率流。光功率在双正材料和单负材料中分别沿z和$-z$方向流动，其强度由$\mathrm{Re}\{\boldsymbol{S}\}$的振幅给出：

$$I_1(y) = \frac{\beta}{2\omega\varepsilon_1}|H_0|^2\exp(-2\gamma_1 y),\quad I_2(y) = \frac{\beta}{2\omega|\varepsilon_2|}|H_0|^2\exp(+2\gamma_2 y) \tag{4.1-18}$$

两种材料$I_1(y)$和$I_2(y)$所分布的区域中的光功率为

$$P_1 = \frac{\beta}{4\omega\varepsilon_1\gamma_1}|H_0|^2,\quad P_2 = \frac{\beta}{4\omega|\varepsilon_2|\gamma_2}|H_0|^2 \tag{4.1-19}$$

因此，净功率流$P_1 - P_2$与$[(\varepsilon_1\gamma_1)^{-1} - (|\varepsilon_2|\gamma_2)^{-1}]$成正比；而从式（4.1-15）可知，$[(\varepsilon_1\gamma_1)^{-1} - (|\varepsilon_2|\gamma_2)^{-1}]$又与$(\varepsilon_2^2-\varepsilon_1^2)$成正比。因此在$|\varepsilon_2|\approx\varepsilon_1$的条件下，净功率流接近零。

【例 4.1-1】　SPP 波

考察两种材料，它们的（正）磁导率相等：$\mu_1 = \mu_2$，介电常数$\varepsilon_1 = 1.41\varepsilon_0, \varepsilon_2 = -47\varepsilon_0$，两种材料的界面处支持具有以下特征的SPP波（工作波长λ_0=1 000 nm）：

$$n_\mathrm{b} = 1.206,\quad \frac{\lambda_0}{n_\mathrm{b}} = 829.4\ \mathrm{nm},\quad d_1 = 381.1\ \mathrm{nm},\quad d_2 = 11.43\ \mathrm{nm}$$

现在对双正材料与单负材料界面处的 SPP 波做一下小结。

（1）如果满足条件$-\varepsilon_2>\varepsilon_1$，则双正材料和具有负介电常数的单负材料的界面处可以支持 TM 偏振的光频表面波以及相关联的电荷密度的纵波；这两者的组合就是 SPP 波。由于 SPP 波在两种材料中的穿透深度都比光波长小很多，因此 SPP 波的光场被高度局限在界面处，从而导致局部光场强度显著增强。SPP 波的独特优势在于，它的光场可以在纳米尺度上被人为操控，同时又工作在光频段。采用类似的分析方法，可以证明，如果能满足 $-\mu_2 > \mu_1$ 的条件，则双正材料和 μ 为负的单负材料之间的界面处可以支持 TE 偏振的表面波，如图 4.1-4 所示。

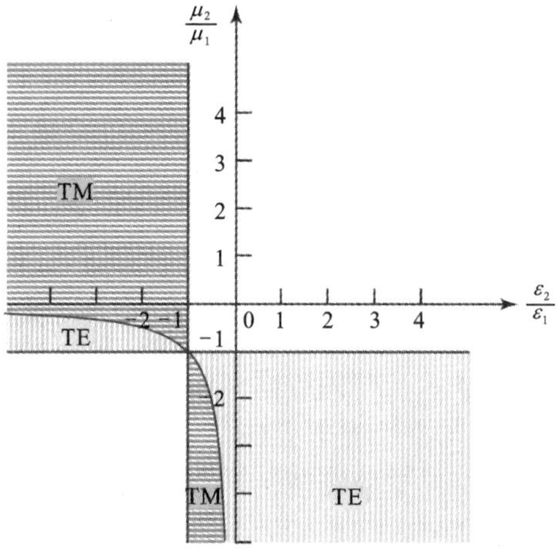

图 4.1-4　界面处支持表面波的两种材料，其 ε 和 μ 的取值情况

（2）如果 ε_1 和 ε_2 具有相反的符号，μ_1 和 μ_2 也具有相反的符号，并且对这些参数的幅值的其它要求也都满足，那么两个单负材料的界面处也可以支持表面波。

（3）两种双正材料的界面或者两种双负材料的界面均不支持表面波。

3. 双正材料–有损单负材料界面处的 SPP 波

前面那些关于无损耗的单负材料的结论，可以扩展到材料有损耗的情况，这只需要将 ε_2 设为复数 $(\varepsilon_2 = \varepsilon_2' + \mathrm{j}\varepsilon_2'')$，并将 ε_2 的实部 ε_2' 设为负，同时保持 $\mu_1 = \mu_2$，以及 ε_1 为正实数。在对无损材料的讨论过程中得到了关于SPP 波的参数的式（4.1-16）和式（4.1-17），这些式在经过少许修正后可以继续使用，即将参数 β、ε_b、γ_1 和 γ_2 当作复数处理。按照式（2.5-5）和式（4.1-5）的处理方法，将式（4.1-16）重写为

$$n_\mathrm{b} - \mathrm{j}\frac{\gamma_\mathrm{b}}{k_0} = \sqrt{\frac{\varepsilon_\mathrm{b}}{\varepsilon_0}}, \quad \varepsilon_\mathrm{b} = \frac{\varepsilon_1\varepsilon_2}{\varepsilon_1 + \varepsilon_2} \tag{4.1-20}$$

式中，γ_b 为SPP 波在传播过程中的振幅衰减系数。显然，SPP 波的折射率变为 $n_\mathrm{b} = \mathrm{Re}\{\sqrt{\varepsilon_b / \varepsilon_0}\}$。式(4.1-20)可以用于计算SPP 波的传播速度 c_0 / n_b、等离激元波长 λ_0 / n_b、强度衰减系数 $\alpha_\mathrm{b} = 2\gamma_\mathrm{b}$ 以及趋肤深度 $d_\mathrm{b} = 1/\alpha_\mathrm{b} = 1/(2\gamma_\mathrm{b})$。式（4.1-17）可以用于计算复参数 γ_1 和 γ_2，进而计算界面两侧的趋肤深度 $d_1 = 1/(2\mathrm{Re}\{\gamma_1\})$ 以及 $d_2 = 1/(2\mathrm{Re}\{\gamma_2\})$。SPP 波的光场在界面的法线方向上的尺度由 d_1 和 d_2 决定，而在沿界面传播的方向上的尺度由 d_b 决定。

【例 4.1-2】　金与氮化硅界面处的 SPP 波

当工作波长为自由空间波长 λ_0=1 000 nm 时，氮化硅和金的介电常数分别为 $\varepsilon_1 = 1.41\varepsilon_0$ 和 $\varepsilon_2 = (-47 + \mathrm{j}3.4)\varepsilon_0$。这些值与【例 4.1-1】中的值相同，不同之处在于在 ε_2 中引入了一个小的虚部。所以，在金与氮化硅的界面处传播的SPP 波的 n_b、d_1 和 d_2 值与【例 4.1-1】中列举的

值大致相同。另一方面，SPP 波的传播长度由ε_2的虚部决定：

$$d_b = 1/2\gamma_b = \lambda_0 / 4\pi \ \mathrm{Im}\{\sqrt{\varepsilon_b / \varepsilon_0}\} \tag{4.1-21}$$

结合式（4.1-20），可以得到

$$\varepsilon_b / \varepsilon_0 = 1.453 + j0.003\,234$$

所以

$$\sqrt{\varepsilon_b / \varepsilon_0} = 1.206 + j0.001\,341$$

经过计算，当$\lambda_0 = 1\,\mu m$时，SPP 波的传播长度$d_b = 59.3\,\mu m$。

4. 双正材料与双负材料界面处的负折射

光在两种双正材料的界面处的折射遵循折射定律：$n_1 \sin\theta_1 = n_2 \sin\theta_2$，这个结论是从波矢$\boldsymbol{k}_1$和$\boldsymbol{k}_2$沿边界方向的分量必须匹配中推导得出的，详见图 4.1-5（a），此时坡印亭矢量$\boldsymbol{S}_2$和波矢$\boldsymbol{k}_2$的方向相同。如果其中一种材料（例如材料 2）是双负材料，其折射率n_2为负，那么从折射定律可以推出$n_1 \sin\theta_1 = -|n_2| \sin\theta_2$的结论，这意味着折射角$\theta_2$必须为负，而折射光线和入射光线均位于界面法线的同一侧。该结论也可以理解为波矢$\boldsymbol{k}_1$和$\boldsymbol{k}_2$沿边界方向的分量必须匹配导致的，见图 4.1-5（b），此时，坡印亭矢量$\boldsymbol{S}_2$和波矢$\boldsymbol{k}_2$的方向相反。

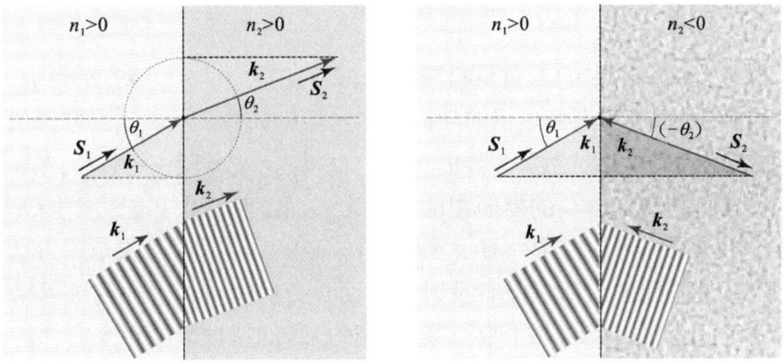

（a）　　　　　　　　　　（b）

图 4.1-5　双正材料与双负材料界面处的负折射

（a）在两种正折射率材料的界面处的折射；（b）在正折射率材料和负折射率材料的界面处的折射。在两种情况下，波矢$\boldsymbol{k}_1$和$\boldsymbol{k}_2$沿界面的投影幅值相等，方向相互平行

很明显，当用双负材料代替双正材料时，具有平面边界的光学元件和透镜的光学特性发生了显著变化。事实上，基于双负材料的凸透镜表现出与基于双正材料的凹透镜相同的特性，反之亦然。另外一个意想不到的结论是，折射率为正的材料和折射率为负的材料的平面边界具有聚焦光线的能力，如图 4.1-6（a）所示。以一种特定的情况：$n_2 = -n_1$为例，从折射定律可得$\theta_2 = -\theta_1$。这样的平面边界对光线产生的作用，与两种双正材料之间的凸球面边界对光线产生的作用是一样的，它产生一个放大倍率为 1，并且不颠倒的像。此外，如果双正材料和双负材料的介电常数和磁导率具有相同的幅值$\varepsilon_2 = -\varepsilon_1, \mu_2 = -\mu_1$，而波阻抗$\eta_1 = \sqrt{\mu_1 / \varepsilon_1}$和$\eta_2 = \sqrt{\mu_2 / \varepsilon_2}$具有相同的幅值和符号，那么无论入射光的倾斜角和偏振态如何，在界面处都不会发生反射。

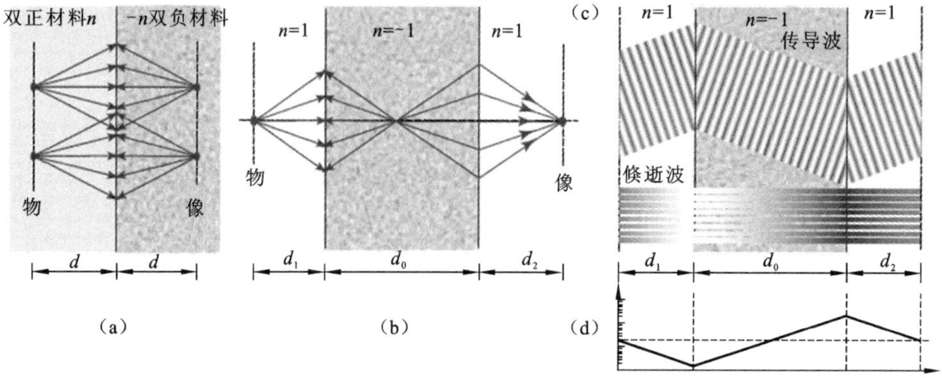

图 4.1-6　负折射率材料平板作为近场成像系统

(a) 通过折射率幅值相等的双正材料和双负材料的界面聚焦光线，该界面在双负材料内部成一个不倒置的像；(b) 用自由空间中负折射率 $n=-1$ 的平板成像；(c) 传导波（空间频率小于波长的倒数）和倏逝波（空间频率大于波长的倒数）分别传输并穿越双负材料平板的过程；(d) 物体辐射的电磁波中的那些空间频率大于波长的倒数的分量对应的是倏逝波，这些倏逝波分量在自由空间中传播时是不断衰减的，但是它们的振幅可以被双负材料放大，因此在像平面处振幅又得到恢复

5. 负折射率材料平板作为近场成像系统

考察一个位于自由空间中的双负材料平板，材料参数为：$\varepsilon=-\varepsilon_0, \mu=-\mu_0, n=-1$，以及 $\eta=\eta_0$，该双负材料平板具有聚焦透镜的功能。图 4.1-6（a）显示，折射率幅值相等的双正材料和双负材料的界面可以聚焦光线，该界面在双负材料内部成一个不倒置的像。如图 4.1-6（b）所示，两个双正材料与双负材料的界面中的每一个界面都具有聚焦能力，因此一个像成在平板内部，而另一个像成在平板外部。对于宽度为 d_0 的平板，成像的关系式为 $d_1+d_2=d_0$。由于界面处的波阻抗是匹配的，所以没有反射，因而负折射率材料平板的透射率等于 1[10]。

作为成像系统，负折射率材料平板还具有一种显著的特性，即对来自物的亚波长精度的电磁场分布成像。换句话说，它能揭示比工作波长更精细的成像细节（即比波长的倒数更大的空间频率）。由傅里叶光学可知，使用普通光学元件的成像系统无法传输这些空间频率很大的波分量，因为它们对应于不断衰减的倏逝波。而负折射率材料平板的这一显著特性意味着，从原理上说它是一个“完美的透镜”（也被称为“超级透镜”）。

下面运用傅里叶光学的分析方法来说明，负折射率材料平板达到的分辨率超过了衍射极限。参考图 4.1-6（c）中提供的示意图，电磁波在一段长度为 d 的自由空间中传播所对应的传递函数为

$$H_1(\nu_x,\nu_y)=\exp(-\mathrm{j}k_z d_1),\quad k_z=\sqrt{k_0^2-k_x^2-k_y^2}=2\pi\sqrt{\lambda^{-2}-\nu_x^2-\nu_y^2} \tag{4.1-22}$$

式中，$(\nu_x,\nu_y)=(k_x/2\pi,k_y/2\pi)$ 为空间频率，见式（4.1-9）。类似地，电磁波在一段长度为 d_0 的双负材料中传播所对应的传递函数为 $H_0(\nu_x,\nu_y)=\exp(-\mathrm{j}k_z' d_0)$，其中 $k_z'=-k_z$。图 4.1-6（c）中的成像系统的第三部分是在一段长度为 d_2 的自由空间中传播，对应的传递函数为 $H_2(\nu_x,\nu_y)=\exp(-\mathrm{j}k_z d_2)$。因此，该成像系统的整体传递函数为三部分的传递函数的乘积：$H=H_1H_0H_2$。当满足成像关系式 $d_1+d_2=d_0$ 时，有 $H=1$，这表明该系统是全通的空间滤波器，所以可以“完美”地成像。

但是，这三个传递函数对于空间频率大于 λ^{-1} 和小于 λ^{-1} 的波分量有着截然不同的作用，即对于空间频率小于或大于 $k_x^2+k_y^2=k_0^2$ 的波分量。对于空间频率小于 λ^{-1} 的波分量而言，式（4.1-22）中平方根符号下的数量为正，因此所有的传递函数都在相位因子中。在这种情况下，传递函数 H_0 的相位项与自由空间传递函数 H_1 和 H_2 的相位项符号相反，因此负折射率材料的相位因子补偿了波在两段自由空间中传播所引入的相移。最终结果是传播的波，如图 4.1-6（c）所示。对于空间频率大于 λ^{-1} 的波分量而言，波矢的分量 k_z 和 $k_z'=-k_z$ 为虚数，$k_z=-\mathrm{j}\sqrt{k_x^2+k_y^2-k_0^2}=-\mathrm{j}2\pi\sqrt{\nu_x^2+\nu_y^2-\lambda^{-2}}$，而

$$H_1=\exp(-\gamma d_1),\quad H_2=\exp(-\gamma d_2),\quad H_0=\exp(+\gamma d_0),\quad \gamma=2\pi\sqrt{\nu_x^2+\nu_y^2-\lambda^{-2}} \tag{4.1-23}$$

式中，γ为实数。因子 H_1 和 H_2 代表衰减的倏逝波，而 H_0 代表被放大的倏逝波。因此，在负折射率材料平板之前和之后，那些在自由空间中传播时被严重衰减的高空间频率波分量，在双负材料中被相等的因子放大，并因此被完全恢复，见图 4.1-6（d），图中采用了半对数的坐标系。负折射率材料中倏逝波的放大与能量守恒并不矛盾。

虽然在理论上可以实现对那些按指数规律衰减而显著减小的倏逝场分量的完美恢复，但负折射率材料平板中的少量能量损耗（ε 或 μ 的虚部不为零）可能会妨碍恢复的过程。从物到平板的距离、平板的厚度以及物与像平面之间的总距离，都必须小于波长，特别是当要恢复的空间频率远大于波长的倒数时，这意味着负折射率材料平板是一种近场成像系统。

6. 具有亚波长分辨率的远场成像

但是，从双负材料平板的近场中恢复的倏逝波可以被转换为传导波，而这些传导波可以用于远场成像。而利用具有高空间频率的周期性结构（例如，在双负材料平板的输出界面上存在纳米尺度的周期性图案），就可以实现这种转换，如图 4.1-7 所示。当一个倏逝波分量 $\exp(-\mathrm{j}k_x x)$ 被具有高空间频率 q 的谐波函数 $\exp(-\mathrm{j}qx)$ 调制后，得到的结果是具有较低的空间频率 $|k_x-q|$ 的传导波，这里假设 $|k_x-q|<k_0$。原则上，可以对经过降频转换后的空间频率分量形成的远场图像进一步进行处理，以实现对原始电磁波空间分布的完美复现。

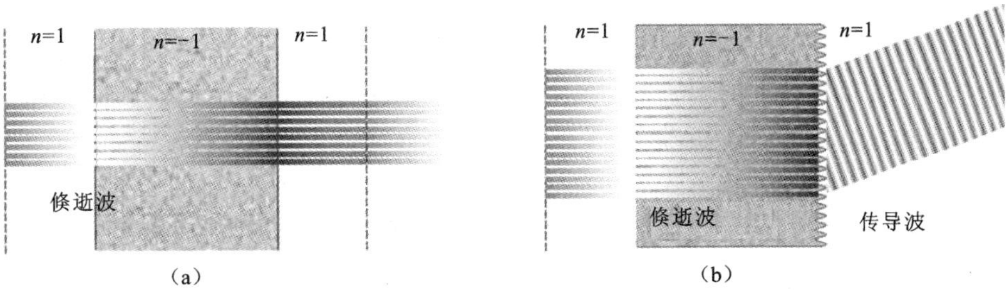

图 4.1-7 具有亚波长分辨率的远场成像

（a）被双负材料平板恢复的倏逝波在近场以外的空间中再次衰减；（b）被负折射率材料平板恢复的倏逝波可以利用输出界面上的周期性图案（光栅）转换为传导波

4.2 等离激元光学

4.2.1 金属材料的光学特性

1. 导电材料

导电材料，例如金属、半导体、掺杂的电介质和离子化气体等，都含有自由电荷，以及与之相关联的电流密度$\boldsymbol{J}$。在这类材料中，无源麦克斯韦方程组的第一项，式（2.1-7）的右边，必须被修正为包含电流密度$\boldsymbol{J}$加上位移电流密度$\partial \boldsymbol{D}/\partial t$，如式（4.2-1）所示。

$$\nabla \times \boldsymbol{H} = \frac{\partial \boldsymbol{D}}{\partial t} + \boldsymbol{J} \tag{4.2-1}$$

麦克斯韦方程组的其他三项，式（2.1-8）～式（2.1-10），保持不变。这里假定自然界中的材料在光频段不具有磁效应，因此有$\mu = \mu_0$。

对于角频率为ω的单频电磁波，式（4.2-1）变为式（4.2-2）的形式，

$$\nabla \times \boldsymbol{H} = \mathrm{j}\omega \boldsymbol{D} + \boldsymbol{J} \tag{4.2-2}$$

与式（2.3-2）相比，多了电流密度项$\boldsymbol{J}$，即麦克斯韦-安培定律的完整微分表达式。

对于线性的介质材料而言，电通量密度$\boldsymbol{D}$与电场强度$\boldsymbol{E}$呈线性关系，$\boldsymbol{D} = \varepsilon \boldsymbol{E} = \varepsilon_0 (1+\chi)\boldsymbol{E}$。同样，对于电导率为$\sigma$的线性的导电材料而言，电流密度项$\boldsymbol{J}$与电场强度$\boldsymbol{E}$也呈线性关系，如式（4.2-3）所示。

$$\boldsymbol{J} = \sigma \boldsymbol{E} \tag{4.2-3}$$

这个式是欧姆定律的一种微观表现形式。因此，式（4.2-2）的右边可以写为$\boldsymbol{E}$的线性表达式：$(\mathrm{j}\omega\varepsilon + \sigma)\boldsymbol{E} = \mathrm{j}\omega\left(\varepsilon + \dfrac{\sigma}{\mathrm{j}\omega}\right)\boldsymbol{E}$，那么，式（4.2-2）可以进一步变形为式（4.2-4）的形式，

$$\nabla \times \boldsymbol{H} = \mathrm{j}\omega\varepsilon_{\mathrm{e}} \boldsymbol{E} \tag{4.2-4}$$

式中，ε_{e}为导电材料的等效介电常数，由式（4.2-5）定义。

$$\varepsilon_{\mathrm{e}} = \varepsilon + \frac{\sigma}{\mathrm{j}\omega} \tag{4.2-5}$$

导电材料的等效介电常数ε_{e}是一个与频率相关的复参数，它代表了材料的介电特性和导电特性的综合。由于式（4.2-5）的第二项与频率成反比，它对导电材料的等效介电常数的贡献随频率的上升而减小，直至消失。

此外，由于式（4.2-4）从形式上与普通介质材料中的麦克斯韦-安培定律一致，2.3 节～2.5 节中推导的几类基本的单频电磁波的传播规律，在导电材料中仍然适用。因此，式（2.5-2）和式（2.5-3）中的波数k的表达式变为：$k = \beta - \mathrm{j}\dfrac{1}{2}\alpha = \omega\sqrt{\varepsilon_{\mathrm{e}}\mu_0}$，具有实部$\beta$和虚部$-\dfrac{1}{2}\alpha$；而式（2.5-6）中的阻抗的表达式变为：$\eta = \sqrt{\mu_0/\varepsilon_{\mathrm{e}}}$；式（2.5-5）中的折射率$n$和衰减系数$\alpha$由以下复数关系式确定：

$$n - \mathrm{j}\frac{\gamma}{k_0} = \sqrt{\frac{\varepsilon_{\mathrm{e}}}{\varepsilon_0}} = \sqrt{\frac{\varepsilon}{\varepsilon_0}}\sqrt{1 + \frac{\sigma}{\mathrm{j}\omega\varepsilon}} \tag{4.2-6}$$

式（4.2-6）中的比例项$\sigma / \omega\varepsilon$有两个极限：当$\sigma / \omega\varepsilon \ll 1$时，材料的介电特性对其等效介电常数起主导作用，而材料的导电特性对波数产生的影响较小；当$\sigma / \omega\varepsilon \gg 1$时，材料的导电特性对其等效介电常数起主导作用，此时等效介电常数$\varepsilon_e \approx \sigma / j\omega$。

当σ是实数并且与频率无关时，可以利用泰勒级数展开式：$\sqrt{1+x} \approx 1 + x/2$，这里$x \ll 1$；并结合恒等关系式$\sqrt{j} = (1+j)/\sqrt{2}$，推导出电导率$\sigma$为实数且与频率无关的情况下，电磁波各参数的近似表达式，如表 4.2-1 所示。

表 4.2-1　电导率 σ 为实数且与频率无关的材料的折射率 n、衰减系数 α 和波阻抗 η，在比例项 $\sigma / \omega\varepsilon$ 非常小和非常大的情况下的近似表达式

$\sigma / \omega\varepsilon \ll 1$	$\sigma / \omega\varepsilon \gg 1$	
$n \approx \sqrt{\varepsilon / \varepsilon_0}$	$n \approx \sqrt{\sigma / 2\omega\varepsilon_0}$	（4.2-7）
$\alpha \approx \sigma\sqrt{\mu_0 / \varepsilon}$	$\alpha \approx \sqrt{2\omega\mu_0\sigma}$	（4.2-8）
$\eta \approx \sqrt{\mu_0 / \varepsilon}$	$\eta \approx (1+j)\sqrt{\omega\mu_0 / 2\sigma}$	（4.2-9）

表 4.2-1 中的式（4.2-7）、式（4.2-8）和式（4.2-9）给出了折射率 n、衰减系数α和波阻抗η在比例项$\sigma / \omega\varepsilon$非常小和非常大的情况下的近似表达式。可以看出，对于特定的频率ω，当电导率σ很小时，衰减系数α与σ成正比，而当σ很大时，α与$\sqrt{\sigma}$成正比。波阻抗η在σ很小时为实数，并且与σ的取值无关，随着σ的增大，η变为复数，相角为$45°$，而幅值与$\sqrt{\sigma}$成反比。在这种情况下，η变得很小。因此，σ很大的导电材料与非导电材料的界面对电磁波的反射非常强。

在低频段，当电导率σ为定值时，折射率n与$1/\sqrt{\omega}$呈线性关系，而衰减系数α和波阻抗η则与$\sqrt{\omega}$呈线性关系。而当ω增大到一个很大的值，使得与频率相关的比例项$\sigma / \omega\varepsilon$变得非常小时，$n$、$\alpha$、$\eta$都变得跟频率无关，此时导电材料的电磁特性与非色散且有损耗的介质材料相同。

导电材料中光的强度被衰减至e^{-1}，所需的传播距离$d_p = 1/\alpha = 1/\sqrt{2\omega\mu_0\sigma}$，这个距离就是趋肤深度。趋肤深度和$n$的变化规律都是与$\sqrt{\omega}$呈反比，即与$1/\sqrt{\omega}$呈线性关系。

对于完美导体而言，$\sigma \to \infty$，因此$\alpha \to \infty$，相应的趋肤深度$d_p = 1/\alpha \to 0$，同时有波阻抗$\eta \to 0$，因此完美导体与介质材料的界面处的功率反射系数$R \to 0$，即完美导体可以作为完美的反射镜。

在后面的章节中会看到，现实中的金属材料在光频段的电导率通常都是复数，并且与频率相关，因此表 4.2-1 中列举的表达式并不适用。在这种情况下，电磁波参数的表达式与表 4.2-1 中的近似表达式会有显著的不同。

2. 德鲁德模型

由于金属材料的电流密度$\boldsymbol{J}$与外加电场$\boldsymbol{E}$的关系是动态的，电导率σ必然在某个有限的频段内与频率相关。德鲁德模型（Drude model）（也叫德鲁德-洛伦兹模型）将自由电子描述为理想气体中自由运动的独立微观粒子，这些微观粒子不断地发生碰撞与散射，而在两次碰撞事件之间是自由运动的。从德鲁德模型出发，可以得出电导率σ的一个与频率有关的表达式，如式（4.2-10）所示。

$$\sigma = \frac{\sigma_0}{1+\mathrm{j}\omega\tau} \tag{4.2-10}$$

式中，σ_0为低频电导率；τ为弛豫时间（碰撞时间）。当频率足够低，即$\omega \ll 1/\tau$时，电导率$\sigma \approx \sigma_0$为实数并且与频率无关，此时表 4.2-1 中的近似结论有效。

假设导电材料的介电特性与自由空间相同，即$\varepsilon = \varepsilon_0$，那么将式（4.2-10）代入式（4.2-5），可以得到相对等效介电常数的表达式：

$$\frac{\varepsilon_\mathrm{e}}{\varepsilon_0} = 1 + \frac{\omega_\mathrm{p}^2}{-\omega^2 + \mathrm{j}\omega/\tau} = 1 + \frac{\omega_\mathrm{p}^2}{-\omega^2 + \mathrm{j}\omega\zeta} \tag{4.2-11}$$

式中，$\zeta = 1/\tau$为散射速率（碰撞频率）。

等离子体（角）频率ω_p定义为

$$\omega_\mathrm{p} = \sqrt{\frac{\sigma_0}{\varepsilon_0\tau}} \tag{4.2-12}$$

相应的自由空间等离子体波长λ_p定义为

$$\lambda_\mathrm{p} = \frac{2\pi c_0}{\omega_\mathrm{p}} \tag{4.2-13}$$

有的导电材料的介电特性在$\omega \gg \omega_\mathrm{p}$时仍然存在一个与频率无关的相对介电常数项$1+\chi_\mathrm{m}$，此时式（4.2-11）描述的相对等效介电常数应修正为

$$\frac{\varepsilon_\mathrm{e}}{\varepsilon_0} = 1 + \chi_\mathrm{m} + \frac{\omega_\mathrm{p}^2}{-\omega^2 + \mathrm{j}\omega\zeta} \tag{4.2-14}$$

表 4.2-2 给出了一些金属材料的ω_p、λ_p、τ和ζ的测量值。

表 4.2-2　Al、Ag、Au 和 Cu 的等离子体（角）频率ω_p、自由空间等离子体波长λ_p、碰撞时间τ和碰撞频率$\zeta = 1/t$的测量值

金属材料	ω_p /rad/s	λ_p /nm	τ /fs	ζ /s^{-1}
Al	1.83×10^{16}	103	5.10	1.96×10^{14}
Ag	1.37×10^{16}	138	31.3	0.32×10^{14}
Au	1.35×10^{16}	139	9.25	1.08×10^{14}
Cu	1.33×10^{16}	142	6.90	1.45×10^{14}

以上结论与洛伦兹谐振子模型所描述的谐振材料类似。所不同的是，洛伦兹谐振子模型将电子描述为被弹性恢复力与某一原子核绑定，成为简谐振子。而在导电材料中，电子的运动是自由的，所以弹性恢复力与弹性系数$\kappa = 0$，相应地，材料的谐振频率$\sqrt{\kappa/m} = 0$。这样，由洛伦兹谐振子模型描述的电子运动方程就变成：$\mathrm{d}^2x/\mathrm{d}t^2 + \zeta\mathrm{d}x/\mathrm{d}t = -eE/m$，相应的电极化密度$P = -Nex$所服从的动力学方程为：$\mathrm{d}^2P/\mathrm{d}t^2 + \zeta\mathrm{d}P/\mathrm{d}t = (Ne^2/m)E$，这里的$N$是导电材料中电子的浓度。当激励电磁场的振荡角频率为ω时，电极化密度的动力学方程变为$-\omega^2P + \mathrm{j}\omega\zeta P = (Ne^2/m)E$，从而可以推出电极化率的表达式：

$$\chi(\omega)=\frac{P}{\varepsilon_0 E}=\frac{\omega_{\rm p}^2}{-\omega^2+{\rm j}\omega\zeta} \tag{4.2-15}$$

式中，$\omega_{\rm p}$ 的定义为

$$\omega_{\rm p}=\sqrt{\frac{Ne^2}{\varepsilon_0 m}} \tag{4.2-16}$$

结合式（4.2-15），并假设导电材料的介电特性部分存在一个与频率无关的相对介电常数项，即 $\varepsilon_{\rm e}=\varepsilon_0(1+\chi)$，可得

$$\sigma_0=\frac{Ne^2\tau}{m} \tag{4.2-17}$$

式（4.2-15）是洛伦兹谐振子模型在材料谐振频率 $\omega_0=0$ 以及 $\zeta=\Delta\omega=2\pi\Delta\nu$ 时的特殊情况，这里 $\Delta\nu$ 是材料谐振的带宽。

那么将式（4.2-10）代入式（4.2-5），可以得到式（4.2-11）。图 4.2-1 对洛伦兹谐振子模型描述的介质材料以及德鲁德模型所描述的金属材料的复数相对等效介电常数的实部和虚部进行了比较。

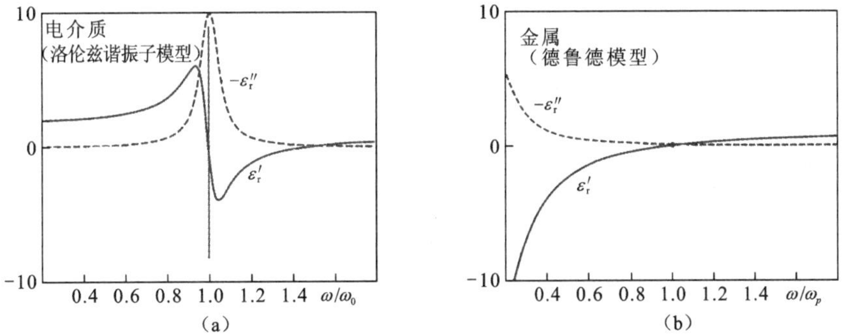

图 4.2-1　洛伦兹谐振子模型与德鲁德模型给出的相对等效介电常数比较

（a）由洛伦兹谐振子模型描述的介质谐振材料；（b）由德鲁德模型描述的金属材料

【例 4.2-1】　银的相对等效介电常数和功率反射率

图 4.2-2（a）给出了银的相对等效介电常数 $\varepsilon_{\rm re}=\varepsilon_{\rm e}/\varepsilon_0$ 的实测值（虚线）和根据德鲁德模型绘制的拟合曲线。其他金属的等效介电常数和反射率的实测数据可以从文献中查到。可以看出，根据德鲁德模型式（4.2-14）绘制的曲线在 450～600 nm 谱段与实测值拟合得很好，但在更短的波段则拟合得相对不好。在拟合曲线的波长范围内（200～600 nm），德鲁德模型的拟合参数为：$\chi_{\rm m}=4.45$、$\omega_{\rm p}=1.47\times10^{16}$ rad/s（$\lambda_{\rm p}$=128 nm）、τ=12 fs（$\zeta=0.84\times10^{14}$ s^{-1}）。图 4.2-2（b）比较了垂直入射条件下的功率反射率实测值（虚线）与根据德鲁德模型计算的反射率 $R=|(\eta-\eta_0)/(\eta+\eta_0)|^2$，其中 $\eta=\sqrt{\varepsilon_{\rm e}/\mu_0}$ 和 $\eta_0=\sqrt{\varepsilon_0/\mu_0}$ 是银和空气的阻抗，注意横坐标上的波长值是按从左到右不断减小的方式排列，这对应于频率值从左到右不断增大；自由空间的等离子体波长位于曲线的右边缘处。在 400～600 nm 谱段内银的功率反射率接近 1，实测值与计算值拟合得比较好。其他金属的频域特性与银类似。金和铜的自由空间等离子体波长位于紫外谱段，它们只有在入射波长大于 550 nm 时才是较好的反射体，这也是它们的

颜色偏红的原因。金和铜的频域特性偏离德鲁德模型的根源在于带间吸收，即由束缚电子引起的光吸收，这是德鲁德模型没有考虑在内的。与金和铜不同的是，铝的反射率从 200 nm～10 μm 以上都接近 1，这与德鲁德模型拟合得很好。

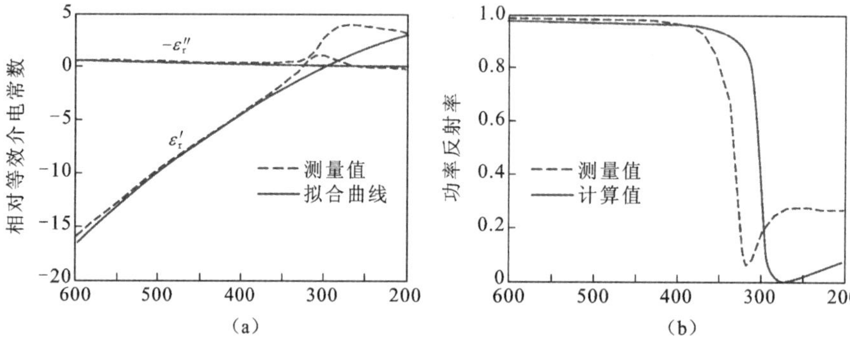

图 4.2-2　银的相对等效介电常数和功率反射率

（a）银的相对等效介电常数 $\varepsilon_{re}=\varepsilon_{re}'+j\varepsilon_{re}''$ 随波长的变化关系；（b）银与空气界面处的功率反射率随波长的变化关系

3. 简化的德鲁德模型

当电磁波的振荡频率非常高，即 $\omega \gg 1/\tau(\omega \gg \zeta)$ 时，德鲁德模型中的耗散项可以被忽略（$\zeta \to 0$）。在这种情况下，式（4.2-10）变成 $\sigma \approx \sigma_0 / j\omega\tau$，是纯虚数；进一步假设 $\chi_m = 0$，则式（4.2-14）成为简化的德鲁德模型所描述的等效介电常数，其取值为实数：

$$\varepsilon_e = \varepsilon_0\left(1-\frac{\omega_p^2}{\omega^2}\right) \tag{4.2-18}$$

式（4.2-18）表明，材料中存在的自由电荷可以使材料的等效介电常数 ε_e 小于真空的介电常数 ε_0，并使 ε_e 的表达式中存在一项与频率的平方成反比的项。

简化的德鲁德模型可以用来描述金属材料在近红外和可见光频段的光学特性。例如，当波长小于 1 μm 时，对应的角频率 $\omega = 2\pi\nu = 1.9\times10^{15}$ rad/s，对于表 4.2-2 中列举的金属材料而言，都满足 $\omega \gg \zeta$ 的条件。

总之，当电磁波的振荡频率非常高，即 $\omega \gg 1/\tau(\omega \gg \zeta)$ 时，简化的德鲁德模型是洛伦兹谐振子模型的一个特殊情况，其中没有弹性恢复力（$\kappa = 0$），也没有耗散（$\zeta = 0$）。由式（4.2-18）所描述的等效介电常数 ε_e 是实数，当 $\omega < \omega_p$ 时 ε_e 的取值为负，此时导电材料为单负材料。当 $\omega > \omega_p$ 时 ε_e 的取值为正，此时导电材料为双正材料。

在德鲁德模型所描述的导电材料中传播的电磁波，可以用传播常数 $\beta = nk_0 = \sqrt{\varepsilon_e/\varepsilon_0}(\omega/c_0)$ 和以下色散关系来表征：

$$\beta = \frac{\omega}{c_0}\sqrt{1-\frac{\omega_p^2}{\omega^2}} \tag{4.2-19}$$

图 4.2-3（a）展示了相对等效介电常数 $\varepsilon_e/\varepsilon_0$、折射率 n 和衰减系数 α 随频率变化的曲线。

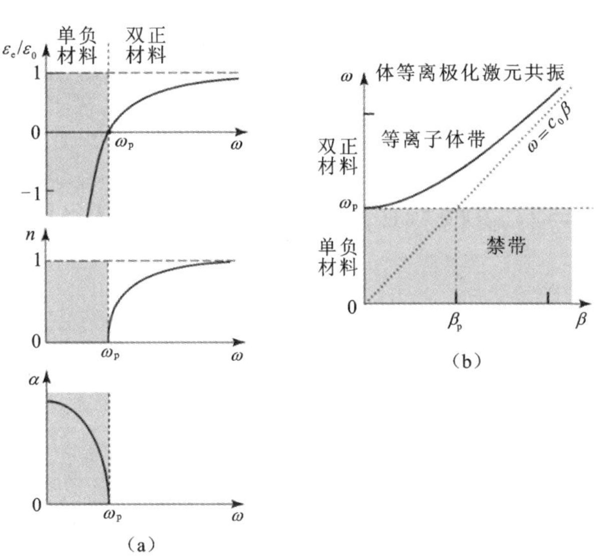

图 4.2-3 简化的德鲁德模型

(a) 由简化的德鲁德模型描述的材料的相对等效介电常数 $\varepsilon_e/\varepsilon_0$、折射率 n 和衰减系数 α 的频域特性；

(b) 传播常数 β 的色散关系曲线 $\omega=\sqrt{\omega_p^2+c_0^2\beta^2}$

图 4.2-3 表明，当振荡频率小于、等于或大于等离子体频率时，在由简化的德鲁德模型所描述的金属材料中传播的电磁波会表现出以下截然不同的特性。

(1) 当电磁波的角频率 ω 小于导电材料的等离子体频率 ω_p 时，等效介电常数 ε_e 为负值，因此波数 $k=\omega\sqrt{\varepsilon_e/\mu_0}$ 为虚数，对应电磁波衰减的情况，即无法在导电材料中传播。相应的频率范围因此称为禁带，如图 4.2-3（b）所示。对应的衰减系数 $\alpha=2k_0(\omega_p^2/\omega^2-1)^{1/2}$，$\alpha$ 随着频率的增大而单调减小，并且在等离子体频率处变为 0，传播常数 β 也等于 0，因此电磁波在导电材料中不传播。此时金属材料中的自由电子在电磁波的激励下作纵向的集体振荡，即等离子体波，而这种振荡所携带的能量的最小单元称为等离激元，就好像光子（photon）是光频电磁波所携带的能量的最小单元一样。相对介电常数取负值，也意味着材料对电磁波的阻抗值为虚数。所以，当真空波长 λ_0 大于等离子体波长 λ_p 时，阻抗为实数的双正材料与阻抗为虚数的导电材料的界面处，电磁波将被完全反射，而该界面的作用是一个完美反射镜。对大部分金属材料而言，等离子体频率在紫外波段。对于某些金属，例如铜，等离子体频率有可能在可见光波段，因此它们只反射部分波长的光，从而具有特定的颜色。与金属材料相比，掺杂的半导体在可见光频段不是高反的，这是因为这些材料中的自由电子浓度 N 远小于金属，所以它们的等离子体频率位于红外频段，参见式（4.2-16）。需要指出的是，尽管德鲁德模型对于理解金属和掺杂半导体的光学特性提供了一个不错的基本模型，但它绝不是最完备的模型，这一点可以从【例 4.2-1】中看出。

(2) 当电磁波的角频率 ω 大于导电材料的等离子体频率 ω_p 时，等效介电常数 ε_e 为正的实数，此时导电材料将表现为无损耗的介质材料，且具有独特的色散特性。相应的传播常数

$\beta=(\omega^2-\omega_p^2)^{1/2}/c_0$，而折射率 $n=(1-\omega_p^2/\omega^2)^{1/2}$，此时 n 小于 1，而且在等离子体频率附近接近 0。大于导电材料的等离子体频率 ω_p 的那部分频率范围，称为等离子体带。在该频段内，在金属材料内部传播的电磁波称为 BPP（bulk plasmon polariton，体等离极化激元）。

4.2.2 金属材料与介质材料的界面：表面等离极化激元

在光频段，当电磁波的振荡频率低于等离子体频率（$\omega<\omega_p$）时，金属材料表现为单负材料。在这种情况下，金属材料与普通介质材料（双正材料）的界面支持 SPP 波的传播。

如 4.1.2 小节所述，SPP 波是光频段的一种传播的表面电磁波，与之相伴的是电子密度的纵波，其振荡频率也在光频段。SPP 波的光场能量被束缚在金属-介质界面附近的一个远小于光波长的空间内，因此可以在纳米尺度上直接操控 SPP 波，而不影响 SPP 波的光频振荡特性。此外，与 SPP 波被束缚在材料界面附近相伴的，是对界面处局部光场的显著增强。

在 4.1.2 小节中，针对双正材料与单负材料界面处的表面电磁波进行了分析，而在本小节，将这种分析思路应用到金属材料与介质材料的界面。具体而言，将式（4.2-18）定义的简化的德鲁德模型，与式（4.1-16）和式（4.1-17）定义的若干波参数联系起来讨论。

根据 4.1.2 小节中的分析，只要单负材料的介电常数的绝对值 $|\varepsilon_2|$ 大于双正材料的介电常数 ε_1，这两种材料的界面处就可以存在 SPP 波。而如果一种金属材料可以用简化的德鲁德模型描述，那么根据式（4.2-18），其等效介电常数为 $\varepsilon_2=\varepsilon_0(1-\omega_p^2/\omega^2)$，很明显，当 $\omega<\omega_p$ 时这种材料表现为单负材料。如图 4.2-4（a）所示，条件 $|\varepsilon_2|>\varepsilon_1$ 等同于条件 $\omega<\omega_s$，ω_s 的定义如下：

$$\omega_s=\frac{\omega_p}{\sqrt{1+\varepsilon_{r1}}} \tag{4.2-20}$$

式中，$\varepsilon_{r1}=\varepsilon_1/\varepsilon_0$ 为介质材料的相对介电常数。可以看出，由简化的德鲁德模型所描述的金属材料可以支持 SPP 波的频率范围（$\omega<\omega_s$），比它表现为单负材料的频率范围（$0<\omega<\omega_p$）要小。

将式（4.1-16）和式（4.2-18）结合，可以证明 β、n_b 和 ε_b 服从式（4.2-21），而式（4.2-22）则与 4.1.2 小节中的式（4.1-17）完全一致。$k_0=\omega\sqrt{\varepsilon_0\mu}=2\pi/\lambda_0$ 表示的是自由空间波数，而趋肤深度由 $d_p=1/(2\gamma)$ 给出：

$$\beta=n_b k_0,\quad n_b=\sqrt{\frac{\varepsilon_b}{\varepsilon_0}},\quad \varepsilon_b=\varepsilon_1\frac{1-\omega^2/\omega_p^2}{1-\omega^2/\omega_s^2} \tag{4.2-21}$$

$$\gamma_1=\sqrt{\frac{-\varepsilon_1^2}{\varepsilon_0(\varepsilon_1+\varepsilon_2)}}k_0,\quad \gamma_2=\sqrt{\frac{-\varepsilon_2^2}{\varepsilon_0(\varepsilon_1+\varepsilon_2)}}k_0 \tag{4.2-22}$$

如图 4.2-4 所示，式（4.2-21）中给出的参数在以下三个频段中行为有显著的不同。

（1）当 $\omega<\omega_s$ 时，由简化的德鲁德模型描述的金属材料是单负材料，SPP 波存在所需的条件 $|\varepsilon_2|>\varepsilon_1$ 得以满足，SPP 波可以沿着它与介质材料的界面处传导。SPP 波的速度为 c_0/n_b，

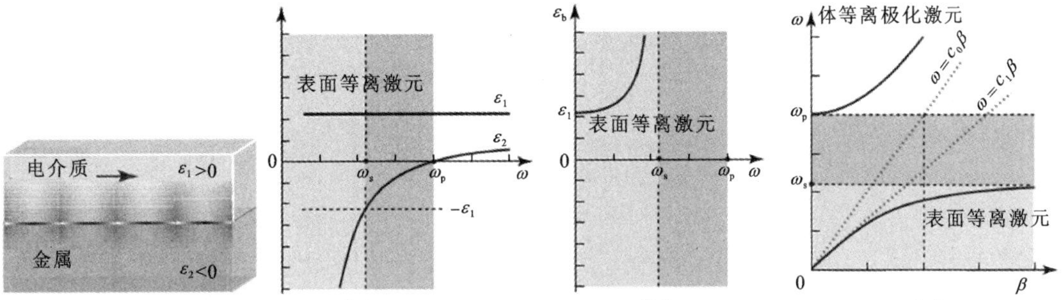

图 4.2-4 在金属材料与介质材料的界面处传播的 SPP 波

（a）介质材料的介电常数 ε_1 与金属材料的介电常数 ε_2 与频率的关系；（b）SPP 波的介电常数 ε_b 与频率的关系；（c）BPP 和 SPP 波的色散关系

其中 $n_b=\sqrt{\varepsilon_b/\varepsilon_0}$ 。由于 $\omega<\omega_s$ 所规定的频带位于体金属材料的禁带，即 $0<\omega<\omega_p$ 内，因此电磁波在体金属材料的内部无法传播。SPP 波的特性取决于比例项 $|\varepsilon_2|/\varepsilon_1$，该比例项是关于 ω/ω_s 的单调递减函数，并且在 $\omega=\omega_s$ 时趋近于临界值 1。与体介质材料中的电磁波相比，SPP 波的传播速度 c_0/n_b 较慢，等离激元波长 λ_0/n_b 较短。由于 SPP 波的传播常数 $\beta>\omega/c_1$，这一点也可以从图 4.2-4(c)中的色散曲线得到印证。图中的曲线是根据式(4.2-19)和式(4.2-21)计算得出，计算过程中假设介质材料的相对介电常数 $\varepsilon_{r1}=2.25$（玻璃的相对介电常数），因此 $\omega_s=\omega_p/\sqrt{1+\varepsilon_{r1}}=0.55\omega_p$，图中同时用红色虚线给出自由空间和体介质材料中的色散关系。根据式（4.1-17），金属材料的趋肤深度 $d_2=1/(2\gamma_2)$ 小于介质材料的趋肤深度 $d_1=1/(2\gamma_1)$，而两者均小于体介质材料中的波长。随着 ω/ω_s 的增加，SPP 波变慢，相关联的等离激元波长减小。如 4.1.2 小节所述，此时 SPP 波的光场变得更加局限化，在金属材料和介质材料中的趋肤深度更小。当 $\omega/\omega_s=1$ 时，金属材料和介质材料的介电常数幅值相等，而符号相反（$\varepsilon_1+\varepsilon_2=0$），此时 SPP 波的速度变为零。

（2）当 $\omega_s<\omega<\omega_p$ 时，由简化的德鲁德模型描述的金属是单负材料，但是由于 $|\varepsilon_2|<\varepsilon_1$，所以 SPP 波无法传播。因此，当电磁波从介质材料（双正材料）中传播至它与单负材料的界面处时，无论入射角多大都会被全反射。

（3）当 $\omega>\omega_p$ 时，由简化的德鲁德模型描述的金属是双正材料，双正材料与双正材料的界面不支持 SPP 波的传播。但是，与介质材料类似，此时电磁波可以在体金属材料中传播，即产生 BPP。在 $\omega>\omega_p$ 的高频段，电磁波在金属材料与介质材料的界面处发生反射和折射时所服从的规律与电磁波在两种介质材料的界面处反射与折射的规律是一致的。而当入射角大于临界角时，全内反射的情况也会发生。

如前所述，沿金属材料与介质材料的界面传播的 SPP 波的传播常数大于在介质材料中传播的频率相同的普通光波的传播常数，参见图 4.2-4（c），因此很难将这两列波直接耦合。一种可行的办法如图 4.2-5（a）所示，通过全反射在金属薄膜与介质 n_p 的界面处激发起倏逝波，并将其与金属薄膜与介质 n_1 的界面处的 SPP 波耦合。值得一提的是，使用类似的方法还可以用棱镜将光耦合到波导中。

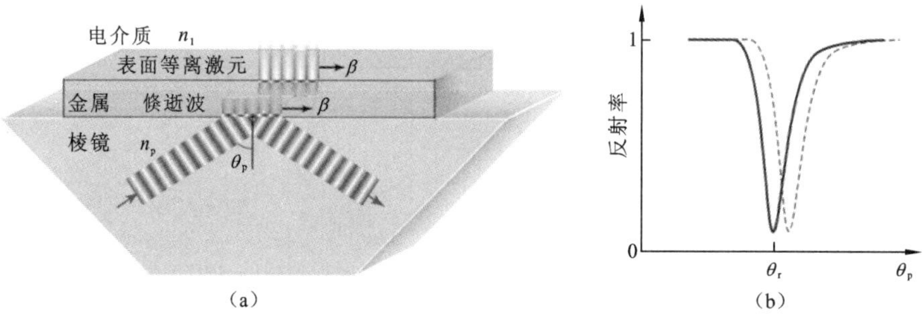

图 4.2-5 棱镜耦合法

（a）使用棱镜耦合器激发 SPP 波；（b）入射光的反射率与入射角 θ_p 的关系

两列波之间能耦合的条件是相位匹配，这就要求它们的传播常数精确相等。假设光从折射率为 n_p 的棱镜内部射向金属界面，要使倏逝波与 SPP 波的传播常数相等就要求入射角 $\theta_p = \theta_r$，其中 $n_p k_0 \sin\theta_r = \beta$。这里的参数 β 是 SPP 波的传播常数，由式（4.2-21）和式（4.2-20）给出。β 的大小取决于介质 n_1 的折射率：$n_1 = \sqrt{\varepsilon_1 / \varepsilon_0}$ [在图 4.2-5（a）中 n_1 用空气代表]。用下式可以很容易地验证入射角为 θ_r 时相位匹配条件是否满足：

$$\sin\theta_r = \frac{n_1}{n_p}\sqrt{\frac{1-\omega^2/\omega_p^2}{1-(1+n_1^2)\omega^2/\omega_p^2}} \tag{4.2-23}$$

当相位匹配条件满足时，入射光的功率以受挫全内反射（frustrated total internal reflection，FTIR）的形式传递并激发起 SPP 波，从而使棱镜一侧的反射光功率显著下降。如图 4.2-5（b）所示，反射率随入射角 θ_p 的变化曲线在 $\theta_p = \theta_r$ 处存在一个迅速下降又快速回升的类谐振区。由于角度 θ_r 取决于 n_1，折射率 n_1 的微小变化会引起 θ_r 的变化，即图中实线到虚线的变化。而 n_1 又由金属薄膜附近的物理环境决定，因此角度 θ_r 对金属薄膜附近的物理环境变化非常敏感，故该系统可用作高精度的传感器。这种被称为 SPR（surface plasmon resonance，表面等离激元共振）光谱分析的检测技术，已被广泛用于化学传感和生物传感等应用，具体的案例有气体传感和吸附式分子传感。激发 SPP 波的另一种方法是在金属表面加工周期性亚波长结构（光栅），这种结构在对光波造成散射的时候，会对入射波的传播常数贡献一个空间频率分量，从而补偿入射波和 SPP 波的传播常数失配。

要实现对 SPP 波的探测，只需要用棱镜耦合器或光栅，将 SPP 波转化为对应的普通光波[11]。

4.2.3 共振的金属纳米球：局域表面等离激元

亚波长尺度的金属结构与介质材料的（外部或内部）界面处支持自由电荷的振荡，即 LSP 振荡。这类结构的实例包括金属纳米球、纳米盘和其他纳米颗粒。当激发光的频率与结构的共振频率匹配时，就能产生 SPR。如 4.2.2 小节所述，要将 LSP 与长程 SPP 区分开，后者是沿着拓展的金属-介质界面传播的 SPP 波。同样，SPR 的频率与金属的等离子体频率也要区分开，尽管二者是相关的。金和银的纳米颗粒的 SPR 频率位于可见光频段，而这些金属材料的等离子体频率则位于紫外光频段。由于纳米颗粒的表面是弯曲的，直接的光照射也可能激发 SPR。而这些颗粒在透射和反射中所呈现的鲜明的色彩可以用被谐振增强了的散射和吸收来解释。

嵌入介质材料中的金属纳米球支持 LSP 振荡，分别在介电常数为负的金属和介电常数为正的介质中求解麦克斯韦方程组，并根据表面电荷的情况应用恰当的边界条件，便可以得到光场的分布。最低阶的 SPR 模式的光场分布如图 4.2-6 所示。

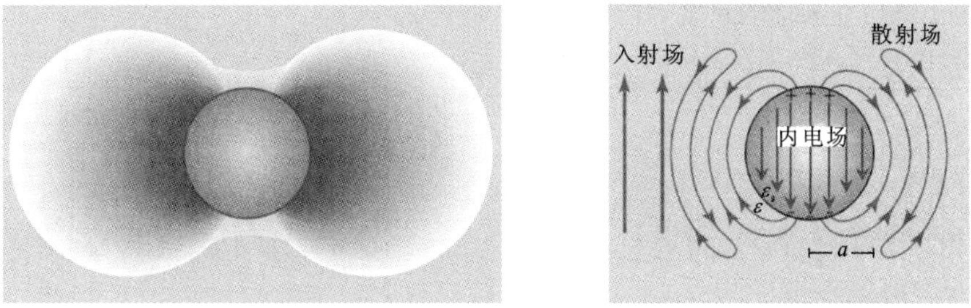

（a）　　　　　　　　　　（b）

图 4.2-6　共振的金属纳米球

（a）金属纳米球所支持的最低阶 SPR 模式在纳米球外部的光场幅值分布，纳米球内部的光场未显示；

（b）被入射平面波激发的 SPR 模式的电场线

金属纳米球是一个谐振的散射体。由瑞利散射理论可知，一列电场矢量为 $\boldsymbol{E}_0$ 的平面电磁波照射到一个小球上时会在小球内诱导出一个与 $\boldsymbol{E}_0$ 平行的内部电场 $\boldsymbol{E}_i$，而 $\boldsymbol{E}_i$ 的存在又导致一个振荡的电偶极子的产生，该偶极子产生的散射场（偶极子波）为 $\boldsymbol{E}_\mathrm{s}$，如图 2.6-3 所示。根据式（2.6-12），总的散射光功率为 $P_\mathrm{s}=\sigma_\mathrm{s} I_0$，其中 σ_s 为散射截面，而 I_0 是入射光的强度。

从式（2.6-16）和式（2.6-17）可知，当小球的半径与光波长之比 $a/\lambda \ll 1$ 时，σ_s 分别取决于纳米球的介电常数 ε_s 和包裹纳米球的材料的介电常数 ε，以及比例项 a/λ：

$$\sigma_\mathrm{s}=\pi a^2 Q_\mathrm{s},\quad Q_\mathrm{s}=\frac{8}{3}\left|\frac{\varepsilon_\mathrm{s}-\varepsilon}{\varepsilon_\mathrm{s}+2\varepsilon}\right|^2\left(2\pi\frac{a}{\lambda}\right)^4 \tag{4.2-24}$$

$$\boldsymbol{E}_i=\frac{3\varepsilon}{\varepsilon_\mathrm{s}+2\varepsilon}\boldsymbol{E}_0 \tag{4.2-25}$$

对于用简化的德鲁德模型描述的金属材料而言，其等效介电常数由式（4.2-18）给出：$\varepsilon_\mathrm{s}=\varepsilon_0(1-\omega_\mathrm{p}^2/\omega^2)$，$\varepsilon_\mathrm{s}$ 的正负取决于 ω 是低于还是高于等离子频率 ω_p。因此，式（4.2-24）和式（4.2-25）的分母（$\varepsilon_\mathrm{s}+2\varepsilon$）可以为负也可以为正，但是当 $\varepsilon_\mathrm{s}=-2\varepsilon$ 时，分母（$\varepsilon_\mathrm{s}+2\varepsilon$）为 0，而 σ_s 和 $\boldsymbol{E}_i$ 则变为无限大，即发生 LSP 共振。令 $\varepsilon_0(1-\omega_\mathrm{p}^2/\omega^2)=-2\varepsilon$ 可以得出 LSP 的共振频率，如下式：

$$\omega_0=\frac{\omega_\mathrm{p}}{\sqrt{1+2\varepsilon_\mathrm{r}}} \tag{4.2-26}$$

式中，$\varepsilon_\mathrm{r}=\varepsilon/\varepsilon_0$。需要指出的是，此处求得的 LSP 共振频率 ω_0，与金属材料的等离子体频率 ω_p［参见式（4.2-16）］，以及 SPR 可以存在的最大频率 ω_s［参见式（4.2-20）］是既有区别

又紧密相关的三个频率参量。

如图 4.2-7 所示，σ_s 和 $\boldsymbol{E}_i$ 是关于 ω 的函数，而当入射光的频率接近 ω_0 时，散射截面 σ_s 和内部电场 $\boldsymbol{E}_i$ 均显著增强。根据式（4.2-26），共振频率为 $\omega_0 = \omega_p / \sqrt{3}$，其中 ω_p 是金属材料的等离子体频率。当 $\omega < \omega_0$ 时，由入射场 $\boldsymbol{E}_0$ 诱导产生的偶极子指向与 $\boldsymbol{E}_0$ 矢量的方向相同，而内部电场 $\boldsymbol{E}_i$ 则与 $\boldsymbol{E}_0$ 方向相反，即 $\boldsymbol{E}_i / \boldsymbol{E}_0$ 为负，所以两者反向。与之相反的是 $\omega > \omega_0$ 的情况，此时金属纳米球的电磁特性与介质纳米球类似。当 ω 接近 ω_0 时，内部电场 $\boldsymbol{E}_i$ 和近场区域的散射场 $\boldsymbol{E}_s$ 相对于入射场 $\boldsymbol{E}_0$ 都得到了显著的增强。与光场增强相伴的是，电磁能的空间分布主要局限在一个与纳米球的尺度对应的有限区域内。

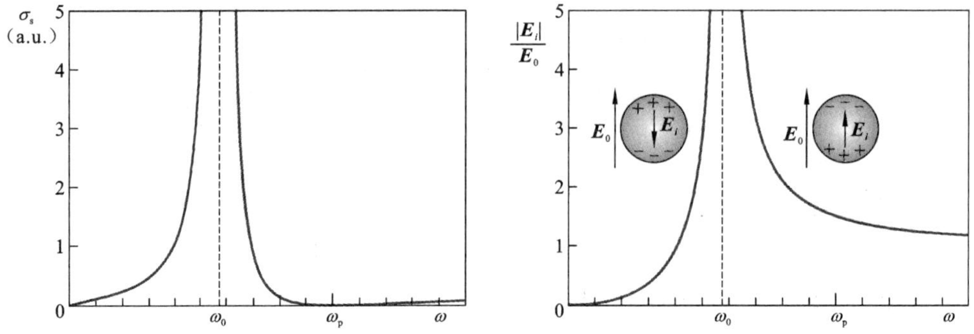

图 4.2-7　金属纳米球的散射截面和内部电场的共振特性

图 4.2-7 是基于简化的德鲁德模型，这个模型假设了金属材料没有吸收，而这种理想化的假设是导致图 4.2-7 中共振频率 ω_0 处散射截面 σ_s 和内部电场 $\boldsymbol{E}_i$ 均为无穷大的原因。实际的金属材料具有有限大小的电阻率和有限大小的吸收率，为了描述这一点，在数学上可以在介电常数中引入虚部，即将复介电常数表示为 $\varepsilon_s = \varepsilon_s' + \mathrm{j}\varepsilon_s''$。当式（4.2-24）和式（4.2-25）中分母的实部为零，即 $\varepsilon_s' = -2\varepsilon$ 时，就会发生共振，介电常数为复数导致的一个结果是，在共振时，分母中仍然存在残留的 $\mathrm{j}\varepsilon_s''$，而不是零，从而导致有限的 σ_s 值：

$$\sigma_s = \pi a^2 Q_s,\quad Q_s = \frac{8}{3}\left(2\pi\frac{a}{\lambda}\right)^4 \frac{\varepsilon_s''^2 + 9\varepsilon^2}{\varepsilon_s''^2} \tag{4.2-27}$$

除了作为共振式的散射体之外，金属纳米球还是共振式的吸收体。在 2.6.4 小节中讨论过，一个复介电常数为 ε_s 的纳米球被包裹在实介电常数为 ε 的介质材料中，它对入射波的瑞利散射过程伴随着吸收。吸收和散射都引起入射波的衰减（消光）。从式（2.6-22）可知，对于有吸收的情况，半径为 a 的球形散射体的吸收截面为 $\sigma_a = \pi a^2 Q_a$，它与式（4.2-24）中所述的散射截面为 σ_s 的纳米小球具有相同的共振条件，即 $\varepsilon_s' = -2\varepsilon$。将 $\varepsilon_s = \varepsilon_s' + \mathrm{j}\varepsilon_s''$ 代入式（2.6-22）得出吸收效率 Q_a 为

$$Q_a \approx -4\left(2\pi\frac{a}{\lambda}\right)\mathrm{Im}\left\{\frac{\varepsilon_s - \varepsilon}{\varepsilon_s + 2\varepsilon}\right\} = \left(2\pi\frac{a}{\lambda}\right)\frac{-12\varepsilon\varepsilon_s''}{(\varepsilon_s' + 2\varepsilon)^2 + \varepsilon_s''^2} \tag{4.2-28}$$

在共振时，上式右边的分母简化为 $\varepsilon_s''^2$，相应的吸收系数峰值由 $Q_a = -(2\pi a/\lambda)(12\varepsilon/\varepsilon_s'')$ 给出。金属的电阻率由 ε_s'' 表示，ε_s'' 越大，共振谱线越宽，σ_a 和 σ_s 的峰值越小。

当金属纳米球的 LSP 共振频率位于可见光和紫外光频段时，它们的波长选择性吸收和散

射特性，以及与之相伴的光场增强与聚焦功能可以得到很多应用。例如，当纳米球被嵌入玻璃中时，特定波长的光被纳米球吸收，玻璃也因此具有鲜明的色彩，巴黎圣母院的北玫瑰窗就是一个很好的例子。又比如，LSP 的共振频率取决于金属纳米球的宿主材料的相对介电常数 ε_r，因此金属纳米球可以灵敏地反映包裹它的材料的介质特性：从式（4.2-26）可知，当宿主材料的介电常数增大时，金属纳米球的共振频率降低、共振波长增加。

4.2.4　光学天线

天线是一种导电结构，可将振荡电流转换为电磁场，或者将电磁场转换为振荡电流[12]。它是电磁波的发射机和接收机中的关键组件。在射频和微波波段，天线的表现形式有金属丝、金属杆（包括单极子、偶极子和多极子）、金属环和微带线等，其尺度与电磁波的波长在同一数量级[图 4.2-8（a）]，这类天线是电磁共振结构。例如，一段长度为 L 的金属杆安装在导电平板上就构成一个单极子天线，它的共振频率为 $c/4L$，对应的波长为 $\lambda = 4L$[13]。等效地，两根长度均为 L 的金属杆被一个小的间隙分开，就构成一个偶极子天线，它在 $L = \lambda/4$ 时也会发生共振。

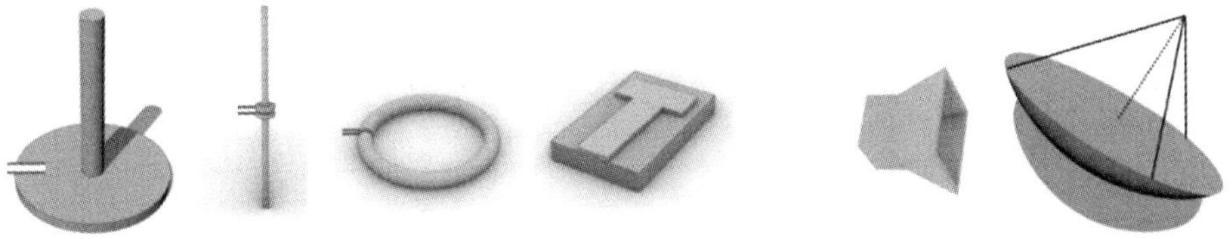

图 4.2-8　各种电磁天线

（a）无线电天线；（b）微波天线

天线还可以表现为具有某种特殊形状的导电结构，如图 4.2-8（b）所示，这样的结构可以拦截电磁波并改变其角向分布。在微波频率下，这类天线包括喇叭天线（连接到同轴电缆的金属喇叭）和碟形天线（具有抛物面型的金属表面，并且与激励电路的连接位于抛物面的焦点处）。这类天线不是电磁共振结构，它们的大小也可能远大于电磁波的波长。

构建共振式光学天线所用的金属结构与构建射频天线所用的结构是类似的，但是尺度要按比例缩小很多[图 4.2-9（a）]。以四分之一波的偶极子光学天线为例，它的长度在纳米量级，因此在加工上可能存在挑战。在光频段，光场通过 SPP 波与这类金属天线相互作用，而 SPP 波的波长比自由空间中的光波长还要小[14]。这些等离激元天线的作用是光的散射体，它们将入射光转换为局域化的 SPP 波，然后又向自由空间发射出场分布被改变过的光波[15]。

图 4.2-9（b）所示为非共振式的光学天线，包括镀有金属层的光纤锥（用于近场显微镜）和抛物面镜（用于望远镜）。这类光学天线的尺寸通常远大于光学波长。

4.2.3 小节讨论过共振式光学天线的一个具体案例，在这个案例中，一列平面波照射金属纳米球并激发局域化的 SPP 波，而局域化的 SPP 波又辐射出偶极子波，因而改变了入射波的

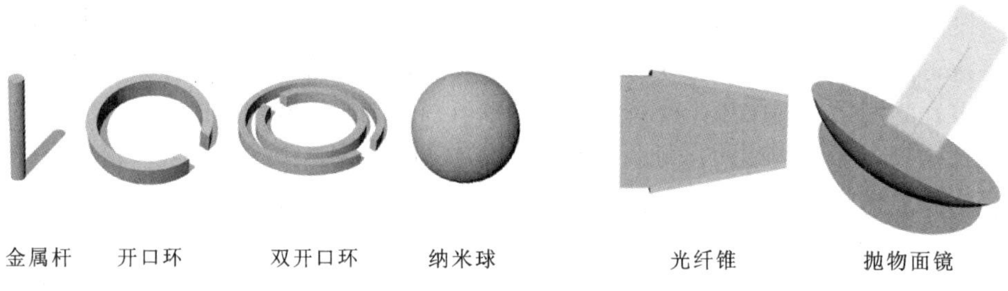

图 4.2-9　各种光学天线

(a) 由金属结构制成的共振式光学天线；(b) 非共振式光学天线

场分布。当入射波的频率与共振频率相等时，金属纳米球附近的光场得以增强并被局域化，并且散射截面急剧扩大，因而有更多的入射光被捕获并散射。因此，这个案例中的金属纳米球起到共振式光学天线的作用。其他纳米尺度的金属结构，例如图 4.2-9（a）所示的开口环和双开口环，在光频率下也存在共振，这些结构的共振特性取决于它们的形状和材料。

共振式光学天线可用于将光场局域化并耦合到很小的光吸收体，如单个分子中。例如，在图 4.2-10（a）所示的近场显微系统中，可以将带有导电底座的金属棒放在光纤锥的末端，形成单极子天线。如图 4.2-10（b）所示，放置在玻璃锥尖端的纳米球也具有类似的功能。一般来说，放置在光发射体和光吸收体之间的共振式光学天线可以促进光辐射和光探测过程，从而增强它们之间的相互作用。

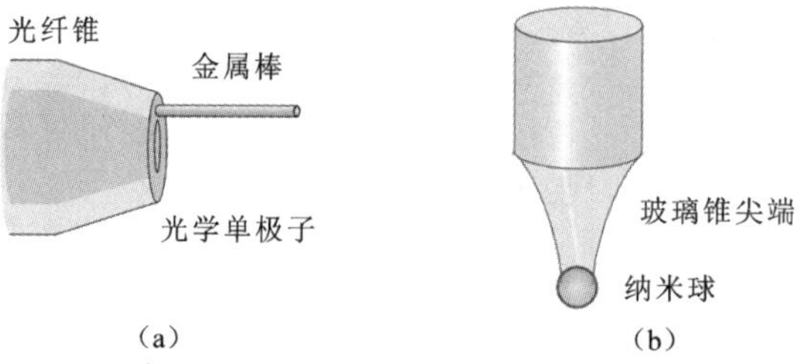

图 4.2-10　在近场显微系统中用于光场局域化的光学天线

(a) 光纤锥末端的单极子天线；(b) 玻璃锥尖端的纳米球天线

对光波与金属结构相互作用进行数学建模的最大挑战来自于这些结构的尺度与光的波长可比拟。通常需要进行包含电磁场和电荷分布的完整分析。传统的光学系统具有远大于纳米结构的尺度，可以很容易地使用常规的光学分析方法进行分析。而对于尺度很小的金属纳米结构而言，等效电路模型可以很好地预测它们的光学特性。

4.3　超构材料光学

光学超构材料是一种人工复合材料，它由亚波长结构单元的阵列构成，这种阵列具有经过精巧的空间排布和小于光波长的特征尺寸。超构材料的独特光学性质，既与构成材料的原子和分子结构有关，也与阵列的排布以及特征尺寸与工作波长的对比有关。经过精心设计的光学超构材料可以呈现出若干自然材料所不具备的特异光学特性。因此超构材料构成各种新奇光学器件的基础。

在第 3 章中讨论的光子晶体就是光学超构材料的一个类别。这些周期性的介质结构呈现出光子带隙，这种带隙与半导体材料中观察到的电子带隙类似。本节讨论的另一类超构材料，则是基于亚波长尺度的金属结构单元（例如金属棒和金属环），这些金属结构单元以周期或随机的方式排布成阵列并嵌入介质材料中，且阵列的特征尺寸是亚波长的。通过对结构单元的形状和阵列的排布方式进行人工设计，可以使超构材料的等效电磁参量，即 ε 和 μ，分别为正或负，进而获得所谓的单负材料和双负材料，以及它们的特异光学性质。

当金属结构单元中存在电磁谐振时，超构材料的等效电磁参量 ε 和 μ 会呈现出与工作频率的相关性，这一点与图 2.5-6 所示的谐振材料的电极化率的色散特性是类似的。如图 4.3-1 所示，当工作频率高于结构单元的谐振频率时，等效电磁参量 ε 和 μ 的实部可以为负，此时超构材料可以表现为单负材料或双负材料。需要指出的是，在谐振峰值频率附近，等效电磁参量 ε 和 μ 的虚部取值往往会非常大，这意味着谐振峰值频率附近的电磁波的衰减也会很显著。但是当频率足够高时，仍然可以找到一个较窄的频率范围，使得等效电磁参量 ε 和 μ 的实部均为负，而电磁波的衰减降低到可以接受的程度。

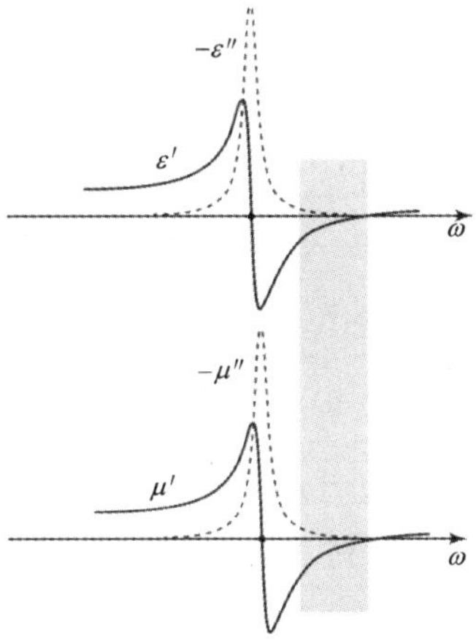

图 4.3-1　当工作频率高于谐振峰值频率时，同时存在电谐振和磁谐振的超构材料可以表现为双负材料

在光频段，自然界中的非磁性材料的磁导率 $\mu = \mu_0$，因此双负材料只能通过构建超构材料的方式获得。而光频段的双负超构材料的制造无疑是非常有挑战性的。首先，金属亚波长结构单元的特征尺寸必须小于光的波长，以使谐振频率位于光频段，而这就要求使用纳米尺度的制造技术。其次，等效电磁参量 ε 和 μ 的谐振峰值频率必须非常接近，这样才能让 ε 为负和 μ 为负的频段重合，如图 4.3-1 中的阴影区所示。由于超构材料这个研究领域越来越受关注，解决超构材料的制造问题也成为大量研究工作的研究目标，而超构材料的研究思路也从电磁学和光学拓展至声学、力学和热学等领域，并展现出广阔的发展前景。

接下来，首先研究三维形态的光学超构材料，然后研究二维的超构材料，即超构表面。

4.3.1 超构材料

对于在介质材料的三维空间中填充金属亚波长结构得到的超构材料而言，其等效电磁参量ε和μ可以通过三种方法求得：近似模型法、复数解析模型法、数值求解法。近似模型法包括等效介质模型和等效电路模型。等效介质模型的理论基础是 2.6.4 小节中介绍的 Maxwell-Garnett 式，因此严格地说只适用于纳米球这种亚波长结构单元。但是在实践中，这种模型也被广泛用于其他形状的金属亚波长结构单元。

等效电路模型则适用于各种形状的金属亚波长结构单元，只要它们足够小。通常，要确定自然界中的材料的介电特性和磁特性，是通过对组成该材料的原子在外加电场和磁场中诱导下产生的电偶极子和磁偶极子进行求和，得到电极化密度和磁化密度，进而确定介电常数ε和磁导率μ。类似的方法也可以用于超构材料，只需要将组成超构材料的结构单元（瑞利散射体）处理为电偶极子和磁偶极子。而将这些结构单元处理为电路元件，就可以通过电路分析的方法确定电偶极矩和磁偶极矩的取值，这种方法叫作点偶极子近似。

较大的结构单元可以用米氏散射理论处理（见 2.6.3 小节）。在这个理论中，偶极子的作用被处理为多极子展开式中的项。当然，也可以采用更复杂的电路模型处理较大的结构单元。然而，当金属结构单元之间的距离足够近，以至于它们的等离激元近场互相重叠时，这些近似的理论就无法处理结构单元之间的场耦合效应以及谐振时结构单元内的电磁场分布。要处理这些效应，可以通过在等效电路中引入互导来模拟单元间的耦合，并引入传输线模型或级联电路模型来模拟结构单元内的电磁场分布。当以上方法都失效时，就需要采用严格的数值仿真方法。

下面用基于等效介质法和等效电路法的近似模型来分析几类具有负介电常数、负磁导率、负折射率和双曲特性的超构材料。

1. 负介电常数超构材料：填充金属纳米球的介质材料

在 2.6.4 小节中讨论过，向介电常数为ε的介质材料中均匀填充复介电常数为ε_s的纳米球（如图 4.3-2 所示），所得到的复合材料的等效介电常数ε_e服从式（2.6-20）给出的 Maxwell-Garnett 混合法则：

$$\varepsilon_e \approx \varepsilon \frac{2(1-f)\varepsilon + (1+2f)\varepsilon_s}{(2+f)\varepsilon + (1-f)\varepsilon_s} \tag{4.3-1}$$

式中，f为填充因子。

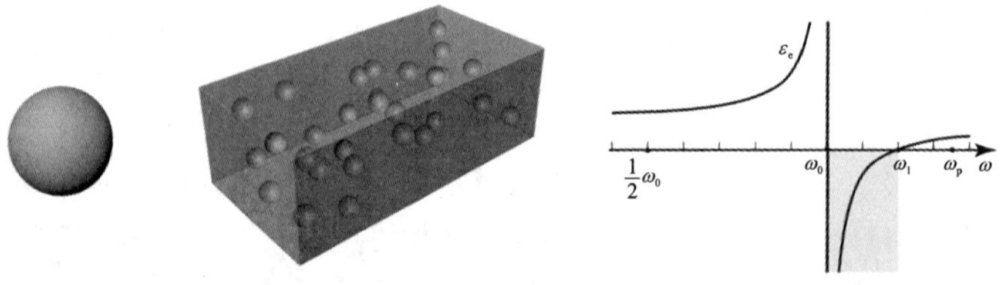

（a）　（b）　（c）

图 4.3-2　填充金属纳米球的负介电常数超构材料

（a）金属纳米球；（b）含有均匀分布的金属纳米球的介质材料；

（c）超构材料的等效介电常数ε_e在谐振频率ω_0处存在一个极点，在ω_1处存在一个零点

假设金属纳米球的材料特性服从简化的德鲁德模型，根据式（4.2-18）有 $\varepsilon_s=\varepsilon_0(1-\omega_p^2/\omega^2)$，这里的 ω_p 是金属的等离子体频率。则从式（4.3-1）可得

$$\varepsilon_e=\varepsilon_L\frac{1-\omega^2/\omega_1^2}{1-\omega^2/\omega_0^2} \tag{4.3-2}$$

式中

$$\omega_0=\frac{\omega_p}{\sqrt{1+\varepsilon_{r0}}},\quad \omega_1=\frac{\omega_p}{\sqrt{1+\varepsilon_{r1}}} \tag{4.3-3}$$

$$\varepsilon_L=\frac{1+2f}{1-f}\varepsilon,\quad \varepsilon_{r0}=\frac{2+f}{1-f}\varepsilon_r,\quad \varepsilon_{r1}=\frac{2(1-f)}{1+2f}\varepsilon_r \tag{4.3-4}$$

式中，$\varepsilon_r=\varepsilon/\varepsilon_0$ 为宿主材料的相对介电常数，假设为一个与频率无关的常数。

如图 4.3-2（c）所示，超构材料的等效介电常数 ε_e 在谐振频率 ω_0 处存在一个极点，在 ω_1 处存在一个零点。因为 $\varepsilon_{r0}>\varepsilon_r$，超构材料的谐振频率 ω_0 小于式（4.2-26）给出的孤立的金属纳米球的谐振频率。又因为 $\varepsilon_{r1}<\varepsilon_{r0}$，可得 $\omega_1>\omega_0$，因此 ε_e 在 ω_0 和 ω_1 之间的取值为负。当 μ 的取值为正时，该超构材料为单负材料，类似于均匀的金属在工作频率低于等离子体频率时的情况，如图 4.2-1（b）所示。

2. 负介电常数超构材料：填充细金属棒的介质材料

如图 4.3-3（a）所示，一根长为 a，半径为 w，且 $a\gg w$ 的圆柱型金属棒，它的电导近似等于 $L\approx(\mu_0 a/2\pi)[\ln(2a/w)-3/4]$。那么，图 4.3-3（b）中所示的填充了间距为 a 的平行金属棒的介质材料的等效介电常数可以按以下思路求得：沿金属棒的电场 $\boldsymbol{E}$ 在金属棒两端产生的电势差为 $V=aE$，该电势差在金属棒内诱导出的交变电流为 $i=V/\mathrm{j}wL$，与该交变电流对应的电荷为 $q=i/\mathrm{j}w$，电偶极矩为 $p=qa$。又因为在单位体积内的金属棒的数量为 $N=1/a^3$，则电极化密度为 $P=Np=p/a^3$，那么该超构材料的等效电极化率为 $\chi_e=P/\varepsilon_0 E$，而等效介电常数为 $\varepsilon_e=\varepsilon_0(1+\chi_e)$。

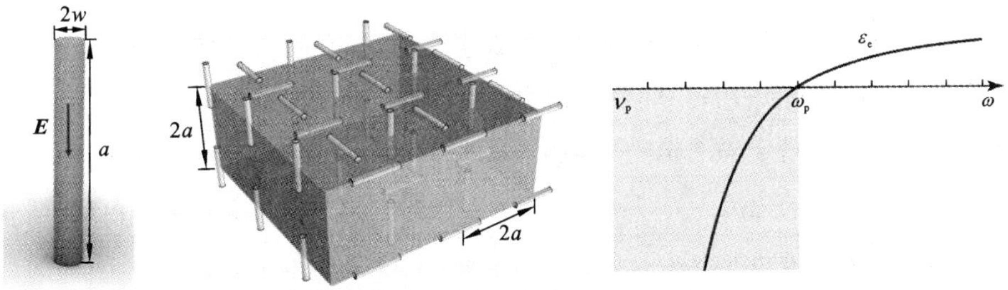

（a）　　（b）　　（c）

图 4.3-3　填充细金属棒的负介电常数超构材料

（a）长度为 a 且半径为 w 的细金属棒；（b）尺寸为 a 的立方晶格的每个点沿三个正交方向取向，构成各向同性的超构材料；（c）等效介电常数 ε_e 随工作频率的变化规律与简化的德鲁德模型相同

将上面这些式合并整理之后，可以得到关于等效介电常数的完整表达式，其形式与简化的德鲁德模型形式相同：

$$\varepsilon_e=\varepsilon_0\left(1-\frac{\omega_p^2}{\omega^2}\right),\quad \omega_p=\frac{1}{\sqrt{\varepsilon_0 aL}}=2\pi\frac{c_0}{a}\frac{1}{\sqrt{2\pi\ln(2a/w)-\dfrac{3}{2}\pi}} \tag{4.3-5}$$

这里假设介质材料的介电常数与自由空间相等，而金属棒的电导L取决于金属棒的尺寸a和w，则等离子体频率ω_p由a和w决定。当μ值为正时，该超构材料为单负材料。需要指出的是，上式中假设金属棒中不存在损耗，而如果要考虑损耗，只需在金属棒的阻抗项jwL中加入电阻项R。

3. 负磁导率超构材料：含有金属开口环的介质材料

如图 4.3-4（a）所示，一个金属开口环可以看作一个由电导L和环的开口所等效的电容C串联而成的谐振电路，其谐振频率为$\omega_0=1/\sqrt{LC}$。当开口环的直径小于 100 nm，且环的开口宽度小于 10 nm 时，谐振频率ω_0位于光频段。

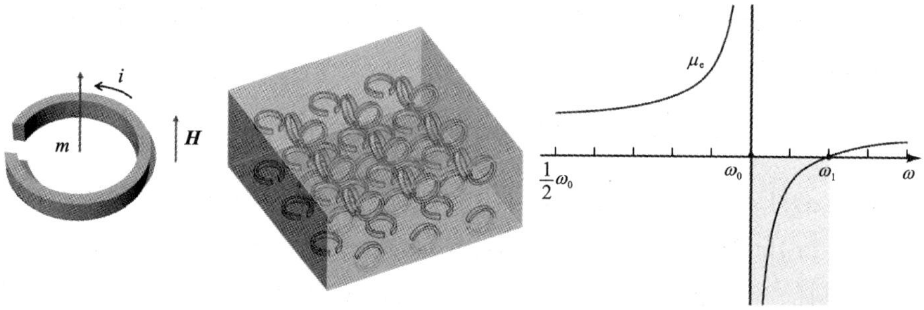

图 4.3-4　负磁导率超构材料

（a）金属开口环在磁场的激励下产生磁偶极矩m；（b）通过在立方晶格的顶点处沿三个正交方向取向设置这样的开口环所得的各向同性超构材料；（c）等效磁导率μ_e随工作频率的变化曲线在ω_0处有一个极点，在ω_1处有一个零点，并且在ω_0和ω_1之间为负

如图 4.3-4（b）所示，通过在周期性晶格的顶点沿三个正交方向均匀填充这样的金属开口环，可以得到等效磁导率为μ_e的超构材料。等效磁导率μ_e可通过计算磁场$\boldsymbol{H}$沿开口环所在平面的法线作用于开口环时，在开口环中诱导的磁偶极矩求得：如图 4.3-4（a）所示，磁场$\boldsymbol{H}$在开口环中诱导的电压V等于磁通量的变化速率，即$V=-jw\mu_0 AH$，其中的A是开口环的面积。该电压在开口环中产生的电流为$i=V/Z$，其中的Z是开口环的阻抗，$Z=jwL+1/jwC$。而该电流导致的磁偶极矩为$m=Ai$。

假设开口环的体密度为每单位体积N个开口环，对应的磁化密度$M=Nm$，因此等效磁导率$\mu_e=\mu_0(H+M)/H$由下式给出：

$$\mu_e=\mu_0\frac{1-\omega^2/\omega_1^2}{1-\omega^2/\omega_0^2},\quad \omega_0=\frac{1}{\sqrt{LC}},\quad \omega_1=\frac{\omega_0}{\sqrt{1-\mu_0 NA^2/L}} \tag{4.3-6}$$

开口环的电导为$L\approx\mu_0 b[\ln(8b/a)-7/4]$，其中$b$和$a$分别是环的半径和构成环的金属线的半径，并且$b\gg a$。如图 4.3-4（c）所示，$\mu_e$随工作频率的变化曲线在$\omega_0$处有一个极点，在$\omega_1$处有一个零点，并且在$\omega_0$和$\omega_1$之间为负。当$\varepsilon$为正时，该结构是单负超构材料。而开

口环的等效磁导率 μ_e 与工作频率的关系式（4.3-6）与金属纳米球的等效介电常数与工作频率的式（4.3-2）是相同的。

4. 负折射率超构材料

图 4.3-3（c）中由金属棒组成的超构材料所呈现的负介电常数和图 4.3-4（c）中由金属开口环组成的超构材料所呈现的负磁导率可以被融为一体，构成双负超构材料，起到负折射率材料的作用。如图 4.3-5 所示，只需要将金属棒和双开口环组成结构单元，并沿两个正交方向作周期性重复。这种结构需要斜入射的电磁波的激励，才能通过横磁平面波激励起表面等离激元。如图 4.3-1 所示，当光沿水平平面入射且工作频率高于等效介电常数和等效磁导率的谐振频率时，该材料是双负的，因此折射率也为负。这种设计首先在微波频段得到实验验证[16]，而后通过缩小结构单元的尺寸在光频段工作。

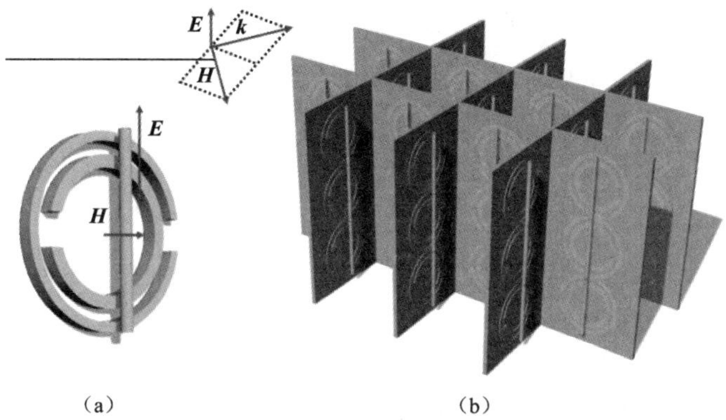

图 4.3-5　负折射率超构材料

（a）由金属棒和双开口环组合而成的结构单元；（b）由该结构单元沿两个正交方向取向构成的双负超构材料

随后，更多易于制造的可见光负折射率超构材料被陆续提出。其中一种设计是渔网型金属-介质多层膜结构，图 4.3-6 给出了该设计的一个简化版本。在这个设计中，电磁波垂直入射到渔网结构表面，电场矢量和磁场矢量分别平行于渔网中相互正交的金属条，平行于电场的条状多层膜结构使等效介电常数为负，而平行于磁场的条状多层膜结构支持反对称的谐振模式，当工作频率大于谐振频率时，结构的等效磁导率为负。这种渔网型的超构材料可以在可见光频段用作负折射率材料。

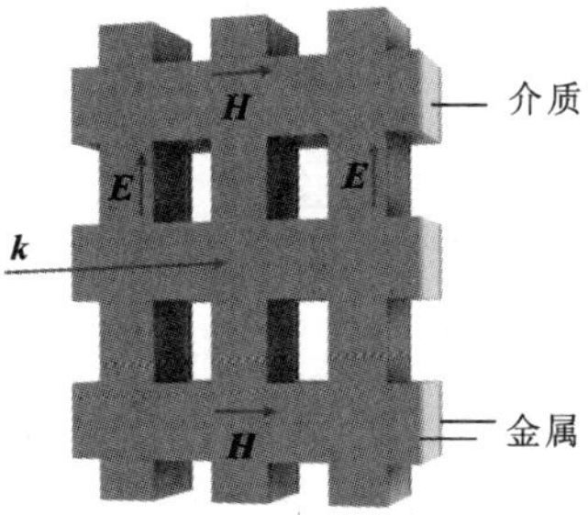

图 4.3-6　简化版的渔网型金属-介质纳米复合超构材料

5. 双曲超构材料：含有平行金属棒的介质材料

当一种各向异性的材料的电导率张量（或磁导率张量）的对角线元素的取值符号有正有负时，该材料称为双曲材料[1]。这里讨论填充在介电常数为 ε 的平行金属棒阵列，如图 4.3-7（a）所示，该超构材料的等效介电常数为一个张量，张量的对角线元素与工作频率的关系如图 4.3-7（b）所示。当长度和半径的比值极大时，这些金属棒表现出极强的各向异性，而结构整体则表现出双曲特性。

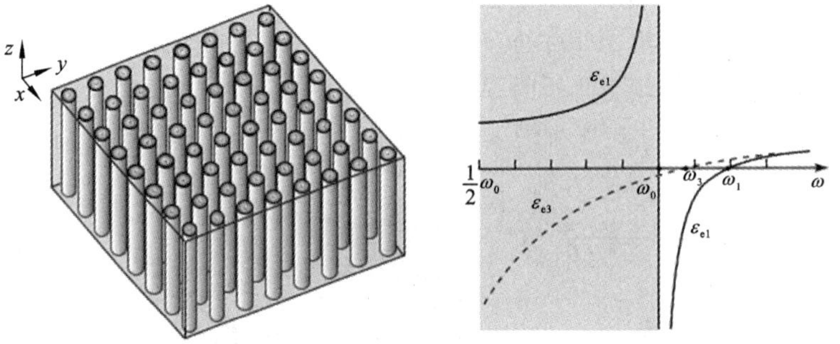

（a）　　　　　　（b）

图 4.3-7　双曲超构材料

（a）在介电常数为 ε 的宿主介质材料中填充平行金属棒，金属材料的特性服从简化的德鲁德模型；

（b）在横截面内的场分量的等效介电常数，以及沿金属棒轴向的场分量的等效介电常数随频率变化的曲线

为说明这一点，可以按照等效介质的方法，将介电常数张量的三个对角线主值的表达式分别写出来，并用下标 1，2，3 分别代表 x, y, z 三个方向。与 2.6.2 小节中对介质小球的分析类似，介质圆柱内部场和外部场的比例为：$E_i / E_0 = 2\varepsilon / (\varepsilon_s + \varepsilon)$。运用 Maxwell-Garnett 混合法则，可以得到在横截面内的场分量的等效介电常数，以及沿金属棒轴向的场分量的等效介电常数：

$$\varepsilon_{e1} = \varepsilon_{e2} = \varepsilon \frac{2f\varepsilon_s + (1-f)(\varepsilon_s + \varepsilon)}{\varepsilon_s + \varepsilon + f(\varepsilon - \varepsilon_s)}, \quad \varepsilon_{e3} = (1-f)\varepsilon + f\varepsilon_s \tag{4.3-7}$$

对于沿金属棒轴向的场分量而言，有 $E_i / E_0 = 1$。

对 ε_s 运用简化的德鲁德模型式（4.2-18），结合关于金属纳米球的式（4.3-2）～式（4.3-4），以及关于金属棒的式（4.3-5），再应用式（4.2-20），可以得到以下介电常数张量对角线主值的表达式：

$$\varepsilon_{e1} = \varepsilon_{e2} = \varepsilon_L \frac{1 - \omega^2 / \omega_1^2}{1 - \omega^2 / \omega_0^2}, \quad \varepsilon_{e3} = \varepsilon_n \left(1 - \frac{\omega_3^2}{\omega^2}\right) \tag{4.3-8}$$

式中

$$\omega_0 = \frac{\omega_p}{\sqrt{1+\varepsilon_{r0}}}, \quad \omega_1 = \frac{\omega_p}{\sqrt{1+\varepsilon_{r1}}}, \quad \omega_3 = \frac{\omega_p}{\sqrt{1+\varepsilon_{r3}}} \tag{4.3-9}$$

$$\varepsilon_{r0} = \frac{1+f}{1-f}\varepsilon_r, \quad \varepsilon_{r1} = \frac{1-f}{1+f}\varepsilon_r, \quad \varepsilon_{r3} = \frac{1-f}{f}\varepsilon_r \tag{4.3-10}$$

$$\varepsilon_L = \frac{1+f}{1-f}\varepsilon, \quad \varepsilon_{\mathrm{n}} = \varepsilon_0[f + (1-f)\varepsilon_{\mathrm{r}}] \tag{4.3-11}$$

且 $\varepsilon_{\mathrm{r}} = \varepsilon / \varepsilon_0$。

常规等效介电常数项 $\varepsilon_{\mathrm{e1}} = \varepsilon_{\mathrm{e2}}$ 在谐振频率 ω_0 处存在一个极点，在 ω_1 处存在一个零点，而异常等效介电常数项 $\varepsilon_{\mathrm{e3}}$ 在频率 ω_3 处存在一个零点。当工作频率小于 ω_3 时，$\varepsilon_{\mathrm{e3}}$ 取值为负；当工作频率由低频经过 ω_3 变成高频时，$\varepsilon_{\mathrm{e3}}$ 的取值由负变正。这种特性与典型金属材料的特性相同。从图 4.3-7 还可以看出，$\varepsilon_{\mathrm{e1}} = \varepsilon_{\mathrm{e2}}$ 和 $\varepsilon_{\mathrm{e3}}$ 在由阴影区标出的很宽的一个频率范围内符号相反，即该各向异性材料是双曲的。在这个频率范围内，该材料在一个方向呈现出介质材料的特性，而在正交的方向上呈现出金属材料的特性。

4.3.2　超构表面

当超构材料的阵列维度从三维降到二维时，就是超构表面。典型的例子如在介质衬底上的亚波长金属结构单元的二维阵列，而阵列的排布可以是周期的、非周期的，或者随机的。而互补超构表面则由排布在超薄金属表面的亚波长介质结构单元，例如孔和它们之间的间隙组成。亚波长结构单元的形状以及阵列的排布方式，赋予超构表面特异的光学性质。而这种光学性质的物理根源是金属与介质界面处的 SPP 波。

1. 作为相位调制器的超构表面

一列沿 z 方向传播的波，在通过 x-y 平面内具有固定厚度 d 和渐变的折射率分布 $n(x,y)$ 的介质平板时，会经历与空间位置有关的相移 $\varphi(x,y) = n(x,y)k_0 d$，而这就改变了它的波前。要实现 2π 的相移需要介质平板的局部厚度等于介质中光的波长。而超构表面的优点在于只需小得多的厚度，就可以引入相同数量级的相移。超构表面中的金属亚波长结构单元与光学天线的电磁波调控功能非常相似。一个谐振天线的作用就像一个电磁散射体，对入射电磁波引入与频率相关的相移，在频率从谐振频率以下增大到谐振频率以上的过程中，天线引入的相移也从 $-\pi/2$ 变为 $\pi/2$[17]。

要实现与空间位置有关的相移 $\varphi(x,y)$，可以采用尺寸和形状与空间位置有关的结构单元组成的超构表面，这些结构单元的谐振频率也因此与空间位置有关。当一列固定频率的电磁波通过该超构表面时，所经历的相移也就与空间位置有关，所以超构表面起到相位调制器的作用[18]。图 4.3-8（a）给出一个具体的例子。设置结构单元的形状，使它们对于电磁波的某个偏振分量引入的相移是关于空间位置的线性函数：$\varphi = qx$。因为超构表面非常薄，它可以被当作一个能引入与空间位置有关的相位突变的光学元件，这里的相位突变是指在趋于 0 的传播距离（$d \to 0$）中发生的相移。

超构表面引入的相位突变使它与具有渐变折射率分布 $n(x,y)$ 的介质平板一样，可以对入射光波进行各种调控。而利用超构表面进行光调控的优势在于它的厚度几乎为零（亚波长），因此光波在通过超构表面时产生的发散（衍射）可以被降至最低。例如，一个超构表面引入的相移 $\varphi(x,y)$ 沿 x 方向的变化率为 q，即 $\varphi = qx$，则该超构表面对入射波的复振幅引入的

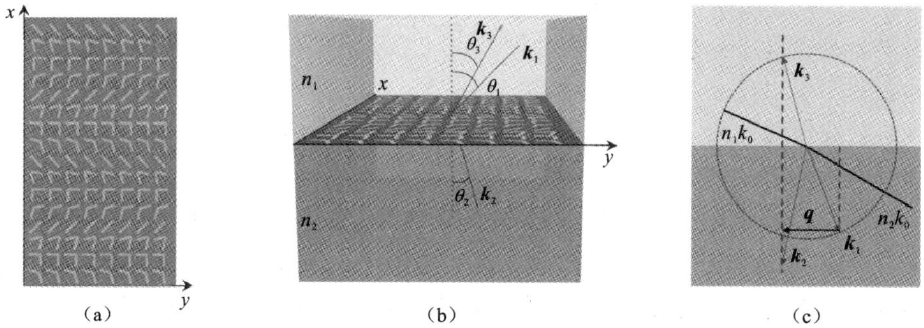

图 4.3-8　超构表面

（a）超构表面的金属结构单元的形状和谐振频率沿 x 方向变化。（b）由于超构表面的作用，电磁波在折射率为 n_1 和 n_2 的两种材料界面处发生负反射和负折射；（c）在超构表面处入射波和折射波之间，以及入射波和反射波之间的相位匹配条件

调制因子为 $\exp(-jqx)$，该因子是关于空间位置 x 的周期函数，空间频率 $\nu_x = q/2\pi$。当一列波矢为 $\boldsymbol{k}_1$ 的平面波入射到该超构表面时，产生的折射平面波和反射平面波的波矢分别为 $\boldsymbol{k}_2$ 和 $\boldsymbol{k}_3$。

如图 4.3-8（c）所示，为满足波在界面处的相位匹配条件，波矢 $\boldsymbol{k}_2$ 平行于界面的分量必须与 $\boldsymbol{k}_1+\boldsymbol{q}$ 相等，这里的 $\boldsymbol{q}$ 是一个幅值为 q 且指向 x 方向的矢量。同样，对于反射波而言，波矢 $\boldsymbol{k}_3$ 平行于界面的分量必须与 $\boldsymbol{k}_1+\boldsymbol{q}$ 相等。因此，如果该超构材料位于折射率为 n_1 和 n_2 的两种材料的界面处，它的存在会使波的反射和折射服从以下修正的斯涅尔公式[19]：

$$n_2 k_0 \sin\theta_2 = n_1 k_0 \sin\theta_1 + q \tag{4.3-12}$$

$$n_1 k_0 \sin\theta_3 = n_1 k_0 \sin\theta_1 + q \tag{4.3-13}$$

式中，θ_1、θ_2 和 θ_3 分别为入射角、折射角和反射角。

如图 4.3-8（b）所示，当 q 的符号和大小选择恰当时，超构表面的存在会导致界面处的负反射和负折射。而当 $q=0$ 时，式（4.3-12）和式（4.3-13）则简化为传统的折射定律。

当相位突变 $\varphi(x)$ 沿 x 方向缓慢变化时，它的导数 $q=\mathrm{d}\varphi/\mathrm{d}x$ 可以被看作沿 x 方向的局部空间频率。这个量决定了超构表面对入射波的波前造成的局部偏折量，即反射角和折射角关于位置 x 的函数。显然，这个思路可以扩展到超构表面引入相位突变的二维分布 $\varphi(x,y)$ 的情况。在二维情况下，矢量 $\boldsymbol{q}=\nabla\varphi$ 代表了相位调制的局部空间频率的幅值和方向[20]。因此，超构表面可以在 x-z 平面和 y-z 平面对入射波的波前引入所需的局部偏折量[21]，而这个思路与天线阵列或光学相位板是非常相似的。通过设计结构单元的形状，超构表面也可以用于引入与位置相关的振幅调制。相位和振幅调制合在一起，可以实现复透射率的分布函数，用于模拟物体产生的光的波前，即全息图[22]。

2. 金属亚波长孔阵列的异常光透射

由金属膜上的周期性亚波长孔以及它们的间隙组成超构表面，对于具有特定波长和入射角的电磁波有异常高的功率透射系数。透射率 $T(\lambda,\theta)$ 随波长 λ 和入射角 θ 变化的函数关系曲线中存在非常窄的峰，且峰值显著大于传统衍射理论的预测值。实际上，假设 T_h 是单位面积内的亚波长孔的总面积，则对于正入射的平面波而言，其透射率 $T(\lambda,0)$ 的峰值可能比 T_h 高若干个数量级。

这种现象的原因是由于亚波长孔阵列的存在，入射光在金属膜中激励起 SPP 波，而金属膜中的振荡电子又产生了光的辐射。因此金属膜中的周期性纳米孔应当被视作有源的发射器件，而非用于通光的无源几何孔。

透射率取极大值的条件是入射光波和激发的 SPP 波的相位匹配，对于周期为 a_0 的正方形晶格的周期性孔阵列而言，相位匹配条件为

$$\beta = k_{\perp} \pm m_x g_x \pm m_y g_y \tag{4.3-14}$$

式中，$\beta = (\omega / c_0)\sqrt{\varepsilon_{\mathrm{b}} / \varepsilon_0}$ 为 SPP 波的传播常数［见式（4.2-21）］；$k_{\perp} = (2\pi / \lambda)$ 为入射光在阵列平面内的波矢的分量；$g_x = g_y = 2\pi / a_0$ 为周期阵列的基本空间频率；整数 m_x 和 m_y 为相关的空间谐波（散射级数）。透射率 $T(\lambda,\theta)$ 作为入射角 θ 的函数也表现出光子带隙，这与在光子晶体中观察到的光子带隙非常相似，只不过光子晶体是基于介质材料的三维周期性结构（见 3.3 节）。

在完美导体中，理论上也存在类似的异常光透射现象，此时材料的等效介电常数的表达式与等离激元体的等效介电常数形式相同，而等离子体频率由孔的几何形状决定。

第 5 章

导波光学

在传统的光学仪器和系统中，光以光束的形式从一处传播到另一处。在传播过程中，光束会产生衍射并展宽，而反射镜、透镜和棱镜等光学元件则可以对光束进行聚焦、准直、中继和扫描。组成传统光学系统的光学元件通常很大且笨重，并且光路中存在的其它物体会遮挡光束并使光束发散。

在很多情况中，让光束通过介质波导传播而不是通过自由空间传输会更有利。实现这一目标的技术称为导波光学。导波光学的发展，最初是为了实现长程光传输而无需中继透镜，而现在该技术在很多领域都得到了应用。一些典型案例包括：用于光通信的长程光传输；将光导入通常很难到达的位置进行生物医学成像；用于连接微型光电系统中的各种元件等。

将光局域化的基本原理很简单：如果将折射率为 n_1 的介质，嵌入折射率为 $n_2(n_2<n_1)$的介质中构成光的“陷阱”，入射的光线就可以通过界面处的多次全内反射而被局域化。利用该原理可以把光限制在高折射率介质中，将光从一处传递到另一处的导引器件，因此可以用于研制光波导。如图 5.0-1 所示，光波导可以定义为一种光的导引器件，它由一种板状、条状或柱状的介质，嵌入另一种折射率较低的介质构成。光在折射率较高的内部介质中传播，而不会辐射到折射率较低的外部介质中。光波导中应用最广泛的是光纤，它由两个低损耗介质（例如玻璃）的同心圆柱体构成。其他类型的光波导包括基于光子晶体的光波导和基于金属-介质复合结构的光波导。

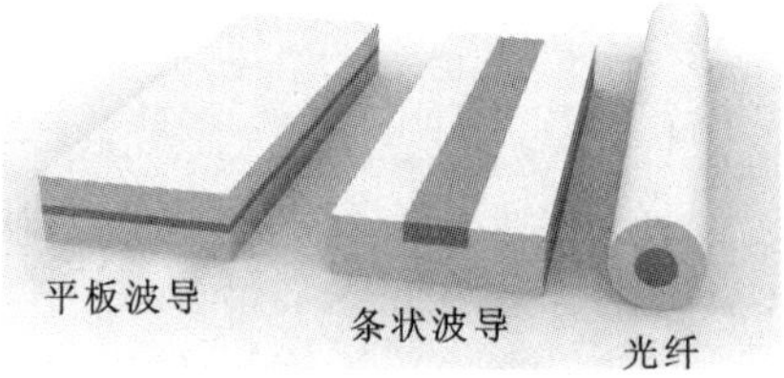

图 5.0-1　光波导结构示意图

集成光子学或集成光学，是将各种用于产生、汇聚、分离、组合、隔离、起偏、耦合、切换、调制和探测光的器件与功能单元集成在单个衬底（“芯片”）上的技术，而光波导则用于实现这些功能单元的片上互联。如图 5.0-2 所示，这类芯片被称为光子集成电路（光子芯片），是集成电路的光学版本。图 5.0-2 给出了一个用作光收发器的光子芯片的例子。集成光学的目标是实现光学器件的小型化，而其具体的实现方式与集成电路使电子器件小型化的方式大致相同。

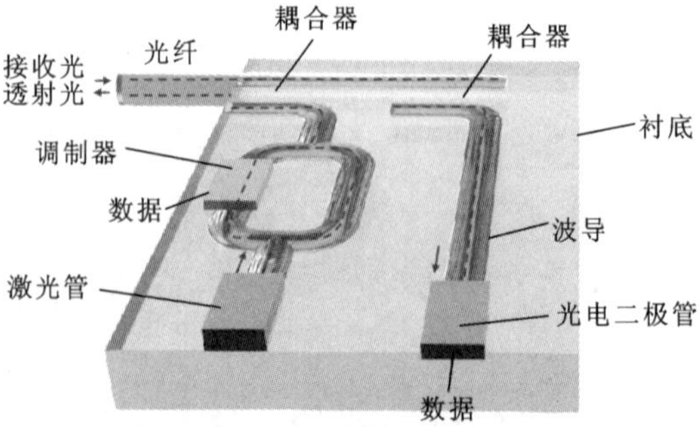

图 5.0-2　用作光收发器（光接收器/发射器）的光子芯片示例

如果在一段短波导的两端放置反射镜，就可以实现光的局域化和存储，这种结构就是光学谐振腔。光学谐振腔是激光器的核心部件，将在第6章详细讨论。

5.1 平行平面镜波导

首先考察一种由两个无限大且间距为 d 的平行平面镜构成的波导，并研究其中的电磁波如何传播。如图5.1-1所示，假设平面镜对光的反射为无损的，一束 y-z 平面内的光线（与镜面成夹角 θ）就可以在镜面之间来回反射而不会损失能量，那么光线将被波导沿 z 方向导引。

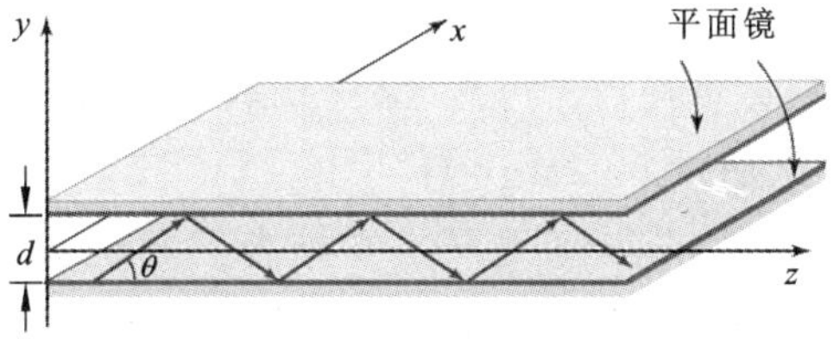

图5.1-1 平面镜波导示意图

该波导看上去是一种完美的光波导，但它并未得到实际应用，主要是因为制造低损耗反射镜的难度太大且成本太高。尽管如此，仍将详细研究这个简单的例子，因为它为解释介质光波导（参见5.2节）和光学谐振腔（参见第6章）作了很有价值的铺垫。

5.1.1 波导模式

在基于几何光学的物理图景中，光以多次反射的方式被波导导引，然而这种物理图景并不能解释许多重要的效应，这些效应必须使用电磁理论加以解释。进行电磁分析的一种简单方法是将每束光线与TEM平面波相关联，那么总电磁场就是这些平面波的总和。

考虑波长 $\lambda = \lambda_0 / n$ 的一列单色TEM平面波，其波数 $k = nk_0$，相速度 $c = c_0 / n$，其中 n 是镜子间介质的折射率。如图5.1-1所示，波沿 x 方向偏振，其波矢量位于 y-z 平面内，与 z 轴成角度 θ。与几何光学的图景一样，波被上镜反射，以倾斜角 θ 传播，再被下镜反射，并以倾斜角 θ 传播，以此类推。由于电场矢量与镜面平行，每次反射都会由理想反射镜引入相移 π，但电场矢量的幅值和偏振态不会改变。这里的相移 π 是为了确保每列波与其自身的反射场叠加后相消，这使得镜面处的总场为零。在波导内的各点处，有一组TEM波以倾斜角 θ 向上传播，而另一组TEM波则以倾斜角 θ 向下传播，所有波均沿 x 方向偏振。

现在引入自再现条件：即要求当波完成两次反射时，它会自我再现[见图5.1-2（a）]，那么就只需处理两个不同的平面波，满足这种条件的场被称为波导的模式（或本征函数）。模式是沿波导轴向的所有位置处均保持相同的横向分布和偏振态的场。可以证明自再现条件保证了这种场分布的不变性。如图5.1-2所示，考察：①从 A 出发直接传播到 B 的原始波；②从 A 出发，反射一次，再传播到 C，再反射一次后的波。这二者各自经历的相移 $\Delta\varphi$ 之差必须等于 2π 的整数倍。

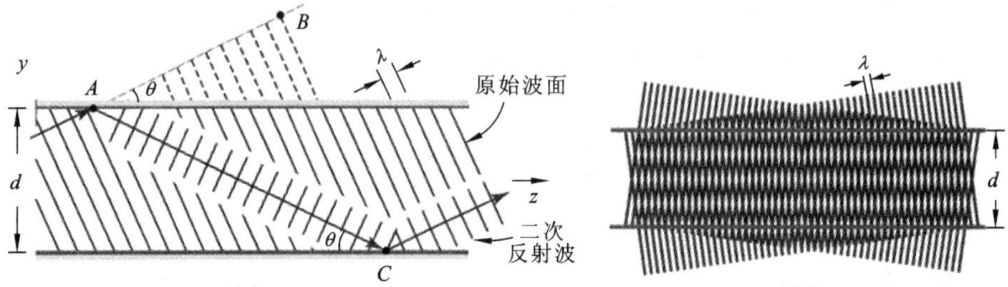

（a）　　　　　　　　　　（b）

图 5.1-2　电磁波的传播与自再现

（a）自再现条件：当波完成两次反射时，会复现自身；（b）在满足自再现条件的入射角度下，两列波通过干涉形成一个不随 z 变化的场分布

将每次反射引入的相移 π 算在内，可得 $\Delta\varphi = 2\pi\overline{AC}/\lambda - 2\pi - 2\pi\overline{AB}/\lambda = 2\pi q$，其中 $q =$ 0, 1, 2, …，所以有 $2\pi(\overline{AC}-\overline{AB})/\lambda = 2\pi(q+1)$。

根据图 5.1-2（a）中描绘的几何关系，并结合三角恒等式 $\cos(2x)=1-2\sin^2 x$，有 $\overline{AC}-\overline{AB}=2d\sin\theta$，其中 d 是两镜子之间的距离。因此，$2\pi(2d\sin\theta)/\lambda = 2\pi(q+1)$，并有如下等式：

$$\frac{2\pi}{\lambda}2d\sin\theta = 2\pi m,\ m=1,2,\cdots \tag{5.1-1}$$

式中，$m=q+1$。因此，只有某些特定的反射角 $\theta=\theta_m$ 才能满足自再现条件，如式（5.1-2）所示。

$$\sin\theta_m = m\frac{\lambda}{2d},\ m=1,2,\cdots \tag{5.1-2}$$

每个整数 m 对应于一个反射角 θ_m，而相应的场被称为第 m 个模式。$m=1$ 模式具有最小的倾斜角：$\theta_1=\sin^{-1}(\lambda/2d)$；$m$ 取值较大的模式则由倾斜角更大的平面波分量组成。

当满足自再现条件时，z 轴上各点处的上行平面波和下行平面波的相位之差为 $q\pi$（往返相移的一半），这里 q =0, 1, … 或 $(m-1)\pi$，而 m =1, 2, …。因此当 m 为奇数时，两个平面波相长干涉；而当 m 为偶数时，两个平面波相消干涉。

由于传播常数的 y 分量由定义式 $k_y = nk_0\sin\theta$ 给出，它的取值是离散化的，由等式 $k_{ym} = nk_0\sin\theta_m = (2\pi/\lambda)\sin\theta_m$ 决定。运用式（5.1-2），可得

$$k_{ym} = m\frac{\pi}{d},\quad m=1,2,3,\cdots \tag{5.1-3}$$

这样 k_{ym} 的取值间隔为 π/d。式（5.1-3）表明，当波在 y 方向上的传播距离为 $2d$（一次往返）时，其所经历的相移（对应传播常数 k_{ym}）必须是 2π 的倍数。

5.1.2　传播常数

一列导波由两列不同的平面波组成，这两列平面波沿 y-z 平面传播，传播方向与 z 轴的夹角为 $\pm\theta$。它们的波矢分量分别是 $(0,\ k_y,\ k_z)$ 和 $(0,\ -k_y,\ k_z)$。因此，它们的和或差随 z 的变

化由 $\exp(-\mathrm{j}k_z z)$ 描述，而导波的传播常数是 $\beta = k_z = k\cos\theta$。所以，$\beta$ 的取值被离散化为 $\beta_m = k\cos\theta_m$，其中 $\beta_m^2 = k^2(1-\sin^2\theta_m)$。结合式（5.1-2），可得

$$\beta_m^2 = k^2 - \frac{m^2\pi^2}{d^2} \tag{5.1-4}$$

高阶（更倾斜的）模式以较小的传播常数传播。不同模式的 θ_m、k_{ym} 和 β_m 的取值如图 5.1-3 所示。横向分量 $k_{ym} = k\sin\theta_m$ 的分布是均匀的，间隔为 π/d 的整数倍，但是反射角 θ_m 和传播常数 β_m 并非等间隔分布。模式 $m=1$ 具有最小的反射角和最大的传播常数。

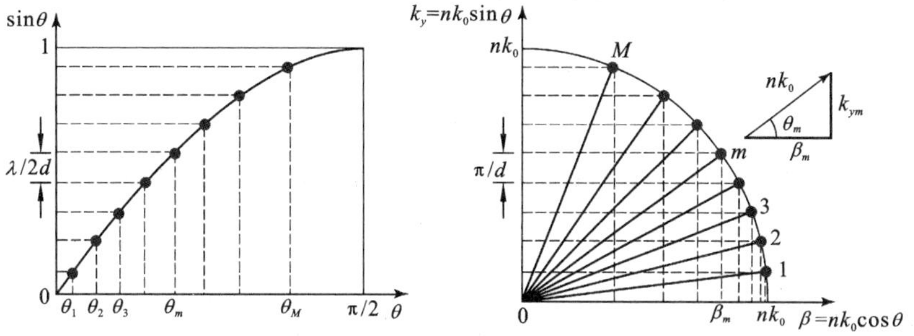

图 5.1-3　平面镜波导模式的反射角和波矢分量

5.1.3　场分布

波导中总场的复振幅是两列来回反射的 TEM 平面波的叠加。如果 $A_m\exp(-\mathrm{j}k_{ym}y-\mathrm{j}\beta_m z)$ 表示上行波，则 $\mathrm{e}^{\mathrm{j}(m-1)\pi}A_m\exp(+\mathrm{j}k_{ym}y-\mathrm{j}\beta_m z)$ 必表示下行波[在 $y=0$ 处，两列波的相移相差 $(m-1)\pi$]。因此，两列平面波分量相长干涉时，形成对称模式；而两列平面波分量相消干涉时，形成反对称模式。奇数模式的总场为 $E_x(y,z) = A_m\cos(k_{ym}y)\exp(-\mathrm{j}\beta_m z)$，偶数模式的总场为 $2\mathrm{j}A_m\sin(k_{ym}y)\exp(-\mathrm{j}\beta_m z)$。结合式（5.1-3），可得电场的复振幅式：

$$E_x(y,z) = a_m u_m(y)\exp(-\mathrm{j}\beta_m z) \tag{5.1-5}$$

式中

$$u_m(y) = \begin{cases} \sqrt{\dfrac{2}{d}}\cos\left(m\pi\dfrac{y}{d}\right), & m=1,3,5,\cdots \\ \sqrt{\dfrac{2}{d}}\sin\left(m\pi\dfrac{y}{d}\right), & m=2,4,6,\cdots \end{cases} \tag{5.1-6}$$

当 m 为奇数和偶数时，分别有 $a_m = \sqrt{2d}A_m$ 和 $\mathrm{j}\sqrt{2d}A_m$。此处函数 $u_m(y)$ 已经归一化，满足

$$\int_{-d/2}^{d/2} u_m^2(y)\mathrm{d}y = 1 \tag{5.1-7}$$

所以，a_m 是模式 m 的振幅。可以看出函数集合 $u_m(y)$ 亦满足

$$\int_{-d/2}^{d/2} u_m(y)u_l(y)\mathrm{d}y = 0,\quad l \neq m \tag{5.1-8}$$

即这些函数在 $[-d/2, d/2]$ 区间内是正交的。

模式的横向场分布 $u_m(y)$ 由图 5.1-4 给出。每个模式可被视为 y 方向上的驻波，沿 z 方向传播。本征值 m 较大的模式在横向平面中以更大的速率 k_y 变化，并且以更小的传播常数 β 传播。所有模式的场都在 $y=\pm d/2$ 处等于 0，因此镜面处的边界条件始终是满足的。

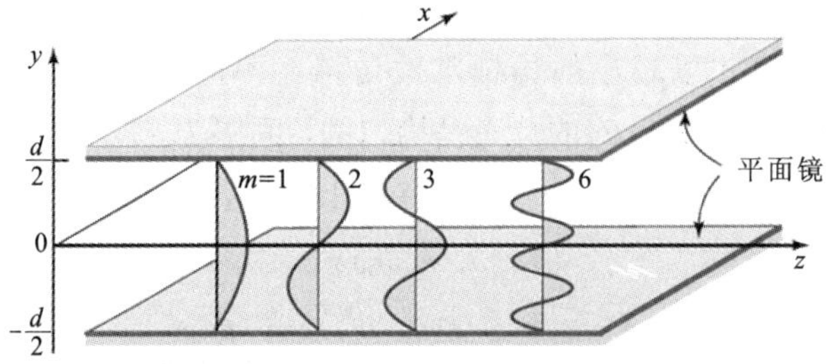

图 5.1-4　平面镜波导模式的横向场分布

由于一开始就假设来回反射的 TEM 平面波沿 x 方向偏振，所以总电场也沿 x 方向偏振，并且导波是 TE 波。后面将用类似的方式分析 TM 波。

【练习 5.1-1】　光功率

请证明 TE 模式 $E_x(y,z)=a_m u_m(y)\exp(-\mathrm{j}\beta_m z)$ 沿 z 方向的光功率流为 $(|a_m|^2/2\eta)\cos\theta_m$，其中 $\eta=\eta_0/n$，$\eta_0=\sqrt{\mu_0/\varepsilon_0}$ 是自由空间的阻抗。

5.1.4　模式数量

由于 $\sin\theta_m=m\lambda/2d$，$m=1, 2, 3, \cdots$，并且 $\sin\theta_m<1$，所以 m 的最大允许值是小于 $1/(\lambda/2d)$ 的最大整数：

$$M=\left\lfloor\frac{2d}{\lambda}\right\rfloor \tag{5.1-9}$$

式中，$\left\lfloor\frac{2d}{\lambda}\right\rfloor$ 为小于 $2d/\lambda$ 的最大整数。例如，当 $2d/\lambda=0.9$、1 和 1.1 时，M 的取值分别是 0、0 和 1。因此，M 是波导的模式数量。光能够以一个、两个或多个模式通过波导传播，携带光功率的模式的实际数量取决于激励源，但最大数量则为 M。

模式的数量随着镜面间距与光波长之比的增加而增加。在 $2d/\lambda\ll 1$ 的条件下（即 $d\leqslant\lambda/2$），M 的取值为 0，这意味着自再现条件无法被满足且波导不能支持任何模式。波长 $\lambda_\mathrm{c}=2d$ 称为波导的截止波长，它是能被波导结构引导的光的最大波长。截止波长对应于截止频率 ν_c，或者截止角频率 $\omega_\mathrm{c}=2\pi\nu_\mathrm{c}=\pi c/d$：

$$\nu_\mathrm{c}=\frac{c}{2d} \tag{5.1-10}$$

该频率是波导可以传输的最低光频率，低于 ω_c 的角频率区间存在禁带。如果 $1<2d/\lambda\leqslant 2$（即 $d\leqslant\lambda\leqslant 2d$ 或 $\nu_\mathrm{c}\leqslant\nu\leqslant 2\nu_\mathrm{c}$），则只允许一种模式传播，而该结构被称为单模波导。例如，如果 $d=5\ \mu\mathrm{m}$，则波导截止波长为 $\lambda_\mathrm{c}=10\ \mu\mathrm{m}$；当光波长满足 $5\ \mu\mathrm{m}\leqslant\lambda\leqslant 10\ \mu\mathrm{m}$ 时，该结构支持单一模式的传播，而当光波长 $\lambda\leqslant 5\ \mu\mathrm{m}$ 时，该结构支持更多模式的 s 传播。如图 5.1-5（a）所示，式（5.1-9）也可以用频率 ν 和 $M=\nu/\nu_\mathrm{c}=\omega/\omega_\mathrm{c}$ 来表示，即每当角频率 ω 增加 ω_c 时，

波导支持的模式数量增加 1。

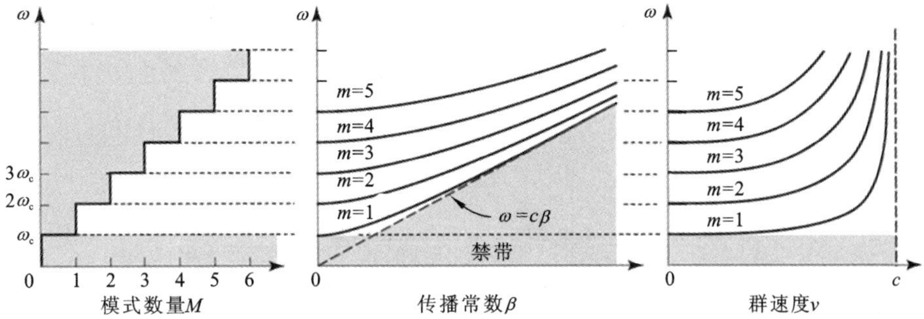

(a) (b) (c)

图 5.1-5 平面镜波导的模式数量、色散关系和群速度

(a) 模式数量 M 随角频率 ω 的函数关系；(b) 色散关系；(c) 模式的群速度随角频率的函数关系

5.1.5 色散关系

传播常数 β 和角频率 ω 之间的关系是波导的重要特性，称为色散关系。对于均匀介质，色散关系是一个简单的线性函数：$\omega = c\beta$。对于平面镜波导的模式 m，其传播常数 β_m 和角频率 ω 由式（5.1-4）联系起来，所以有

$$\beta_m^2 = (\omega / c)^2 - m^2\pi^2 / d^2 \tag{5.1-11}$$

这种关系也可以用截止角频率 $\omega_c = 2\pi\nu_c = \pi c / d$ 来表达：

$$\beta_m = \frac{\omega}{c}\sqrt{1 - m^2\frac{\omega_c^2}{\omega^2}} \tag{5.1-12}$$

如图 5.1-5（b）所示，模式 m 的传播常数 β 在角频率 $\omega = m\omega_c$ 处为零，且随角频率单调增加，并在 β 值足够大的条件下，最终接近线性关系 $\beta = \omega / c$。

5.1.6 群速度

在具有给定 ω-β 色散关系的介质中，一个中心角频率为 ω 的光脉冲（波包）以速度 $v = \mathrm{d}\omega / \mathrm{d}\beta$ 传播，该速度称为群速度。对式（5.1-12）求导数并假设 c 与 ω 无关（即忽略波导材料中的色散），可以得到 $\frac{2\beta_m \mathrm{d}\beta_m}{\mathrm{d}\omega} = 2\omega / c^2$，因此 $\frac{\mathrm{d}\omega}{\mathrm{d}\beta_m} = \frac{c^2\beta_m}{\omega} = c^2 k\cos\frac{\theta_m}{\omega} = c\cos\theta_m$，故模式 m 的群速度为

$$v_m = c\cos\theta_m = c\sqrt{1 - m^2\frac{\omega_c^2}{\omega^2}} \tag{5.1-13}$$

由此可见，更倾斜的高阶模式以较小的群速度传播，这是因为它们在曲折反射前进的过程中经历的路径较长，产生的延迟也较大。群速度与角频率的关系如图 5.1-5（c）所示，对于每个模式，当角频率增大到高于模式截止频率 ω_c 时，群速度从 0 开始单调增加，直到趋近于 c。

通过考察平面波在镜面之间的反射，并计算 z 方向上的传播距离和往返过程所花费的时间，也可以得到式（5.1-13）。如图 5.1-6 所示，从下镜到上镜之间的路程，可得到式（5.1-14）。

$$v=\frac{d\cot\theta}{d\csc\theta/c}=c\cos\theta \tag{5.1-14}$$

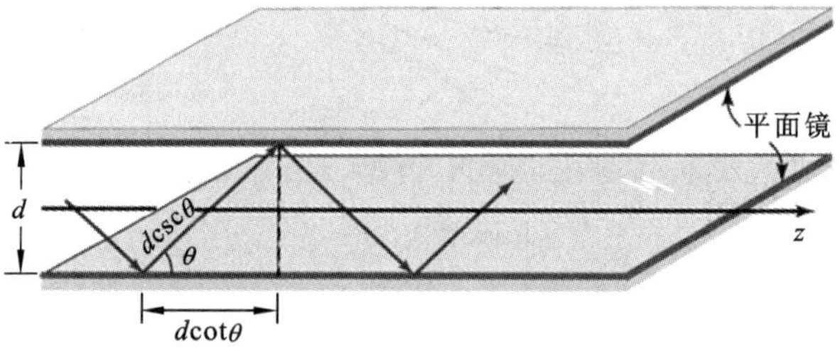

图 5.1-6　一列倾斜平面波在平面镜之间来回反射并沿 z 方向传播

5.1.7　TM 模式

到现在为止只考察了 TE 模式（电场沿 x 方向），而平面镜波导也支持 TM 模式（磁场沿 x 方向）。如图 5.1-7 所示，这种模式可以看作一列磁场沿 x 方向的 TEM 平面波以倾斜角 θ 在两镜面之间来回反射并向前传播。TM 模式的电场的复振幅含有 y 和 z 方向的分量，由于 z 分量平行于镜面，故其特性与 TE 模式的 E_x 分量完全一样（即 E_z 在每次反射过程中引入 π 的相移，并且 E_z 在镜面处的取值为 0），对 E_z 分量应用自再现条件，其结果在数学上与 TE 模式的 E_x 分量的情况是一致的。TM 模式的倾斜角 θ，横向波矢分量 k_y，以及传播常数 β 都分别与 TE 模式中的量一致。该波导结构可以支持 $M=2d/\lambda$ 个 TM 模式，再加上 TE 模式，总共支持 $2M$ 个模式。

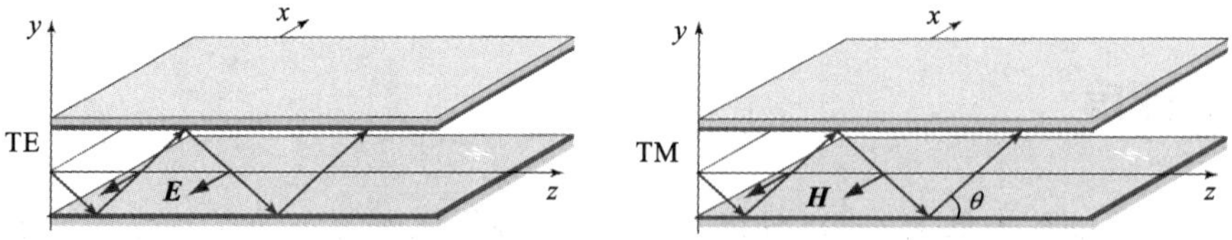

图 5.1-7　TE 偏振和 TM 偏振的传播模式

与 TE 模式一样，第 m 个 TM 模式的 E_z 分量的复振幅是由一列向上传播的平面波 $A_m\exp(-\mathrm{j}k_{ym}y)\exp(-\mathrm{j}\beta_m z)$ 和一列向下传播的平面波 $\mathrm{e}^{\mathrm{j}(m-1)\pi}A_m\exp(\mathrm{j}k_{ym}y)\exp(-\mathrm{j}\beta_m z)$ 叠加而得，它们的振幅相同而相位差为 $(m-1)\pi$，所以有

$$E_z(y,z)=\begin{cases}a_m\sqrt{\dfrac{2}{d}}\cos\left(m\pi\dfrac{y}{d}\right)\exp(-\mathrm{j}\beta_m z), & m=1,3,5,\cdots\\ a_m\sqrt{\dfrac{2}{d}}\sin\left(m\pi\dfrac{y}{d}\right)\exp(-\mathrm{j}\beta_m z), & m=2,4,6,\cdots\end{cases} \tag{5.1-15}$$

当 m 为奇数时，a_m 为 $\sqrt{2d}A_m$；而当 m 为偶数时，a_m 为 $\mathrm{j}\sqrt{2d}A_m$。因为 TEM 平面波的电场矢

量垂直于传播方向，因此对于向上传播的波，电场矢量与 z 方向之间的夹角为 $\frac{\pi}{2}+\theta_m$，而对于向下传播的波，电场矢量与 z 方向之间的夹角为 $\frac{\pi}{2}-\theta_m$。

这些平面波的电场的 y 分量 E_y 为

$$A_m \cot\theta_m \exp(-\mathrm{j}k_{ym}y)\exp(-\mathrm{j}\beta_m z) \quad 和 \quad \mathrm{e}^{\mathrm{j}m\pi}A_m \cot\theta_m \exp(\mathrm{j}k_{ym}y)\exp(-\mathrm{j}\beta_m z) \tag{5.1-16}$$

因此有

$$E_y(y,z)=\begin{cases} a_m\sqrt{\frac{2}{d}}\cos\left(m\pi\frac{y}{d}\right)\exp(-\mathrm{j}\beta_m z), & m=1,3,5,\cdots \\ a_m\sqrt{\frac{2}{d}}\sin\left(m\pi\frac{y}{d}\right)\exp(-\mathrm{j}\beta_m z), & m=2,4,6,\cdots \end{cases} \tag{5.1-17}$$

因为 $E_z(y,z)$ 在镜面处为 0，所以边界条件是满足的。利用 TEM 波的电场与磁场的比值等于介质的波阻抗 η 这一关系，就可以从电场出发求解磁场分量 $H_x(y,z)$，而这样求得的场分布 $E_y(y,z)$、$E_z(y,z)$ 和 $H_x(y,z)$ 当然也是满足麦克斯韦方程组的。

5.1.8 多模场

在平面镜波导中传播的光，其可能的场分布并不仅限于某个特定的模式。实际上，只要满足镜面处的场为 0 这个边界条件，任意横向分布的场都可以在波导中传播。但是，该光场的总功率是按模式进行分配的。因为不同的模式具有不同的传播常数和群速度，光场的横向分布在沿波导传播的过程中会发生变化。图 5.1-8 描述了单模场的横向分布是如何在传播过程中保持不变的，而多模场的分布则随着 z 的变化而变化（图中给出的是光强度的分布）。其中，模式 1 中电场的复振幅是 $E(y,z)=u_1(y)\exp(-\mathrm{j}\beta_1 z)$，$u_1(y)=\sqrt{2/d}\cos(\pi y/d)$，光强度的横向分布不随 z 发生变化。模式 2 中电场的复振幅是 $E(y,z)=u_2(y)\exp(-\mathrm{j}\beta_2 z)$，$u_2(y)=\sqrt{2/d}\sin(\pi y/d)$，光强度的横向分布不随 z 发生变化。总场的复振幅为模式 1 和模式 2 的叠加：$E(y,z)=u_1(y)\exp(-\mathrm{j}\beta_1 z)+u_2(y)\exp(-\mathrm{j}\beta_2 z)$。因为 $\beta_1\neq\beta_2$，光强度的横向分布随 z 发生变化。

任意一个沿 x 方向偏振的场，同时满足边界条件，都可以写成 TE 模式的加权叠加：

$$E_x(y,z)=\sum_{m=0}^{M}a_m u_m(y)\exp(-\mathrm{j}\beta_m z) \tag{5.1-18}$$

式中，权重因子 a_m 为不同模式的振幅。

【练习 5.1-2】 多模场的光功率

证明式（5.1-18）中沿 z 方向传播的多模场的光功率是每一个模式所携带能量 $(|a_m|^2/2\eta)\cos\theta_m$ 的叠加。

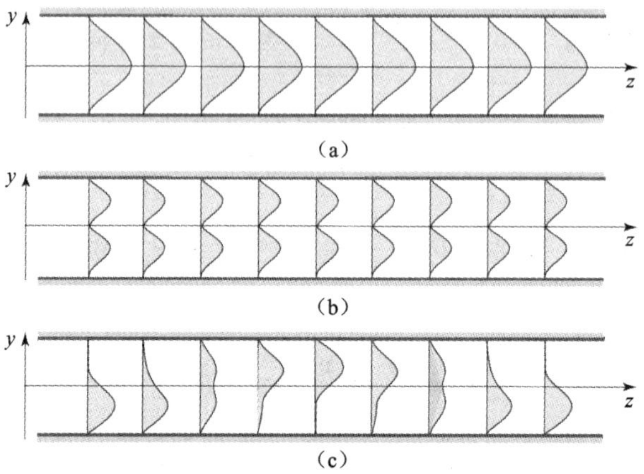

图 5.1-8　光强的横向（ y 方向）分布在传播方向（ z 方向）上不同位置处的变化情况

（a）模式 1；（b）模式 2；（c）总场的复振幅为模式 1 和模式 2 的叠加

5.2　平板介质波导

平板介质波导是被低折射率介质包裹的介质平板，光线通过全内反射在介质平板中内传播。在薄膜器件中，该介质平板被称为“薄膜”，而其上方和下方的介质分别被称为“覆盖层”和“基底（衬底）”。波导的内部介质和外部介质也可以称为“芯层”和“包层”。本节研究光在对称平板介质波导中的传播，它是由一层厚度为 d 、折射率为 n_1 的介质平板被折射率为 n_2 的包层包裹而成（ $n_2 < n_1$ ），如图 5.2-1 所示，其中所有的材料都假定是无损耗的。

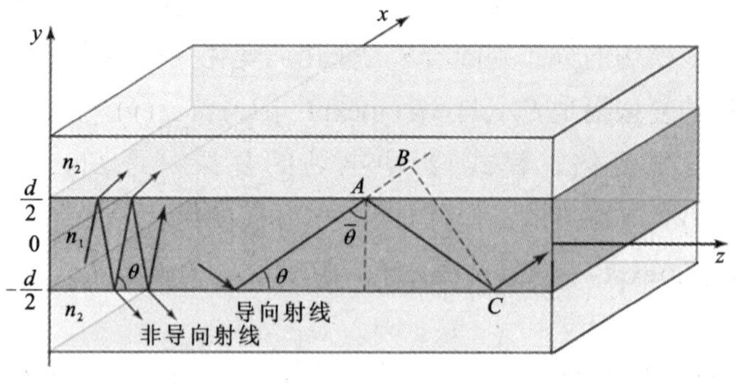

图 5.2-1　平板介质平板波导

考察在 y-z 平面内与 z 轴夹角为 θ 的光线，假设 θ 小于临界角的补角 $\bar{\theta}_c = \dfrac{\pi}{2} - \sin^{-1}\left(\dfrac{n_2}{n_1}\right)$，则该光线在介质平板界面处会经历多次全内反射（参见图 2.8-3 和图 2.8-5）。它们通过在介质平板界面处的来回反射实现沿 z 方向的无损传播。那些倾斜角更大的光线，会在每次反射的同时发生折射并损失一部分功率，直至最终功率衰减为 0。

为了确定波导模式，一种规范的方式是结合适当的边界条件在内部介质和外部介质中求解麦克斯韦方程组。但也可以将波导模式展开为在介质平板两界面间来回反射的 TEM 平面波，结合自再现条件，即可求解波导模式的反射角，进而可以确定传播常数、场分布和群速度。该分析方法类似于前一节中用于分析平面镜波导的方法。

5.2.1 波导模式

假设介质平板中的场是以波长为$\lambda=\lambda_0/n_1$的单色 TEM 平面波的形式来回反射前进，反射角θ小于临界角的补角$\overline{\theta}_c$。波传播的相速度$c_1=c_0/n_1$，波数为n_1k_0，波矢分量$k_x=0$, $k_y=n_1k_0\sin\theta, k_z=n_1k_0\cos\theta$。要求解波导模式，还需要应用自再现条件，即一列波在往返一轮之后能复现自身。

如图 5.1-2 所示，在一轮往返的过程中，经过两次反射的波与原始波相比落后了$\overline{AC}-\overline{AB}=2d\sin\theta$。此外，波在介质平板界面处的每一次内反射都会引入$\varphi_r$的相位（参见 2.8 节）。要满足自再现条件，两列波之间的相位差必须为 0 或者 2π 的整数倍：

$$\frac{2\pi}{\lambda}2d\sin\theta-2\varphi_r=2\pi m,\quad m=0,1,2,\cdots \tag{5.2-1}$$

或

$$2k_yd-2\varphi_r=2\pi m,\quad m=0,1,2,\cdots \tag{5.2-2}$$

介质平板波导中的自再现条件与平面镜波导中的自再现条件式（5.1-1）和式（5.1-2）之间唯一的区别是由镜面引入的相移π被由介质平板界面引入的相移φ_r代替了。

介质平板波导中每次反射产生的相移φ_r是反射角θ的函数，它也与入射光是 TE 偏振还是 TM 偏振有关。在 TE 偏振（电场沿 x 方向）的情况下，将$\theta_1=\frac{\pi}{2}-\theta$和$\theta_c=\frac{\pi}{2}-\overline{\theta}_c$代入式（2.8-11）可得

$$\tan\frac{\varphi_r}{2}=\sqrt{\frac{\sin^2\overline{\theta}_c}{\sin^2\theta}-1} \tag{5.2-3}$$

所以当θ从 0 变到$\overline{\theta}_c$时，φ_r从π变到 0。将式（5.2-1）重写为

$$\tan\left(\pi\frac{d}{\lambda}\sin\theta-m\frac{\pi}{2}\right)=\tan\frac{\varphi_r}{2}$$

并结合式（5.2-3），可得

$$\tan\left(\pi\frac{d}{\lambda}\sin\theta-m\frac{\pi}{2}\right)=\sqrt{\frac{\sin^2\overline{\theta}_c}{\sin^2\theta}-1} \tag{5.2-4}$$

这是一个取决于变量$\sin\theta$的超越方程，它的解决定了模式的反射角θ_m。为了直观，这里采用图解法。式（5.2-4）的左边和右边分别以$\sin\theta$的函数形式绘制在图 5.2-2 中，而用实心圆标出的那些函数曲线的交点可用于确定$\sin\theta_m$。方程右边的$\tan(\varphi_r/2)$是$\sin\theta$的单调递减函数，当$\sin\theta=\sin\overline{\theta}_c$时，其取值减小到 0。方程左边则产生两组曲线$\tan(\pi d\sin\theta/\lambda)$和$\cot(\pi d\sin\theta/\lambda)$，分别对应 m 为偶数和奇数的情况。曲线的交点决定了模式的反射角θ_m。在图 5.2-2 中，$\sin\overline{\theta}_c=8(\lambda/2d)$，模式数量为 M=9。在这张图中，还可以通过令$\varphi_r=\pi$或$\tan(\varphi_r/2)=\infty$得到间隔为 d 的平面镜波导中模式的反射角。作为对比，这些角度是用空心圆标记的。

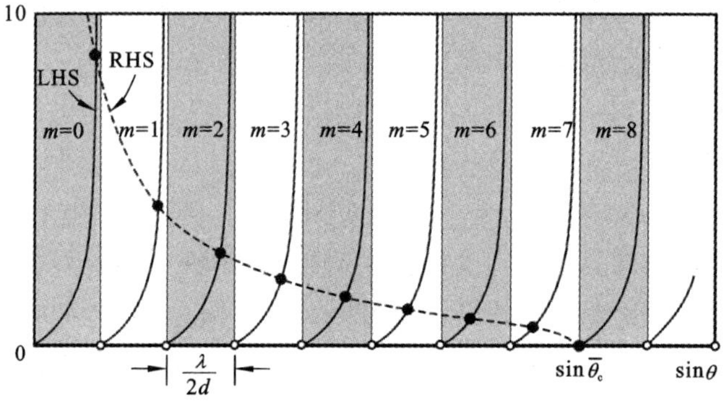

图 5.2-2 用图解法求解介质平板波导中模式的反射角 θ_m

反射角 θ_m 的取值在 0 到 $\overline{\theta}_c$ 之间，这些取值对应的波矢分量为 $(0, n_1k_0\sin\theta_m, n_1k_0\cos\theta_m)$，其中的 z 分量是传播常数 β_m。

$$\beta_m = n_1k_0\cos\theta_m \tag{5.2-5}$$

由于 $\cos\theta_m$ 在 1 到 $\cos\overline{\theta}_c = n_2/n_1$ 之间，所以 β_m 的取值处在 n_2k_0 和 n_1k_0 之间，如图 5.2-3 所示，这些结果可以与图 5.1-3 中平面镜波导的结果相比较。

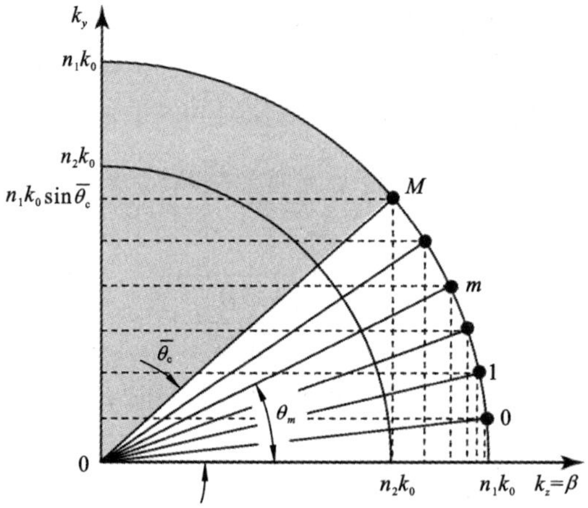

图 5.2-3 波导模式的反射角与对应的波矢分量

结合式（5.2-1）和式（2.8-13）给出的相移 φ_r，也可以求解 TM 模式的反射角 θ_m 和传播常数 β_m，结果与 TE 模式的情况类似。

为了确定平板介质波导中允许存在的 TE 模式的数量，考察图 5.2-2。横坐标被均分为宽度为 $\lambda/2d$ 的区间，每个区间都包含一个用实心圆点标记的模式，包含模式的区间由 $\sin\theta \leqslant \sin\overline{\theta}_c$ 界定，因此 TE 模式的数量是大于 $\sin\overline{\theta}_c/(\lambda/2d)$ 的最小整数，如式（5.2-6）所示。

$$M = \left\lceil \frac{\sin\overline{\theta}_c}{\lambda/2d} \right\rceil \tag{5.2-6}$$

式中，符号“⌈ ⌉”为大于某数的最小整数。例如，如果 $\sin\overline{\theta}_c/(\lambda/2d)$ 等于 0.9、1、1.1，那

么 M 分别等于 1、2、2。将 $\cos\bar{\theta}_c = n_2 / n_1$ 代入到式（5.2-6）可得

$$M = \frac{2d}{\lambda_0} NA \tag{5.2-7}$$

式中，NA 为数值孔径，其值由式（5.2-8）给出：

$$NA = \sqrt{n_1^2 - n_2^2} \tag{5.2-8}$$

数值孔径是从空气进入到波导结构中的最大入射角的正弦值。例如，$d / \lambda_0 = 10, n_1 = 1.47, n_2 = 1.46$，那么 $\bar{\theta}_c = 6.7°, NA = 0.171, M = 4$，即存在 4 个 TE 模式。对 TM 模式也可以得到类似的结果。

当 $\lambda / 2d > \sin\bar{\theta}_c$ 或 $(2d / \lambda_0)NA < 1$ 时，只有 1 个模式允许存在，这时波导称为单模波导，这种情况出现在介质层足够薄或波长足够长的时候。与平面镜波导不同的是，在平板介质波导中没有绝对的截止波长或截止频率。由于基模 $m = 0$ 的情况始终是允许的，在平板介质波导中至少存在 1 个 TE 模式。但是 $m > 0$ 的那些模式都存在截止波长。

如果以频率为自变量，则平板介质波导单模工作的条件为 $\nu > \nu_c$ 或 $\omega > \omega_c$，其中截止频率如式（5.2-9）所示：

$$\nu_c = \omega_c / 2\pi = \frac{1}{NA} \frac{c_0}{2d} \tag{5.2-9}$$

从图 5.2-4 可知，模式数量 $M = \nu / \nu_c = \omega / \omega_c$，而随着 ω 的增加，模式数量 M 逐个增加。通过类似的推导也可以获得关于 TM 模式的表达式。

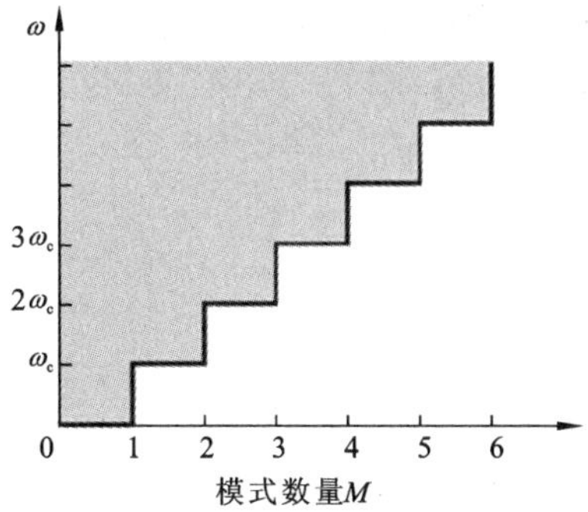

图 5.2-4 TE 模式的数量随频率的变化关系

【例 5.2-1】 AlGaAs 波导中的模式数量

考察由一层 $Al_xGa_{1-x}As$ 夹在两层 $Al_yGa_{1-y}As$ 之间构成的波导，该三元素半导体材料的折射率可以通过调节 Al 和 Ga 的成分占比来调控。假设通过调控 x、y，使得在工作波长 $\lambda_0 = 0.9\ \mu m$ 处，折射率 $n_1 = 3.5, n_1 - n_2 = 0.05$。那么如果中间层的厚度 $d = 10\ \mu m$，根据式（5.2-7）和式（5.2-8）可得波导中存在 $M = 14$ 个 TE 模式。而如果 $d < 0.76\ \mu m$ 时，就只允许 1 个模式存在了。

5.2.2 场分布

现在求解 TE 模式的场分布。

1. 内部场

介质平板内部的场由两列传播方向与 z 轴的夹角分别为 θ_m 和 $-\theta_m$ 的TEM 平面波组成，波矢分量分别为（0，$\pm n_1k_0\sin\theta_m$，$n_1k_0\cos\theta_m$）。这两列波在介质平板中间处的幅值相同，而相位相差 $m\pi$（即波往返一周引起的相移的一半）。因此电场的复振幅为 $E_x(y,z)=a_m u_m(y)\exp(-\mathrm{j}\beta_m z)$，其中 $\beta_m=n_1k_0\cos\theta_m$ 是传播常数，a_m 是一个常数，

$$u_m(y)\propto\begin{cases}\cos\left(2\pi\dfrac{\sin\theta_m}{\lambda}y\right), & m=0,2,4,\cdots\\ \sin\left(2\pi\dfrac{\sin\theta_m}{\lambda}y\right), & m=1,3,5,\cdots\end{cases},\quad -\frac{d}{2}\leqslant y\leqslant\frac{d}{2} \tag{5.2-10}$$

式中，$\lambda=\lambda_0/n_1$ 为真空中波长除以折射率（即介质平板中的波长）。注意，尽管场是时谐的，但它并不会在介质平板的界面处等于零。随着 m 的增加，$\sin\theta_m$ 也相应变大，于是高阶模式在 y 方向上的变化更快。

2. 外部场

在介质平板的上下界面各点处（$y=\pm d/2$），外部场与内部场必须匹配（满足边界条件），因此外部场沿 z 方向的变化规律必为 $\exp(-\mathrm{j}\beta_m z)$。将 $E_x(y,z)=a_m u_m(y)\exp(-\mathrm{j}\beta_m z)$ 代入亥姆霍兹方程 $(\nabla^2+n_2^2k_0^2)E_x(y,z)=0$，可得

$$\frac{\mathrm{d}^2u_m}{\mathrm{d}y^2}-\gamma_m^2u_m=0 \tag{5.2-11}$$

式中，γ_m 和 β_m 满足如下关系

$$\gamma_m^2=\beta_m^2-n_2^2k_0^2 \tag{5.2-12}$$

参见图 5.2-3，对于导模有 $\beta_m>n_2k_0$，因此指数函数 $\exp(-\gamma_m y)$ 和 $\exp(\gamma_m y)$ 均满足式（5.2-11）。又因为远离平板的场必须衰减，用 $\exp(-\gamma_m y)$ 来描述上方介质中的场，并用 $\exp(\gamma_m y)$ 来描述下方介质中的场：

$$u_m(y)\propto\begin{cases}\exp(-\gamma_m y), & y>d/2\\ \exp(\gamma_m y), & y<-d/2\end{cases} \tag{5.2-13}$$

衰减速率 γ_m 即消光系数，而这种波就是**倏逝波**。将 $\beta_m=n_1k_0\cos\theta_m$ 和 $\cos\overline{\theta}_\mathrm{c}=n_2/n_1$ 代入式（5.2-12）中，可得消光系数 γ_m 的表达式：

$$\gamma_m=n_2k_0\sqrt{\frac{\cos^2\theta_m}{\cos^2\overline{\theta}_\mathrm{c}}-1} \tag{5.2-14}$$

随着模式数 m 的增加，θ_m 随之增大，而 γ_m 随之减小。因此高阶模式的倏逝场能延伸至上包层和衬底的内部更深处。

为了确定式（5.2-10）和式（5.2-13）中的比例系数，令内部场和外部场在 $y=d/2$ 处匹配，并利用归一化可得

$$\int_{-\infty}^{\infty} u_m^2(y)\mathrm{d}y = 1 \tag{5.2-15}$$

式（5.2-15）给出的 $u_m(y)$ 的表达式对所有 y 都适用，这些 $u_m(y)$ 函数的分布情况由图 5.2-5 给出。与平镜面波导的情况一样，所有的 $u_m(y)$ 都是彼此正交的，即

$$\int_{-\infty}^{\infty} u_m(y)u_l(y)\mathrm{d}y = 0,\quad l \neq m \tag{5.2-16}$$

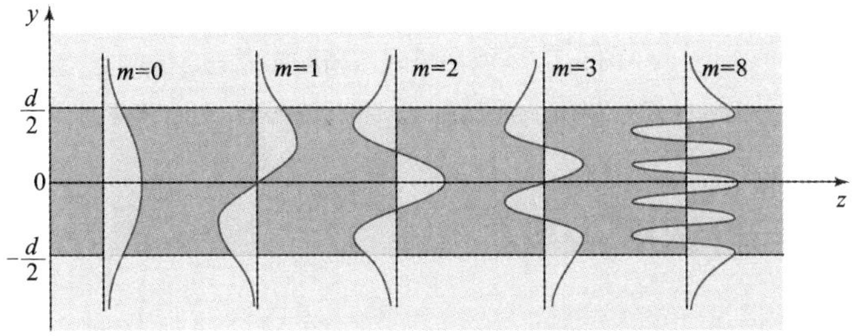

图 5.2-5　平板介质波导中 TE 模式的场分布

平板介质波导中任意的 TE 场都可以被写成这些 $u_m(y)$ 模式的叠加：

$$E_x(y,z) = \sum_m a_m u_m(y)\exp(-\mathrm{j}\beta_m z) \tag{5.2-17}$$

式中，a_m 为第 m 个模式的幅值。平板介质波导中的场分布应该与图 5.1-4 给出的平面镜波导中的场分布作比较。

【练习 5.2-1】　限域因子

功率限域因子（confinement factor）是指介质平板内部的功率与总功率的比值。

$$\Gamma_m = \frac{\int_0^{d/2} u_m^2(y)\mathrm{d}y}{\int_0^{\infty} u_m^2(y)\mathrm{d}y} \tag{5.2-18}$$

试推导限域因子 Γ_m 关于角度 θ_m 和比值 d/λ 的表达式。证明最低阶的（θ_m 最小）模式具有最大的功率限域因子。

如图 5.2-6 所示，TM 模式的场分布也可以同样的方法求解。由于 TM 模式电场的 z 分量与介质平板的界面平行，故它与 TE 模式电场的 x 分量类似。与求解平面镜波导模式的步骤一样，首先求解 $E_z(y,z)$，进而利用构成 TM 模式的 TEM 平面波的特性，可以求解另外两个分量 $E_y(y,z)$ 和 $H_x(y,z)$。当然，也可以直接使用麦克斯韦方程组来求解这些场分布。

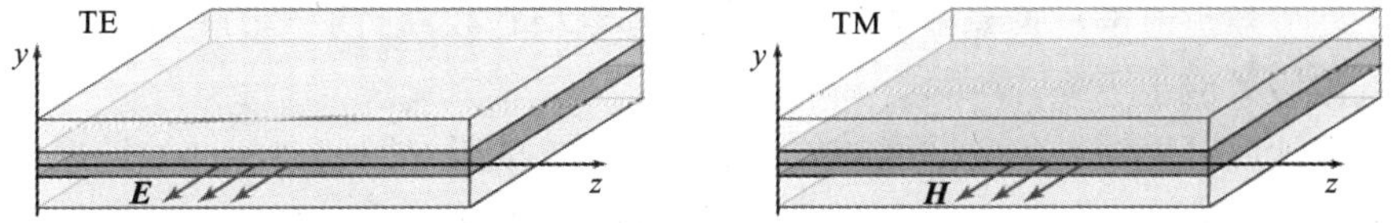

图 5.2-6　平板介质波导中的 TE 模式和 TM 模式[1]

最低阶 TE 模式（$m=0$）的场分布与高斯光束的形状类似。然而，与高斯光束不同的是，平板介质波导中的模式在沿轴向传播时不会沿横向扩散（参见图 5.2-7）。可见，在波导中，光因衍射而扩散的特性被介质的导引作用补偿。

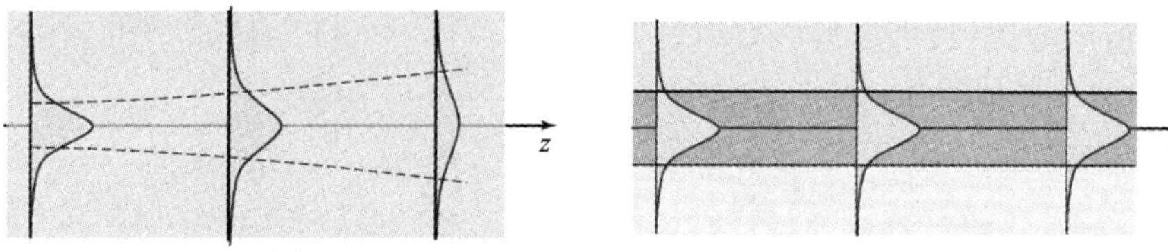

（a）　　　　　　　　　　　　　　（b）

图 5.2-7　波导模式与高斯光束

（a）在均匀介质中传播的高斯光束；（b）在平板介质波导中传播的导模

5.2.3　色散关系与群速度

将自再现方程式（5.2-2）写成关于 β 和 ω 的等式即可得到色散关系（即 ω 与 β 的关系）。因为 $k_y^2=(\omega/c_1)^2-\beta^2$，从式（5.2-2）可以推导出式（5.2-19）：

$$2d\sqrt{\frac{\omega^2}{c_1^2}-\beta^2}=2\varphi_r+2\pi m \tag{5.2-19}$$

又根据 $\cos\theta=\beta/(\omega/c_1)$ 和 $\cos\overline{\theta}_c=n_2/n_1=c_1/c_2$，式（5.2-3）可改写成：

$$\tan^2\frac{\varphi_r}{2}=\frac{\beta^2-\omega^2/c_2^2}{\omega^2/c_1^2-\beta^2} \tag{5.2-20}$$

将式（5.2-20）代入式（5.2-19）可得式（5.2-21），即色散关系：

$$\tan^2\left(\frac{d}{2}\sqrt{\frac{\omega^2}{c_1^2}-\beta^2}-m\frac{\pi}{2}\right)=\frac{\beta^2-\omega^2/c_2^2}{\omega^2/c_1^2-\beta^2} \tag{5.2-21}$$

该色散关系可以改写为关于等效折射率 n 的参数方程，并绘制成曲线：

$$\frac{\omega}{\omega_c}=\frac{\sqrt{n_1^2-n_2^2}}{\sqrt{n_1^2-n^2}}\left(m+\frac{2}{\pi}\tan^{-1}\frac{\sqrt{n_1^2-n_2^2}}{\sqrt{n_1^2-n^2}}\right),\quad \beta=n\omega/c_0 \tag{5.2-22}$$

这里的等效折射率 n 的定义由式（5.2-22）给出，而 $\omega_c/2\pi=c_0/2dNA$ 是模式的截止角频率。如图 5.2-8（a）所示，不同模式的色散关系位于直线 $\omega=c_2\beta$ 和 $\omega=c_1\beta$ 之间，这两条光线分别代表光在折射率等于包层折射率的均匀介质中的传播以及光在折射率等于平板折射率的均匀介质中的传播。当频率增加到模式截止频率以上时，色散关系曲线从包层的光线向平板的光线移动，即等效折射率 n 从 n_2 增加至 n_1。该现象表明在较高折射率的介质中，电磁波的波长较短，其限域效应也更强。

导模的群速度可以通过色散曲线的斜率 $v=\mathrm{d}\omega/\mathrm{d}\beta$ 求得。图 5.2-8（b）给出了群速度关于角频率的函数关系，当角频率增大到大于模式的截止频率时，其群速度从最大值 c_2 下降到略小于 c_1 的一个最小值，然后又回升并不断接近 c_1，因此导模的群速度的取值范围是从 c_2 到一个略小于 c_1 的值。

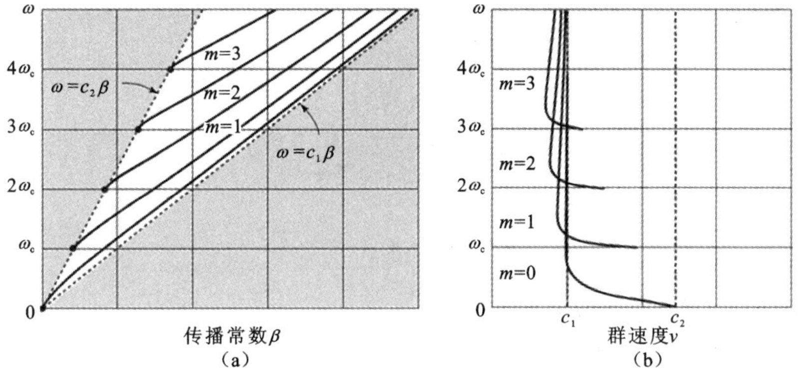

图 5.2-8　色散关系与群速度

（a）各 TE 模式的色散关系，$m=0,1,2,\cdots$；（b）群速度关于角频率的函数关系，

该函数关系即色散关系的导数：$v=\mathrm{d}\omega/\mathrm{d}\beta$

在通过多模波导传播时，由于各模式具有不同的速度，光脉冲在时间上会展宽，这种效应被称为模式色散。在单模波导中，光脉冲由于群速度具有频率依赖性而展宽，这种效应被称为群速度色散。由于材料折射率的频率依赖性，群速度色散会在均匀材料中发生[1]。而且，即使在没有材料色散的情况下，群速度色散也会在波导中发生。这是传播常数的频率依赖性导致的结果，而传播常数的频率依赖性又由电磁波的限域特性对波长的依赖性决定。如图 5.2-8（b）所示，每个模式都有一个特定的角频率，在此频率处，群速度随频率变化缓慢（即波速 v 取最小值的频率点，或 v 对 ω 求导数结果为零的频率点）。在此频率下，群速度色散系数为零，脉冲展宽可忽略不计。

以 β 为自变量对式（5.2-19）求导数，可得群速度的一个近似表达式。

$$\frac{2d}{2k_y}\left(\frac{2\omega}{c_1^2}\frac{\mathrm{d}\omega}{\mathrm{d}\beta}-2\beta\right)=2\frac{\partial\varphi_r}{\partial\beta}+2\frac{\partial\varphi_r}{\partial\omega}\frac{\mathrm{d}\omega}{\mathrm{d}\beta} \tag{5.2-23}$$

将 $\mathrm{d}\omega/\mathrm{d}\beta=v$，$k_y/(\omega/c_1)=\sin\theta$，以及 $k_y/\beta=\tan\theta$ 代入，并且引入式（5.2-24）定义的新参量：

$$\Delta z=\frac{\partial\varphi_r}{\partial\beta},\quad \Delta\tau=-\frac{\partial\varphi_r}{\partial\omega} \tag{5.2-24}$$

可得到群速度的表达式：

$$v=\frac{d\cot\theta+\Delta z}{d\csc\theta/c_1+\Delta\tau} \tag{5.2-25}$$

回顾平面镜波导中的式（5.1-14）和图（5.1-6），$d\cot\theta$ 是光线在两镜面间往返一周时，在 z 方向上传播的距离，而这段距离花费的时间为 $d\csc\theta/c_1$，故两者的比值 $d\cot\theta/(d\csc\theta/c_1)=c_1\cos\theta$ 是平面镜波导的群速度。平板介质波导中群速度的表达式（5.2-25）说明光线传播了额外的一段距离 $\Delta z=\partial\varphi_r/\partial\beta$，对应的额外时间为 $\Delta\tau=-\partial\varphi_r/\partial\omega$。如图 5.2-9 所示，可以将其视为光线等效地穿透到包层中，或者光线的等效横向平移。光线在全反射过程中的等效穿透效应被称为**古斯-汉欣效应**。根据式（5.2-24），可以证明 $\Delta z/\Delta\tau=\omega/\beta=c_1/\cos\theta$。

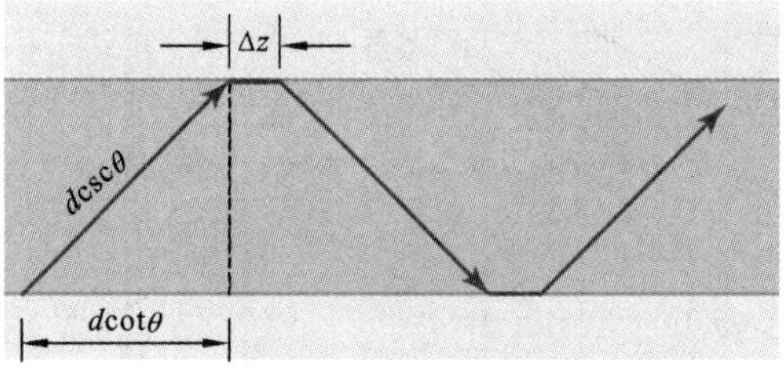

图 5.2-9 古斯-汉欣效应

【练习 5.2-2】 非对称平板介质波导

考察非对称平板介质波导中的TE场，该波导的芯层为厚度为 d 且折射率为 n_1 的介质平板，平板放置在具有较低折射率 n_2 的衬底上，而平板上方覆盖有折射率为 $n_3 < n_2 < n_1$ 的介质，如图 5.2-10 所示。

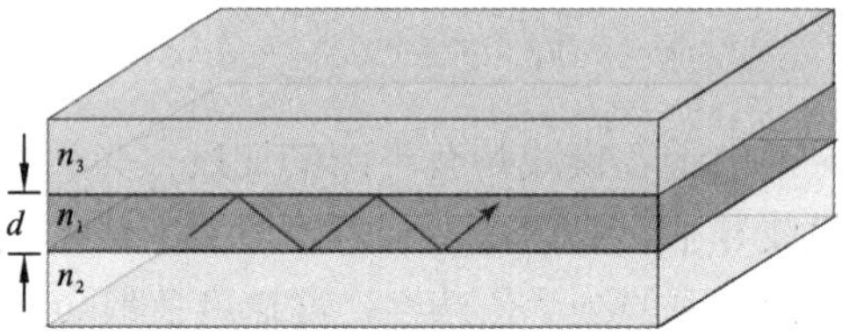

图 5.2-10 非对称介质平板波导[1]

（1）求解发生全内反射的平面波的最大倾角 θ 的表达式，以及对应的波导数值孔径 NA；

（2）写出类似于式（5.2-4）的自再现条件的表达式；

（3）求解模式数量 M 的近似表达式（当 M 非常大时有效）。

5.3 二维波导

之前研究的平面镜波导和介质平板波导只在横向的一个方向（y 方向）上限制光，同时沿纵向（z 方向）传导光。而二维波导将光限制在横向的两个方向（x 和 y）上。二维波导的工作原理和基本模式结构与平板介质波导基本相同，只是数学表达式更长。本节简要介绍二维波导中模式的性质。更详细的信息可以在关于光波导的专业书籍中找到。

5.3.1 矩形镜面波导

平面镜波导最简单的推广是矩形镜面波导（图 5.3-1）。如果波导的边界是镜面，那么与平面镜波导的情况一样，光以各种倾斜角通过多次反射在波导中传播。为简单起见，假设波导的横截面是宽度为 d 的正方形。如果一列平面波的波矢为 (k_x,k_y,k_z)，并且其在波导内部多次反射能够满足自再现条件，则它必须满足以下条件：

$$\begin{aligned}2k_x d = 2\pi m_x, \quad m_x = 1,2,\cdots \\ 2k_y d = 2\pi m_y, \quad m_y = 1,2,\cdots\end{aligned} \tag{5.3-1}$$

显然，式（5.3-1）是式（5.1-3）的推广。

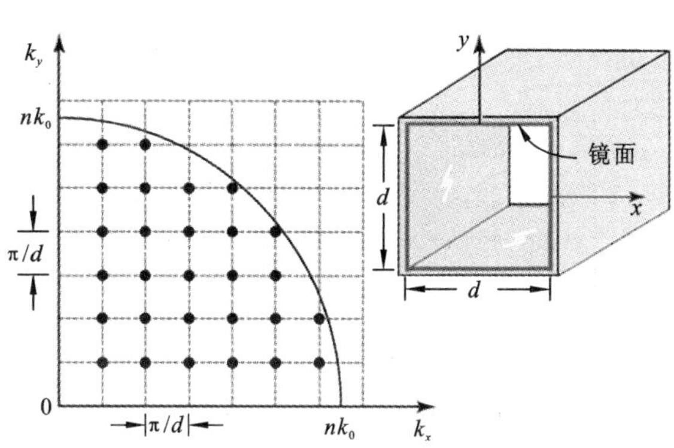

图 5.3-1 矩形镜面波导中模式的离散特性

传播常数 $\beta = k_z$ 可由 k_x 和 k_y 求得，这是因为 $k_x^2 + k_y^2 + \beta^2 = n^2 k_0^2$。因此，波矢的三个分量均为离散值，进而模式的数量也是有限值。每种模式由两个序号 m_x 和 m_y 标识（而不是只有一个序号 m）。如图 5.3-1 所示，所有满足 $k_x^2 + k_y^2 \leqslant n^2 k_0^2$ 的正整数 m_x 和 m_y 均可成为模式的序号。

如图 5.3-1 所示，通过计算 k_x-k_y 图中半径为 nk_0 的四分之一圆中的点数，可以很容易地求得模式 M 的数量。如果这个数字很大，它可以近似于面积 $\pi(nk_0)^2/4$ 与单位格面积 $(\pi/d)^2$ 之比，此时模式数目的表达式如式（5.3-2）所示。

$$M \approx \frac{\pi}{4}\left(\frac{2d}{\lambda}\right)^2 \tag{5.3-2}$$

由于每个模式有两种偏振态，模式的总数实际上是 $2M$。将其与一维平面镜波导中的模式数目（$M \approx 2d/\lambda$）进行比较，可以看到二维波导的模式数约等于一维波导的模式数的平方，这是因为模式数是对自由度的度量，当添加第二维时，只需简单地乘以自由度的数目。与二维波导模式相关联的场分布是一维波导模式的推广，因此根据模式序号 m_x 和 m_y，就可以从图 5.1-4 中找到二维波导模式在 x 方向和 y 方向上的场分布。

5.3.2 矩形介质波导

将折射率为 n_1，横截面为正方形（边长为 d）的介质柱嵌入折射率 n_2 稍低的介质中便得到矩形介质波导。使用与矩形镜面波导类似的理论可以确定矩形介质波导的场分布。波矢分量 (k_x, k_y, k_z) 必须满足条件 $k_x^2 + k_y^2 \leqslant n^2 k_0^2 \sin^2\overline{\theta_c}$，其中 $\overline{\theta_c} = \sin^{-1}(n_2/n_1)$，因此 k_x 和 k_y 位于图 5.3-2 所示的区域中。与平板介质波导的情况类似，矩形介质波导中不同模式的 k_x 和 k_y 可以根据自再现条件求解，此时的自再现条件需要将界面处反射引入的相移考虑在内。

与矩形镜面波导不同，矩形介质波导模式的 k_x 和 k_y 取值不是均匀间隔的。然而，相邻的两个 k_x（或 k_y）的取值间隔为平均值 π/d，这一点与矩形镜面波导相同。如图 5.3-2 所示，可以假设平均间距为 π/d，根据 k_x-k_y 坐标系中内圆中的点数求得模式的近似数量为 $M \approx (\pi/4)(n_1 k_0 \sin\theta_c)^2/(\pi/d)^2$，由此

$$M \approx \frac{\pi}{4}\left(\frac{2d}{\lambda_0}\right)^2 (NA)^2 \tag{5.3-3}$$

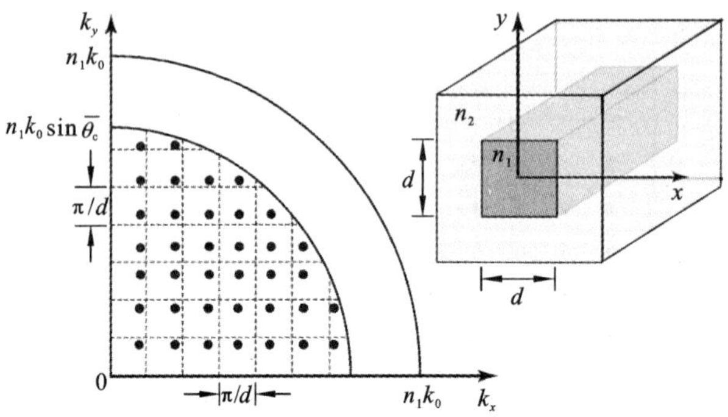

图 5.3-2　矩形介质波导的结构和波导模式

当 M 很大时，近似值成立。除了 TE 模式，还存在相同数量 M 的 TM 模式，而矩形介质波导的模式数量大致是平板介质波导式（5.2-7）的平方。

5.3.3　二维波导的典型结构

如图 5.3-3 所示，二维波导的横截面有多种可能的结构，典型的结构包括浸入式条状（immersed-strip）波导、嵌入式条状（embedded-strip）波导、脊型（ridge）波导、肋条型（rib）波导、加载条状（strip-loaded）波导等。对这些结构的精确模式分析需要用到全波电磁仿真工具，而一些近似的分析方法也同样有用。更详细的波导分析，可以从以光波导为主题的专业书籍获得。

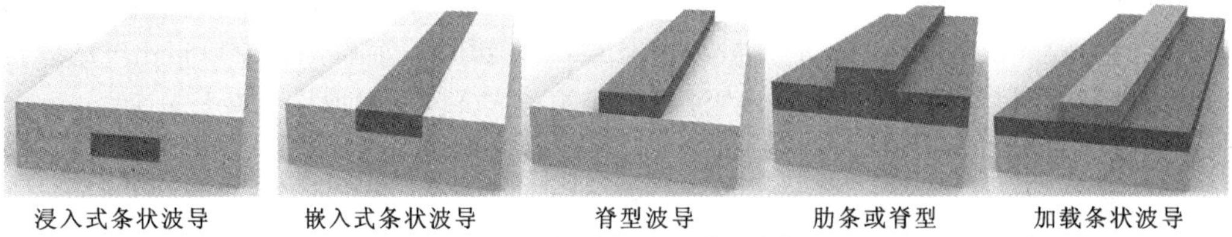

图 5.3-3　各种类型的波导结构

如图 5.3-4 所示，波导在衬底平面内的拓扑结构也有很多种。以嵌入式条状波导为例，S 型弯曲用于引入波导传播轴的平移，Y 型分支可用作分束器或合束器，两个 Y 型分支可用于构建马赫-曾德尔干涉仪（Mach-Zehnder interferometer），两根彼此靠近或交叉的波导之间可以交换功率并用作定向耦合器。

图 5.3-4　嵌入式条状波导的各种拓扑结构

5.3.4 材料

最早的光波导是用以铌酸锂为代表的电光材料制成的。如图 5.3-5（a）所示，将 Ti（钛）扩散到 $LiNbO_3$（铌酸锂）衬底中形成一个具有较高折射率的条带区，就可以得到嵌入式条状波导。半导体材料也被广泛用于制造光波导。如图 5.3-5（b）所示，用生长在 GaAs（砷化镓）衬底上的 GaAs 薄膜和 AlGaAs（砷化铝镓）薄膜可以制造肋条型波导，其中 AlGaAs 是低折射率层。另一种用于制造光波导的半导体材料是 InP（磷化铟），它的折射率可以通过掺入 n 型或 p 型杂质加以调节，也可以采用四元化合物 InGaAsP（磷化铟镓砷）并通过调控各组分的比例来调控材料折射率。图 5.3-5（c）给出的脊型波导可以实现强的光场限域，这是因为波导芯层的三边都被低折射率材料包裹——左右两边是空气，而上方是另一种组分的 InGaAsP 化合物。

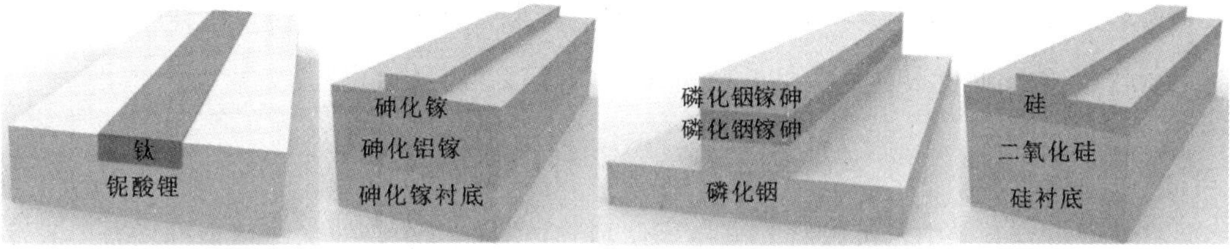

（a）（b）（c）（d）

图 5.3-5 用于制造光波导的各种材料体系

（a）Ti：$LiNbO_3$ 嵌入式条状波导；（b）肋条型波导，芯层为 GaAs，下包层为 AlGaAs，衬底为 GaAs；（c）InGaAsP 脊型波导，包层是空气和低折射率的 InGaAsP 层；（d）SOI 肋条型波导，芯层为 Si，下包层为氧化硅，衬底为与 CMOS 制造工艺兼容的硅晶圆

另一种可用于制造波导的材料平台是绝缘体上硅（SOI），通常由硅与硅的氧化物构成。该材料平台与标准的硅和氧化物刻蚀工具兼容，因此该技术也称为硅基光子技术。由于硅的折射率约为 3.5，而氧化硅的折射率小于 1.5，因此这种材料组合具有较大的折射率差 Δn。图 5.3-5（d）给出了一种典型的 SOI 波导结构，它由位于氧化硅层上的肋条型硅波导构成。氧化硅层用作波导的下包层，其下方是硅衬底。由于微电子工业已经发展了相当完善的硅基制造工艺，因此与互补金属氧化物半导体器件（complementary metal oxide semiconductor，CMOS）制造技术的兼容性成为一个非常重要的优点。

此外，通过离子交换工艺制成的玻璃波导，以及聚合物波导也都逐步发展成实用的技术。

5.4 光波导之间的耦合

5.4.1 输入耦合器

1. 模式激发

根据前面章节中的讨论，光以模式的形式在波导中传播。光场的复振幅通常是这些模式的叠加：

$$E(y,z)=\sum_{m}a_m u_m(y)\exp(-\mathrm{j}\beta_m z) \tag{5.4-1}$$

式中，a_m 为振幅；$u_m(y)$ 为场的横向分布（假设为实数）；β_m 为模式 m 的传播常数。

不同模式的振幅取决于用于激励波导的光源的性质。如果光源的场分布与某个模式完美匹配，则仅有该模式被激发。通常，具有任意场分布 $s(y)$ 的光源在不同的输出功率条件下会激发不同的模式。从光源馈入模式 m 的功率占比取决于 $s(y)$ 和 $u_m(y)$ 之间的相似程度。为了建立 $s(y)$ 和 $u_m(y)$ 之间的量化关系，将 $s(y)$ 展开为正交函数 $u_m(y)$ 的加权叠加：

$$s(y)=\sum_{m}a_m u_m(y) \tag{5.4-2}$$

令系数 a_l 代表被激发的模式 l 的振幅，则

$$a_l=\int_{-\infty}^{\infty}s(y)u_l(y)\mathrm{d}y \tag{5.4-3}$$

要推导这个关系式，只需在式（5.4-2）的两边乘以 $u_l(y)$，再对 y 积分，并代入 $l\neq m$ 时的正交关系 $\int_{-\infty}^{\infty}u_l(y)u_m(y)\mathrm{d}y=0$ 以及归一化条件。系数 a_l 表示光源的场分布 $s(y)$ 与模式的场分布 $u_l(y)$ 之间的相似度（或相关性）。

2. 端口耦合器

要将光耦合到波导中，可以将其直接聚焦到波导的一个端口处（图 5.4-1）。为了激发给定的模式，入射光的横向场分布 $s(y)$ 应当与该模式的横向场分布匹配。入射光的偏振态也必须与目标模式的偏振态相匹配。由于波导平板的尺寸小，这种端口耦合的方法在聚焦和对准时通常很困难，并且耦合效率也不高。

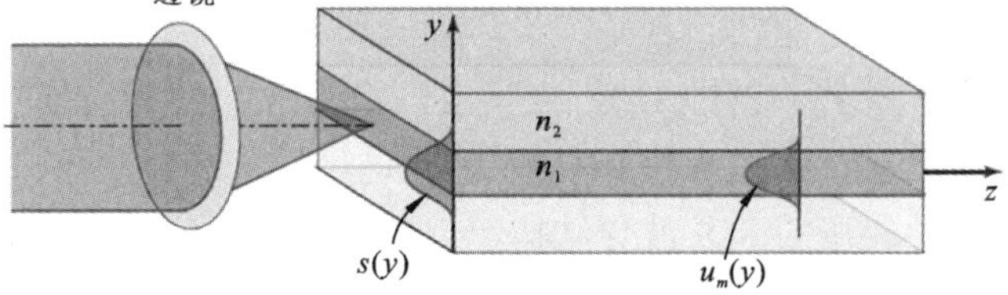

图 5.4-1　将光耦合进波导

在多模波导中，可以使用几何光学的方法求解耦合进波导的光能量（图 5.4-2）。波导内的可以传播的光线的倾斜角上限为 $\bar{\theta}_{\mathrm{c}}=\cos^{-1}(n_2/n_1)$，这要求外部光线的倾斜角 θ_a 满足 $NA=\sin\theta_a=n_1\sin\bar{\theta}_{\mathrm{c}}=n_1\sqrt{1-(n_2/n_1)^2}=\sqrt{n_1^2-n_2^2}$，其中 NA 是波导的数值孔径。为获得最大耦合效率，入射光应聚焦在角度 θ_a 内。

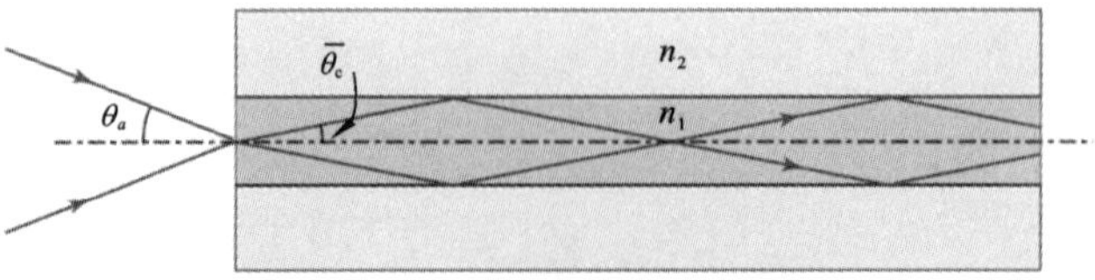

图 5.4-2　将光耦合进多模波导[1]

光也可以从半导体光源（发光二极管或激光二极管）直接耦合进波导，只需将光源的端口与波导的端口对准，并调整两端面的间距使耦合效率最大化（图 5.4-3）。在发光二极管中，

光从半导体区域朝各个方向发射。在激光二极管中，发射的光被限制在内置的波导中。

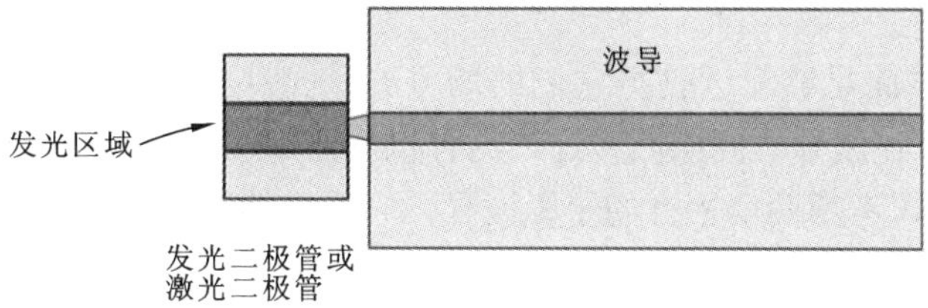

图 5.4-3 光从发光二极管或激光二极管的端口耦合进波导

将光耦合到波导中的其他方法包括使用棱镜、衍射光栅和其他波导。

3. 棱镜和光栅侧面耦合器

如图 5.4-4（a）所示，如何将包层中倾斜角为 θ_i 的入射波与波导中的传播模式耦合起来？这种侧面耦合的条件是入射波的波矢的轴向分量 $n_2k_0\cos\theta_i$ 等于波导模式的传播常数 β_m。因为 $\beta_m > n_2k_0$（见图 5.4-4），即入射波波矢的轴向分量太小，耦合所需的相位匹配条件 $\beta_m = n_2k_0\cos\theta_i$ 无法满足。但是，这个问题可以用棱镜耦合器或光栅耦合器来解决。

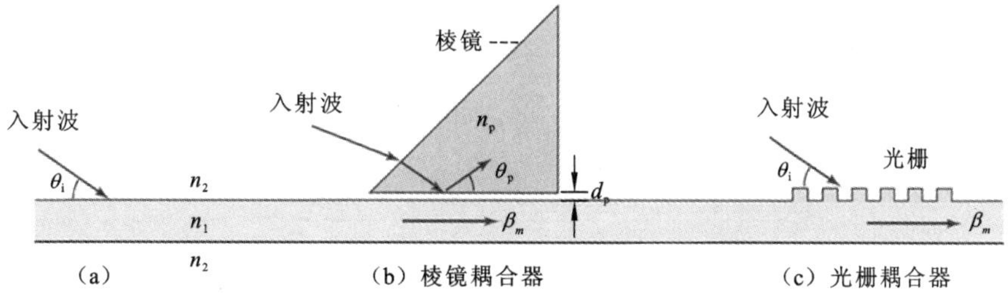

图 5.4-4 用棱镜和光栅实现侧面耦合

如图 5.4-4（b）所示，将折射率为 n_p 的棱镜（$n_p > n_2$）放置在与波导平板相距 d_p 的位置处，入射波从斜边折射进入棱镜，然后在耦合边以角度 θ_p 经历全内反射。入射波和反射波叠加形成一列沿 z 方向传播的波，其传播常数为 $\beta_p = n_pk_0\cos\theta_p$，横向场分布以指数衰减的倏逝波的形式延伸到棱镜耦合面和平板波导之间的间隙中。如果间距 d_p 足够小，且满足传播常数的匹配条件 $\beta_m \approx \beta\beta_p = n_pk_0\cos\theta_p$，则入射波将与平板波导的传播模式耦合。由于 $n_p > n_2$，相位匹配是可能的。并且，当间距 d_p 的选择合适时，将有较大的功率被耦合到波导中。当然，也可以反过来利用这种耦合机制构建输出耦合器，将平板波导中的光耦合到自由空间。值得一提的是，这种倏逝波耦合的机制也被用于在金属与介质的界面处激发表面等离激元。

如图 5.4-4（c）所示，光栅耦合器解决相位匹配问题的办法是对入射波的波矢量进行调制。入射波在经过周期为 Λ 的光栅后会引入一个附加相位因子 $2\pi q/\Lambda z$，其中 $q = \pm1, \pm2, \cdots$，这相当于在其轴向分量上附加了 $2\pi q/\Lambda z$ 的项。而此时的相位匹配条件为 $n_2k_0\cos\theta_i + 2\pi q/\Lambda z = \beta_m$，这里 $q = 1$。当该条件满足时，耦合可以发生。

5.4.2 耦合的光波导

如果两个波导彼此足够靠近使得它们的场重叠，光就可以从一个波导耦合到另一个波导，而光功率则可以在波导之间来回传递，这种机制可用于构建光耦合器和光开关。

如图 5.4-5 所示，考察两个平行的平板波导，它们是两个宽度为 d，间距为 $2a$，折射率为 n_1 和 n_2 的平板。两平板被包裹在折射率为 n 的介质中，且 n 略小于 n_1 和 n_2。假设每个波导是单模的。通过设定波导之间的间距，使一个波导外部的光场（在没有另一个波导的情况下）与另一个波导略有重叠。在 $z=0$ 处，光场主要集中在上波导（波导 1）中；在 $z=L_0/2$ 处，光场平均分配在两个波导中；在 $z=L_0$ 处，光场主要集中在下波导（波导 2）中。光功率从一个波导完全转移到另一个波导所需要的传播距离被称为耦合长度或转移距离。

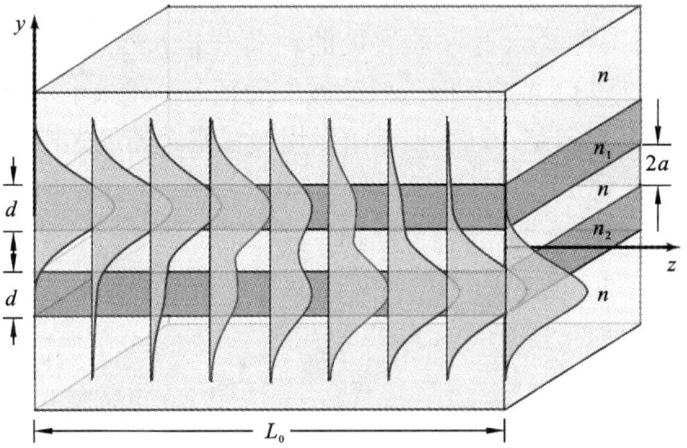

图 5.4-5　两平行平板波导之间的耦合

研究光在这种结构中的传播问题的规范方法是分别列出不同区域中的麦克斯韦方程组，再应用边界条件来求解整个系统的模式。这些模式与孤立波导的模式不同，严格的模式分析比较复杂，也超出了本书的范围。然而，对于弱耦合的情况，一种被称为耦合模理论的近似理论较为简洁，其精确程度通常也是令人满意的。

耦合模理论假设双平板波导结构中每个波导的模式与该波导在不受其他波导影响时（孤立状态）的模式一样。也就是说，在两个波导同时存在的情况下，每个波导的模式仍然可以用 $u_1(y)\exp(-\mathrm{j}\beta_1 z)$ 和 $u_2(y)\exp(-\mathrm{j}\beta_2 z)$ 来描述。耦合的过程仅改变这些模式的振幅而不影响它们的横向空间场分布，也不改变它们的传播常数。因此，波导 1 和 2 的模式的振幅是 z 的函数，即 $a_1(z)$ 和 $a_2(z)$，而该理论也就变为在适当的边界条件下求解 $a_1(z)$ 和 $a_2(z)$。

波导间的耦合现象可以被理解为一种散射效应。波导 1 的场被波导 2 散射，形成一个源并改变了波导 2 中场的振幅。而波导 2 的场对波导 1 也具有类似的影响。通过分析这种相互作用的过程可以得出两个耦合的微分方程，它们规定了振幅 $a_1(z)$ 和 $a_2(z)$ 的变化规律。

可以证明，振幅 $a_1(z)$ 和 $a_2(z)$ 由两个耦合的一阶微分方程决定

$$\frac{\mathrm{d}a_1}{\mathrm{d}z}=-\mathrm{j}\mathcal{C}_{21}\exp(\mathrm{j}\Delta\beta z)a_2(z) \tag{5.4-4a}$$

$$\frac{\mathrm{d}a_2}{\mathrm{d}z}=-\mathrm{j}\mathcal{C}_{12}\exp(-\mathrm{j}\Delta\beta z)a_1(z) \tag{5.4-4b}$$

式中，$\Delta\beta$ 是每单位长度的相位失配，满足：

$$\Delta\beta=\beta_1-\beta_2 \tag{5.4-5}$$

$\mathcal{C}_{21}$ 和 $\mathcal{C}_{12}$ 为耦合系数，满足：

$$\begin{aligned}\mathcal{C}_{21}&=\frac{1}{2}(n_2^2-n^2)\frac{k_0^2}{\beta_1}\int_a^{a+d}u_1(y)u_2(y)\mathrm{d}y\\ \mathcal{C}_{12}&=\frac{1}{2}(n_1^2-n^2)\frac{k_0^2}{\beta_2}\int_{-a-d}^{-a}u_2(y)u_1(y)\mathrm{d}y\end{aligned} \tag{5.4-6}$$

从式（5.4-4）可以看到，a_1 的变化率与 a_2 成正比，反之亦然。而比例系数是耦合系数和相位失配因子 $\exp(\mathrm{j}\Delta\beta z)$ 的乘积。

耦合模方程式（5.4-4）可以用两个谐波函数

$$a_1(z)=b_1\exp(\mathrm{j}\gamma z)\exp\left(\frac{\mathrm{j}\Delta\beta z}{2}\right) \quad 和 \quad a_2(z)=b_2\exp(\mathrm{j}\gamma z)\exp\left(-\frac{\mathrm{j}\Delta\beta z}{2}\right)$$

作为试探解，这里的 b_1 和 b_2 是常数，而这些试探解满足耦合模方程式（5.4-4）的条件是

$$\gamma=\pm\sqrt{\left(\frac{\Delta\beta}{2}\right)^2+\mathcal{C}^2}, \quad \mathcal{C}=\sqrt{\mathcal{C}_{12}\mathcal{C}_{21}} \tag{5.4-7}$$

因为式（5.4-7）中 γ 有正负两个可能的取值，将试探解改写为 $\exp(\mathrm{j}\gamma z)$ 和 $\exp(-\mathrm{j}\gamma z)$ 的加权叠加，其中的 γ 为式（5.4-7）中的正值，而叠加的权重为 $a_1(0)$ 和 $a_2(0)$。最后的结果为

$$a_1(z)=A(z)a_1(0)+B(z)a_2(0) \tag{5.4-8a}$$

$$a_2(z)=C(z)a_1(0)+D(z)a_2(0) \tag{5.4-8b}$$

式中，

$$A(z)=D^*(z)=\exp\left(\frac{\mathrm{j}\Delta\beta z}{2}\right)\left(\cos\gamma z-\mathrm{j}\frac{\Delta\beta}{2\gamma}\sin\gamma z\right) \tag{5.4-9a}$$

$$B(z)=\frac{\mathcal{C}_{21}}{\mathrm{j}\gamma}\exp\left(\mathrm{j}\frac{\Delta\beta z}{2}\right)\sin\gamma z \tag{5.4-9b}$$

$$C(z)=\frac{\mathcal{C}_{12}}{\mathrm{j}\gamma}\exp\left(-\mathrm{j}\frac{\Delta\beta z}{2}\right)\sin\gamma z \tag{5.4-9c}$$

$A(z)$、$B(z)$、$C(z)$ 正是描述输出和输入的传输矩阵 $\boldsymbol{T}$ 的元素。

假设波导 2 没有光输入，即 $a_2(0)=0$，那么光功率 $P_1(z)\propto|a_1(z)|^2$，$P_2(z)\propto|a_2(z)|^2$ 为

$$P_1(z)=P_1(0)\left[\cos^2\gamma z+\left(\frac{\Delta\beta}{2\gamma}\right)^2\sin^2\gamma z\right] \tag{5.4-10a}$$

$$P_2(z)=P_1(0)\frac{|\mathcal{C}_{21}|^2}{\gamma^2}\sin^2\gamma z \tag{5.4-10b}$$

因此，功率在两个波导中周期性交换，如图 5.4-6（a），其周期为 π/γ。

当两波导相同，即 $n_1=n_2, \beta_1=\beta_2$，且 $\Delta\beta=0$ 时，称两波导相位匹配。在这种情况下，$\gamma=\mathcal{C}, \mathcal{C}_{12}=\mathcal{C}_{21}=\mathcal{C}$，而传输矩阵的形式较为简单：

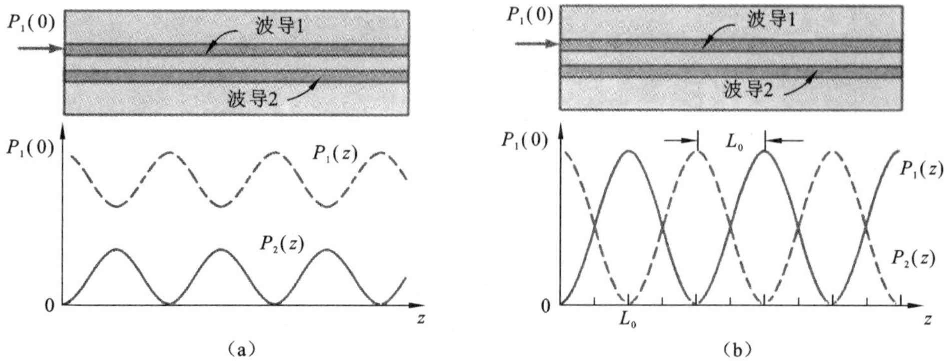

图 5.4-6　波导 1 和 2 之间的周期性功率交换

(a) 相位失配的情况　(b) 相位匹配的情况

$$\boldsymbol{T}=\begin{bmatrix} A(z) & B(z) \\ C(z) & D(z) \end{bmatrix}=\begin{bmatrix} \cos Cz & -\mathrm{j}\sin Cz \\ -\mathrm{j}\sin Cz & \cos Cz \end{bmatrix} \tag{5.4-11}$$

所以式（5.4-10）简化成式（5.4-12）的形式：

$$P_1(z)=P_1(0)\cos^2 Cz \tag{5.4-12a}$$

$$P_2(z)=P_1(0)\sin^2 Cz \tag{5.4-12b}$$

波导之间的功率交换随之完成，如图 5.4-6（b）所示。

因此，有了一种能够将任意比例的光功率从一个波导耦合到另一个波导的器件。在经过距离 $z=L_0=\pi/2C$（耦合长度或转移距离）之后，功率完全从波导 1 转移到波导 2 中[图 5.4-7（a）]。在经过距离 $z=L_0/2$ 时，只有一半的功率被转移，因此该器件可用作 3 dB 耦合器，即 50/50 分束器[图 5.4-7（b）]。

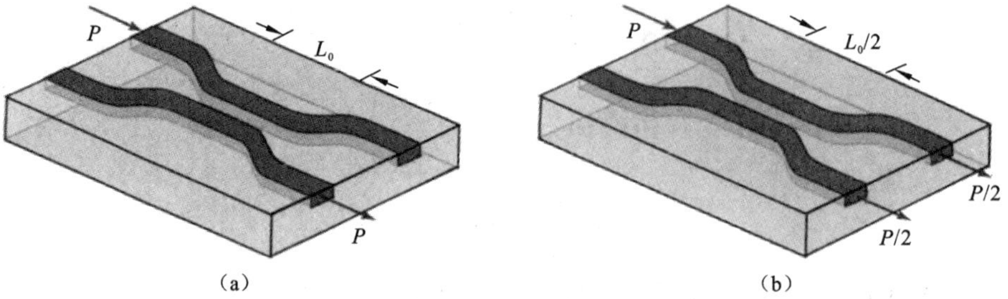

图 5.4-7　光耦合器

(a) 将光从一个波导转移到另一个波导；(b) 3 dB 耦合器

1. 通过控制相位失配进行光功率交换

如果在一个固定长度（例如 $L_0=\pi/2C$）的波导耦合器中引入一个小的相位失配 $\Delta\beta$，就会改变它的功率转移比。根据式（5.4-10b）和式（5.4-7），功率转移比 $T=P_2(L_0)/P_1(0)$ 可以写成 $\Delta\beta$ 的函数：

$$T=\frac{\pi^2}{4}\sin C^2\left[\frac{1}{2}\sqrt{1+\left(\frac{\Delta\beta L_0}{\pi}\right)^2}\right] \tag{5.4-13}$$

式中，$\mathrm{sin}\mathcal{C}(x)=\sin(\pi x)/(\pi x)$。图 5.4-8 绘制了功率转移比 T 关于相位失配参数 $\Delta\beta L_0$ 的函数关系。T 的取值在 $\Delta\beta L_0=0$（相位匹配情况）时取最大值（即 $T=1$），随着 $\Delta\beta L_0$ 的增加而减小，然后在 $\Delta\beta L_0=\sqrt{3}\pi$ 时消失。

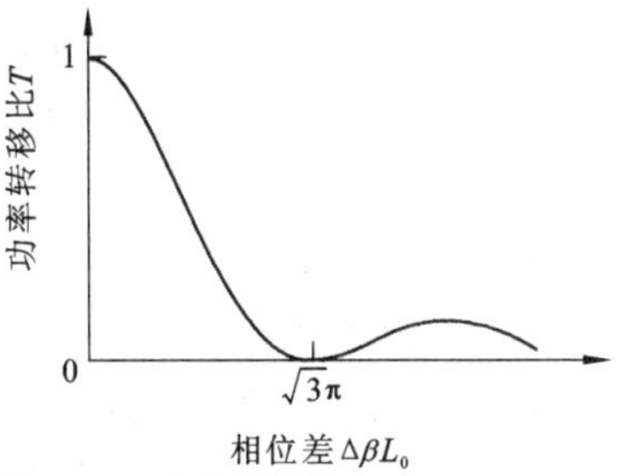

图 5.4-8　功率转移比 $T=P_2(L_0)/P_1(0)$ 关于相位失配参数 $\Delta\beta L_0$ 的函数

功率转移比随相位失配的变化关系可用于制造电调控的定向耦合器。如果失配量 $\Delta\beta L_0$ 从 0 变到 $\sqrt{3}\pi$，则光功率完全从波导 2 转移到波导 1。而如果波导材料是电光材料（材料的折射率可以通过施加电场而改变），就可以实现 $\Delta\beta$ 的电调控。

2. 耦合波方程的推导

接下来推导微分方程式（5.4-4），该方程决定了耦合模的振幅 $a_1(z)$ 和 $a_2(z)$。当两个波导之间不存在耦合时，它们携带的光场的复振幅表达式为

$$E_1(y,z)=a_1u_1(y)\exp(-\mathrm{j}\beta_1 z) \tag{5.4-14a}$$

$$E_2(y,z)=a_2u_2(y)\exp(-\mathrm{j}\beta_2 z) \tag{5.4-14b}$$

式中，振幅 a_1 和 a_2 为常数。在存在耦合的情况下，假设振幅 a_1 和 a_2 是 z 的函数，但横向场分布函数 $u_1(y)$ 和 $u_2(y)$，以及传播常数 β_1 和 β_2 不会改变。与距离 β^{-1}（传播常数 β_1 和 β_2 的倒数，大小与光波长可比拟）相比，振幅 a_1 和 a_2 可以假设为 z 的缓变函数。

波导 2 的存在可以被看作是对波导 1 外部介质的扰动，扰动的形式为折射率为 n_2-n，厚度为 d 的平板，平板与波导 1 的距离为 $2a$。折射率差 n_2-n 和场 E_2 对应于额外的电极化密度 $P=(\varepsilon_2-\varepsilon)E_2=\varepsilon_0(n_2^2-n^2)E_2$，该电极化密度等效为一个光源 $S_1=-\mu_0\partial^2 P/\partial t^2$，其复振幅为

$$S_1=\mu_0\omega^2 P=\mu_0\omega^2\varepsilon_0(n_2^2-n^2)E_2=(n_2^2-n^2)k_0^2E_2=(k_2^2-k^2)E_2 \tag{5.4-15}$$

式中，ε_2 和 ε 分别为与折射率 n_2 和 n 相关的介电常数；$k_2=n_2k_0$。该等效光源仅存在于平板波导 2 中，其辐射场则耦合进波导 1 中。

为了求解该等效光源对波导 1 中场的影响，写出有源情况下波导 1 中的亥姆霍兹方程

$$\nabla^2E_1+k_1^2E_1=-S_1=-(k_2^2-k^2)E_2 \tag{5.4-16a}$$

类似地，也写出有源情况下波导 2 中的亥姆霍兹方程，该光源为波导 1 中的场等效而成。

$$\nabla^2E_2+k_2^2E_2=-S_2=-(k_1^2-k^2)E_1 \tag{5.4-16b}$$

式中，$k_1=n_1k_0$。求解耦合方程组式（5.4-16），可得波导 1 和波导 2 中的光场 E_1 和 E_2，而这种扰动分析仅适用于对弱耦合的波导。

将 E_1 和 E_2 写为 $E_1(y,z)=a_1(z)e_1(y,z)$ 和 $E_2(y,z)=a_2(z)e_2(y,z)$，其中

$$e_1(y,z)=u_1(y)\exp(-\mathrm{j}\beta_1 z)，\ e_2(y,z)=u_2(y)\exp(-\mathrm{j}\beta_2 z)$$

并注意 e_1 和 e_2 必须满足亥姆霍兹方程：

$$\nabla^2e_1+k_1^2e_1=0 \tag{5.4-17a}$$

$$\nabla^2e_2+k_2^2e_2=0 \tag{5.4-17b}$$

式中，$k_1=n_1k_0$ 和 $k_2=n_2k_0$ 分别对应平板波导 1 和 2 中的位置，而 $k_1=k_2=nk_0$ 对应其他位置。

将 $E_1 = a_1 e_1$ 代入式（5.4-16a），可得

$$\frac{\mathrm{d}^2 a_1}{\mathrm{d}z^2} e_1 + 2\frac{\mathrm{d}a_1}{\mathrm{d}z}\frac{\mathrm{d}e_1}{\mathrm{d}z} = -(k_2^2 - k^2) a_2 e_2 \tag{5.4-18}$$

注意 a_1 是缓慢变化的，而 e_1 则随 z 快速变化，与第 2 项相比，忽略了式（5.4-18）中的第一项。这些项之间的比例是

$$[(\mathrm{d}\varphi / \mathrm{d}z)e_1]/[2\varphi \mathrm{d}e_1 / \mathrm{d}z] = [(\mathrm{d}\varphi / \mathrm{d}z)e_1]/[2\varphi(-\mathrm{j}\beta_1 e_1)] = \mathrm{j}(\mathrm{d}\varphi / \varphi)/2\beta_1 \mathrm{d}z$$

式中，$\varphi = \mathrm{d}a_1 / \mathrm{d}z$。该近似成立的条件是 $\mathrm{d}\varphi / \varphi \ll \beta_1 \mathrm{d}z$，即 $a_1(z)$ 的变化量与长度 β_1^{-1} 相比较小。

进一步将 $e_1 = u_1 \exp(-\mathrm{j}\beta_1 z)$ 和 $e_2 = u_2 \exp(-\mathrm{j}\beta_2 z)$ 代入式（5.4-18），并忽略第一项，可得

$$2\frac{\mathrm{d}a_1}{\mathrm{d}z}(-\mathrm{j}\beta_1) u_1(y) \mathrm{e}^{-\mathrm{j}\beta_1 z} = -(k_2^2 - k^2) a_2 u_2(y) \mathrm{e}^{-\mathrm{j}\beta_2 z} \tag{5.4-19}$$

在式（5.4-19）两边同时乘以 $u_1(y)$，并对 y 积分，又因为 $u_1^2(y)$ 已经归一化了，其积分为 1，最终得到

$$\frac{\mathrm{d}a_1}{\mathrm{d}z} \mathrm{e}^{-\mathrm{j}\beta_1 z} = -\mathrm{j}\mathcal{C}_{21} a_2(z) \mathrm{e}^{-\mathrm{j}\beta_2 z} \tag{5.4-20}$$

式中，$\mathcal{C}_{21}$ 由式（5.4-6）给出。通过在波导 2 中重复上述步骤可得类似的等式。这些等式即为耦合的微分方程式（5.4-4）。

5.4.3 波导阵列

原则上，用于分析两个弱耦合波导中的光传播问题的方法可以推广到多波导阵列的情况。下面考察由等间距排布的 N 个波导组成的阵列，假定波导间耦合足够弱，因此只考虑相邻波导之间的耦合效应。

如果用 $a_n(z)$ 代表第 n 个波导中光场的复振幅，则 N 个耦合波方程可以写为

$$\frac{\mathrm{d}a_n}{\mathrm{d}z} = -\mathrm{j}\mathcal{C}(a_{n+1} + a_{n-1}), \quad n = 1,2,\cdots,N \tag{5.4-21}$$

式中，$\mathcal{C}$ 为耦合系数；$a_0 = a_{N+1} = 0$。如果用 N 维向量 $\boldsymbol{a}$ 来代表光场的复振幅，$\boldsymbol{a}$ 的元素为 $\{a_{n+1}\}$，则式（5.4-21）可以写为矩阵形式：

$$\frac{\mathrm{d}\boldsymbol{a}}{\mathrm{d}z} = -\mathrm{j}\boldsymbol{H}\boldsymbol{a}$$

其中 $\boldsymbol{H}$ 是一个 $N \times N$ 矩阵，当 $m = n \pm 1$ 时，矩阵元素 $H_{nm} = \mathcal{C}$，而当 $m \neq n \pm 1$ 时，$H_{nm} = 0$。该矩阵方程的解为 $\boldsymbol{a}(z) = \boldsymbol{T}\boldsymbol{a}(0)$，其中 $\boldsymbol{T} = \exp(-\mathrm{j}z\boldsymbol{H})$ 是传输矩阵。

光在这种波导阵列中的传播过程，最适合用模式的概念来描述。波导阵列中的模式被称为超模式，应当将超模式与阵列中每个波导在孤立状态下的模式区分开。求解超模式的方法是将矩阵 $\boldsymbol{H}$ 对角化。这个 $N \times N$ 矩阵有 N 个本征值 λ_r，与 λ_r 对应的特征向量 $\boldsymbol{b}_r$ 的元素为 $\{b_{rn}\}$，λ_r 和 b_{rn} 的表达式为

$$\lambda_r = 2\mathcal{C}\cos\left(\frac{r\pi}{N+1}\right), \ b_{rn} = \sqrt{\frac{2}{N+1}}\sin\left(\frac{r\pi n}{N+1}\right), \ r = 1,2,\cdots,N \tag{5.4-22}$$

与矩阵 $\boldsymbol{H}$ 相关联的矩阵 $\boldsymbol{T} = \exp(-\mathrm{j}z\boldsymbol{H})$ 的本征值为 $\exp(-\mathrm{j}\lambda_r z)$，而 $\boldsymbol{T}$ 的特征向量也是 $\boldsymbol{b}_r$。假设波导阵列的初始振幅 $\{a_n(0)\}$ 等于第 r 个超模式中的振幅 $\{b_{rn}\}$，则光在波导阵列的传播过

程中，各 $a_n(z)$ 的变化规律服从简单的关系式 $a_n(z)=a_n(0)\exp(-\mathrm{j}\lambda_r z)$，即各 $a_n(z)$ 之间互相独立。此时超模式的传播常数为 $\beta_r=\beta_0+\lambda_r$，这里 β_0 是阵列中每个波导在孤立状态下的模式的传播常数。因为 $-2\mathcal{C}\leqslant\lambda_r\leqslant 2\mathcal{C}$，超模式的传播常数 β_r 的取值范围为 $\beta_0-2\mathcal{C}\leqslant\beta_r\leqslant\beta_0+2\mathcal{C}$。

一般情况下的输入场分布 $\{a_n(0)\}$ 可以写为超模式的加权叠加：$a_n(0)=\sum_{r=1}^{N}w_r b_{rn}$，其中 $w_r=\sum_{n=1}^{N}a_n(0)b_{rn}$ 是权重因子。进而可以将位置 z 处的振幅写为

$$a_n(z)=\sum_{r=1}^{N}w_r b_{rn}\mathrm{e}^{-\mathrm{j}\lambda_r z} \tag{5.4-23}$$

可见，通过模式分析，可以从任意的 $a_n(0)$ 出发求解 $a_n(z)$。

【例 5.4-1】 两个耦合波导的超模式

考察两个耦合波导的情况（N=2），$\boldsymbol{H}=\begin{bmatrix}0 & \mathcal{C}\\ \mathcal{C} & 0\end{bmatrix}$，$\boldsymbol{T}=\exp(-\mathrm{j}z\boldsymbol{H})=\begin{bmatrix}\cos\mathcal{C}z & -\mathrm{j}\sin\mathcal{C}z\\ -\mathrm{j}\sin\mathcal{C}z & \cos\mathcal{C}z\end{bmatrix}$，这个结果和式（5.4-11）一致。这两个模式的本征值为 $\lambda_r=\pm\mathcal{C}$，对应的传播常数为 $\beta_0\pm\mathcal{C}$。特征向量为 $\frac{1}{\sqrt{2}}\begin{bmatrix}1\\1\end{bmatrix}$ 和 $\frac{1}{\sqrt{2}}\begin{bmatrix}1\\-1\end{bmatrix}$，分别对应于两个波导的输入为同相和反相的情况。只在一个波导处输入的情况可以写为 $\boldsymbol{a}(0)=\begin{bmatrix}1\\0\end{bmatrix}=\frac{1}{2}\begin{bmatrix}1\\1\end{bmatrix}+\frac{1}{2}\begin{bmatrix}1\\-1\end{bmatrix}$，即同时激励起两个超模式，它们有不同的传播常数，导致的结果是在传播过程中，光功率在两个波导之间来回传递。

周期性波导：当波导阵列的 N 非常大时，可以被看作周期性结构，并用 3.2 节中给出的理论进行分析。图 5.4-9 对光在单一平板波导、有限数量的波导阵列和无限多波导构成的周期性结构中传播时的色散关系进行了比较。在单一平板介质波导中[图 5.4-9（a）]，光波模

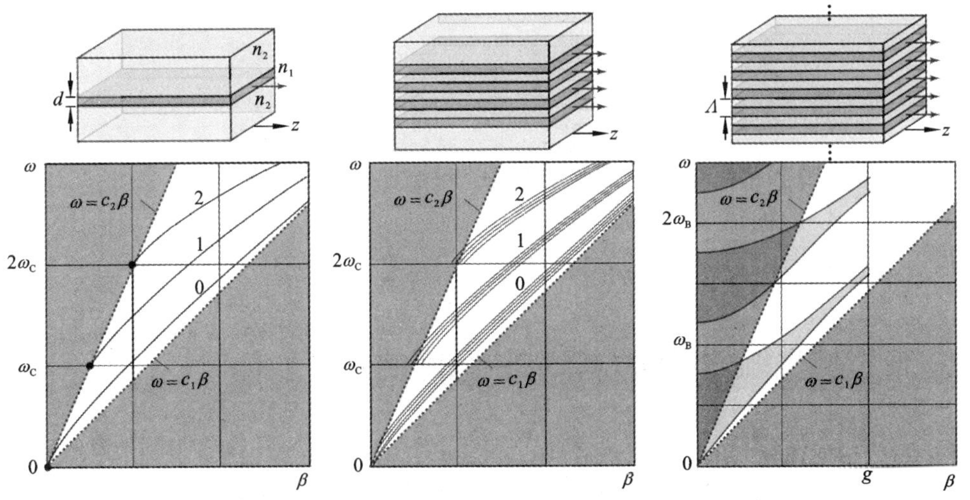

（a） （b） （c）

图 5.4-9 光在单一平板介质波导、波导阵列和周期性波导中传播时的色散关系

（a）一个平板介质波导的色散图，其截止角频率为 $\omega_{\mathrm{c}}=(\pi/d)(c_0/NA)$；（b）一个波导阵列的超模式色散图；（c）一个周期性波导的色散图，其周期为 Λ，空间频率 $g=2\pi/\Lambda$，布拉格角频率 $\omega_{\mathrm{B}}=(\pi/\Lambda)(c_0/\overline{n})$

式的色散曲线位于光线 $\omega=c_1\beta$ 和 $\omega=c_2\beta$ 之间，在任意角频率处，至少存在一个模式。在 N 个波导的阵列中［图 5.4-9（b）］，每条色散曲线分裂成 N 条曲线，它们代表了超模式。这些曲线的形状取决于耦合系数 $\mathcal{C}$，而从式（5.4-6）可知 $\mathcal{C}$ 又是频率的函数（通过自由空间波数 k_0）。在由波导构成的周期性结构中［图 5.4-9（c）］，色散曲线拓展成光线之间的频带，这些频带被带隙分隔。

5.5 光子晶体光波导

5.5.1 布拉格光栅波导的概念

通过学习本章前面的内容可知，光可以通过在两个平面反射镜之间来回反射的方式被导引，即 5.1 节中的平行平面镜波导；也可以通过在介质界面处全内反射的方式被导引，即 5.2 节中的介质平板波导。还有一种导引光的方法是采用布拉格光栅反射镜（Bragg grating reflector，BGR），如图 5.5-1 所示。布拉格光栅反射镜是一组交替堆叠的介质层，其反射率与入射角和频率有特定的关系。对于特定的入射角，阻带中任意频率处的反射率接近 1。同样，对于特定的频率，在一定的角度范围内反射率接近 1，当然，在所有方向上的百分之百反射也是可能的。因此，一列给定频率的波也可以通过一个入射角范围内的多次百分之百反射而被导引。在这个入射角范围内，自再现条件在一组离散的入射角处得以满足，每个入射角都对应了一个传播的模式。如图 5.5-1 所示，传播模式的场主要局限在平板中，而场的衰减部分（倏逝场）则进入与平板相邻的光栅层中。

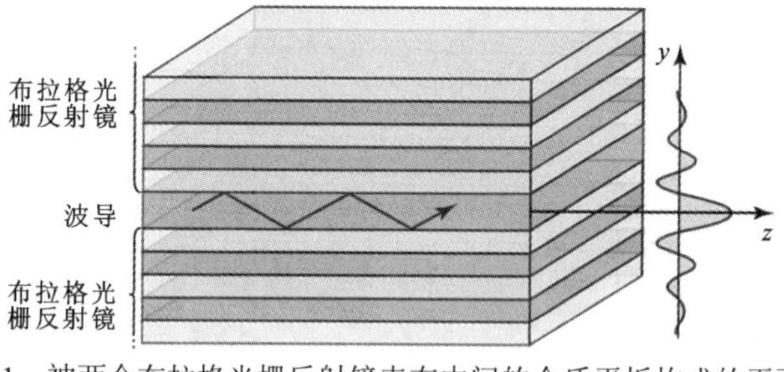

图 5.5-1　被两个布拉格光栅反射镜夹在中间的介质平板构成的平面波导

5.5.2 布拉格光栅波导作为具有缺陷层的光子晶体

如果布拉格光栅波导的上下光栅相同，并且平板厚度与构成光栅的周期层的厚度相当，那么整个介质可以被认为是一维周期结构，即一维光子晶体，但存在缺陷。例如，图 5.5-1 所示的器件除了平板之外的区域都是周期性的，只有平板具有不同的厚度和/或不同的折射率，因此，平板可被视为“缺陷”层。如 3.2 节所述，完美光子晶体的色散关系（能带图）中存在带隙，在带隙中不存在传播模式。然而，在存在“缺陷”层的情况下，则可能存在频率位于带隙中的传播模式，而它的场主要局限在该“缺陷”层内。如图 5.5-2 所示，这种模式对应于色散图中位于带隙内的频率，而这样的频率可类比位于半导体带隙内的缺陷能级。

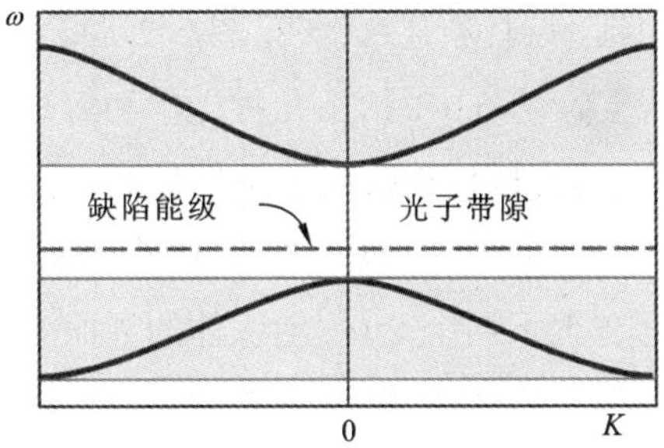

图 5.5-2　含有“缺陷”层的光子晶体的色散关系图

5.5.3　二维光子晶体波导

通过在二维光子晶体中沿特定路径引入缺陷的方法，也可以构建波导。在图 5.5-3（a）给出的例子中，将一组平行的圆柱孔按周期性三角形晶格排布在介质材料中得到的二维光子晶体，其对于传播方向与周期平面平行（与圆柱孔垂直）的波呈现出完整的光子带隙。而只要在二维光子晶体中的某一路径上不放置圆孔就可以构建缺陷光波导。一列频率在带隙内的波进入缺陷波导后无法泄漏到周围的周期性介质中，因而只能被缺陷波导导引。图 5.5-3（a）给出了缺陷波导中场分布的示意图。

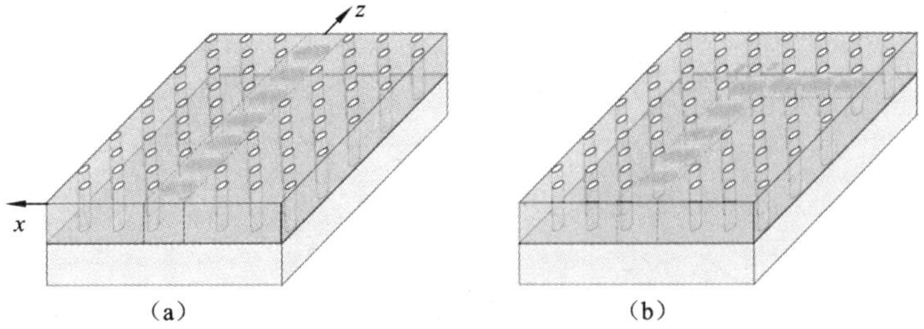

图 5.5-3　二维光子晶体波导

（a）光子晶体波导中的传播模式；（b）L 型光子晶体波导

此外，由于光子带隙的全向性质，光在具有尖锐弯曲和拐角的光子晶体波导中传播时，其能量不会向周围的介质中耗散，如图 5.5-3（b）所示。这种特性在基于全内反射的传统介质波导中是无法实现的。

5.6　等离激元光波导

根据本章前面部分的讨论结果，光波很难被限制在远小于其波长的空间尺度内。对于 5.1 节中讨论的平面镜波导，一列波长为 λ 的波可以在其中传播的条件是镜面间距 $d>\lambda/2$，而当

$d<\lambda/2$ 时，波无法在其中传播（此时波的频率小于截止频率 $c/2d$ ）。对于 5.2 节中讨论的平板介质波导，当芯层平板的厚度减小到 $d<\lambda/2$ 时，将只支持一个传播模式；而当厚度继续减小时，传播模式场将大量泄漏到包层中（参见图 5.2-5）。然而，用金属结构就可以在亚波长的空间尺度内限制和引导光。图 5.6-1 给出几种光学和等离激元波导的设置和色散关系：图（a）代表完美平面镜波导，其支持传播模式的条件是其镜面间距 $d>\lambda/2$ ，也即 $\omega>\omega_c$ ，这里 $\omega_c=\pi c/d$ 是截止频率；图（b）代表金属-绝缘体-金属波导，其在 $d<\lambda/2$ 时，介质层不支持传统的传播模式，但它在上下两个金属-绝缘体的界面处支持独立的 SPP 波，条件是 $\omega<\omega_s$ ，这里 $\omega_s=\omega_p/\sqrt{1+\varepsilon_{r1}}$ ，而 ω_p 是金属的等离子体频率， $\varepsilon_{r1}=\varepsilon_1/\varepsilon_0$ 是介质层的相对介电常数。图（c）代表介质层厚度 $d\ll\lambda$ 的金属-绝缘体-金属波导，其在 $\omega_s<\omega<\omega_p$ 时支持对称的传播模式 $\omega^{(+)}$ ，在 $\omega<\omega_s$ 时支持反对称的传播模式 $\omega^{(-)}$ ；图（d）代表厚度 $d\ll\lambda$ 的金属薄膜，称为金属平板波导，支持两个传播模式，一个的频率范围低于 ω_s ，另一个的频率范围略微高于 ω_s 。在绘制图（c）和图（d）中的曲线时，假设 $d=\lambda_p/10$ ， $\lambda_p=2\pi c_0/\omega_p$ ， $\varepsilon_{r1}=2.25$ ，因此 $\omega_s=0.55\omega_p$ 。蓝色曲线代表单一金属-介质界面处 SPP 波的色散关系。图（a）～（d）中的红色点线代表各介质材料中的光线： $\omega=c\beta$ 。

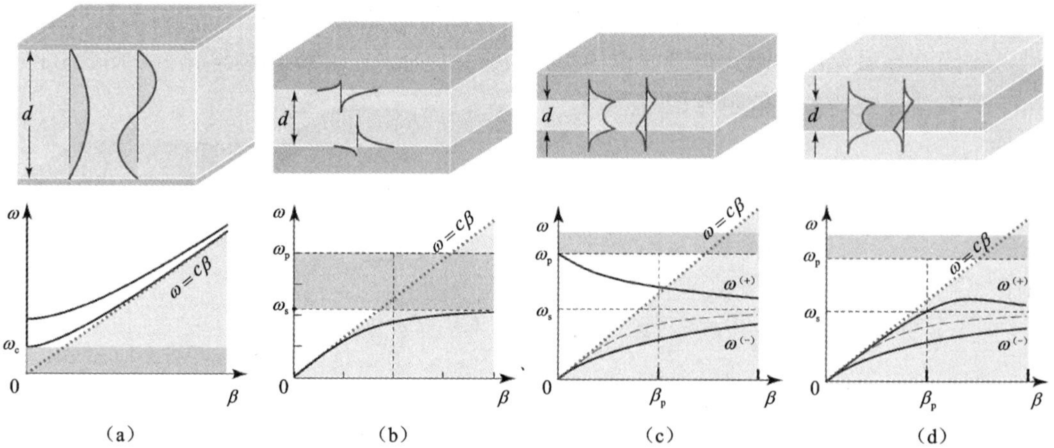

图 5.6-1　几种光学和等离激元波导的设置和色散关系

（a）完美平面镜波导；（b）金属-绝缘体-金属波导；（c）介质层厚度 $d\ll\lambda$ 的金属-绝缘体-金属波导；（d）厚度 $d\ll\lambda$ 的金属薄膜，称为金属平板波导

在 4.2.2 小节讨论过，金属与介质的界面处支持一种被称为 SPP 的表面波，它的场被高度局限在界面附近，向界面两侧的渗透深度都远小于波长，这正是图 5.6-1（b）给出的情况。图 5.6-1（c）则说明，光波可以在位于金属包层之间的一层非常薄（厚度 $d\ll\lambda$ ）的介质平板中传播。在这种条件下，上下两个金属-绝缘体的界面所支持的 SPP 波互相耦合，合并而成的模式场延伸到介质平板内。类似地，一层非常薄的金属薄膜也可以支持亚波长尺度的传播模式，也即图 5.6-1（d）所示意的情况。

5.6.1 金属-绝缘体-金属波导

一介质平板被两金属包层夹在中间，就构成了金属-介质-金属，也叫 MIM（metal-insulator-metal，金属-绝缘体-金属）波导。如果平板的厚度大于界面处 SPP 波趋肤深度的 2 倍[参见式（5.2-22）]，则该结构支持两列独立的 SPP 波[参见图 5.6-1（b）]。对于更薄的介质平板，这些表面波会相互重叠并耦合，并使 SPP 波的色散曲线劈裂成两组，因而产生两种不同的传播模式，在图 5.6-1（c）中分别用 $\omega^{(-)}$ 和 $\omega^{(+)}$ 来标注，这些模式分别对应了反对称和对称的场分布。

要推导 MIM 波导中这两种模式的色散关系，只需运用场在金属-介质界面的连续性条件，类似的推导过程在研究平板介质波导的部分（5.2 节）已经进行过。TM 模式的结果与平板介质波导中 TM 模式的结果类似[参见式（5.2-4）]：

$$\tanh\left(\frac{d}{2}\gamma_1\right)=-\frac{\varepsilon_1}{\varepsilon_2}\frac{\gamma_2}{\gamma_1},\qquad \coth\left(\frac{d}{2}\gamma_1\right)=-\frac{\varepsilon_1}{\varepsilon_2}\frac{\gamma_2}{\gamma_1} \tag{5.6-1}$$

并且

$$\gamma_1=\sqrt{\beta^2-\omega^2\mu\varepsilon_1},\qquad \gamma_2=\sqrt{\beta^2-\omega^2\mu\varepsilon_2} \tag{5.6-2}$$

式中，ε_1 和 ε_2 分别为介质材料和金属材料的介电常数。图 5.6-1（c）给出了 MIM 波导的模式色散关系，其中的金属材料特性服从德鲁德模型，$\varepsilon_2=\varepsilon_0(1-\omega_p^2/\omega^2)$，$\omega_p$ 是金属材料的等离子体频率。值得注意的是，两支色散曲线的上面那一支穿过了光线，这意味着该模式的相速度大于光在介质材料中传播的相速度。

因为两支色散曲线的频率范围是 $0<\omega<\omega_p$，那么满足 $\omega<\omega_p$ 的波都可以在 MIM 波导的亚波长介质层中传播。这意味着，近红外光的场可以被压缩到纳米尺度空间。

5.6.2 金属平板波导

类似地，一层被嵌入介质材料且厚度 $d\ll\lambda$ 的金属薄膜可用作等离激元波导[参见图 5.6-1（d）]。如果薄膜厚度比 SPP 波的趋肤深度还小，则薄膜两侧 SPP 波的倏逝场会重叠并合并，形成两个不同的传播模式。而色散关系的推导依然是运用场在金属-介质界面的连续性条件：

$$\tanh\left(\frac{d}{2}\gamma_2\right)=-\frac{\varepsilon_1}{\varepsilon_2}\frac{\gamma_2}{\gamma_1},\quad \coth\left(\frac{d}{2}\gamma_2\right)=-\frac{\varepsilon_1}{\varepsilon_2}\frac{\gamma_2}{\gamma_1} \tag{5.6-3}$$

式中，γ_1 和 γ_2 由式（5.6-2）给出；ε_1 和 ε_2 分别为介质材料和金属材料的介电常数。金属材料特性仍服从德鲁德模型，$\varepsilon_2=\varepsilon_0(1-\omega_p^2/\omega^2)$。注意到式（5.6-3）与式（5.6-1）的形式是一致的，只是等式左边的下标由 1 变为 2。图 5.6-1（d）给出了对应的色散曲线。与 MIM 波导一样，金属平板波导的色散关系也分裂为两支，分别对应了对称模式和反对称模式，这两种模式的色散曲线都位于介质材料中光线 $\omega=c\beta$ 的下方。

5.6.3 周期性金属-介质平板阵列

图 5.6-2（a）给出一种将金属平板与介质平板作周期性排布而成的结构，与第 3 章中讨论的全介质周期性结构类似，它也是一种光子晶体。图 5.6-2（b）中的蓝色虚线代表单一金属-介质界面处 SPP 波的色散曲线。在形成周期性结构后，该色散曲线分裂成两个 $\omega<\omega_p$ 的频带。而频率为 ω，传播常数为 β 的模式只可能存在于这两个频带中。图中红色虚线代表自由空间和介质材料中的光线。

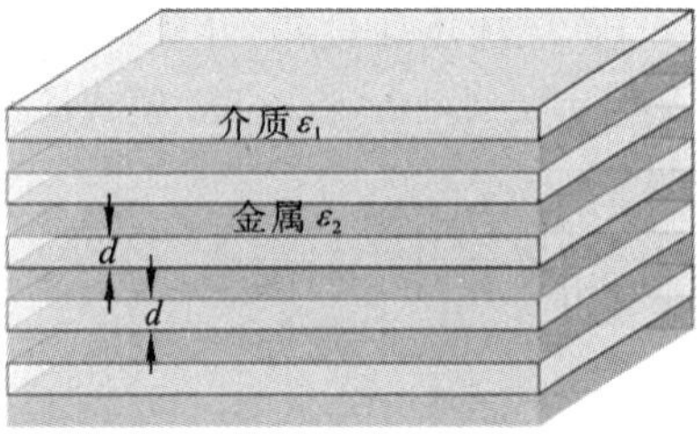

（a）

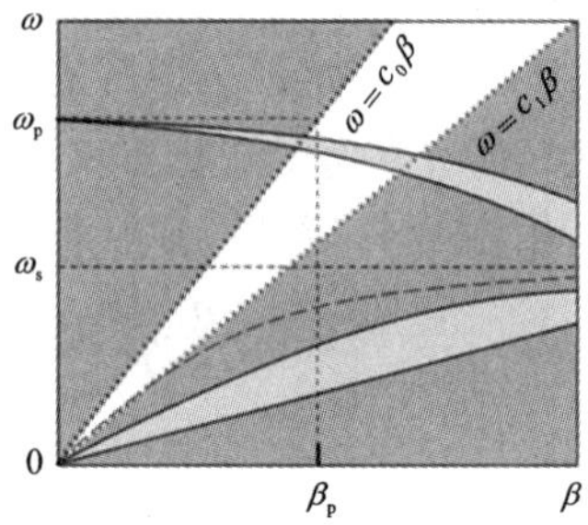

（b）

图 5.6-2 周期性金属-介质平板阵列

（a）金属-介质周期性结构；（b）沿平板方向传播的光的色散曲线

第 6 章

谐振腔光学

光学谐振腔（光腔）是电学谐振电路的对应物。光腔可以在其谐振频率处限制并存储光，而这些谐振频率由其结构参数决定。为便于理解，可以将光腔看作存在反馈的光传输系统：光被腔的边界不断反射，从而在腔内循环。图 6.0-1 给出了光腔的各种结构，其中最简单的是由两个平行平面镜组成的**法布里-珀罗谐振腔**，光在两镜面之间来回反射而光的损耗非常小。其他的镜面设置方式包括球面腔、环形腔以及长方形的二维或者三维谐振腔。

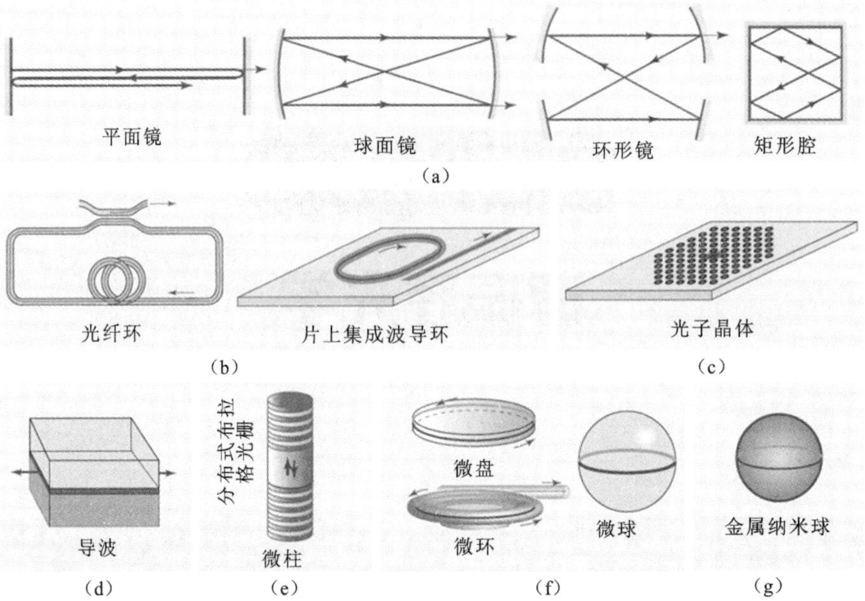

图 6.0-1　光腔存储光的方式

（a）利用反射镜的多次反射；（b）光在光纤环和片上集成波导环中传播；（c）将光限制在光子晶体的缺陷中；（d）光在半导体材料与空气界面处的多次反射；（e）由分布式布拉格光栅等周期性结构造成的反射；（f）光在微盘、微环、微球等介质谐振腔内壁多次全内反射而成的回音壁模式；（g）金属纳米球中的 LSP 振荡

光纤环形腔和**片上集成波导环形腔**也是得到广泛应用的光腔类型。光也可以被限制在具有光子带隙的介质周期性结构中，形成**光子晶体光腔**。波导法布里-珀罗谐振腔则是利用光在半导体材料与空气界面处的多次反射实现谐振。周期性介质结构，例如分布式布拉格光栅，可以替代法布里-珀罗谐振腔中的传统反射镜为**微柱谐振腔**等提供反馈。**介质谐振腔**利用低损耗介质材料界面处的全内反射实现谐振。在**微盘**、**微环**和**微球**这类谐振腔中，光可以通过多次反射沿腔内壁绕行而形成谐振，每次反射的入射角接近 90°（掠入射），总是大于临界角，所以光不会折射出腔外，这种模式称为回音壁模式。**等离激元微腔**是亚波长的金属结构，具体的例子有金属纳米盘和金属纳米球，这些结构支持 SPP 波和 LSP 振荡。

光腔的尺寸可以与其谐振波长相当（例如微纳谐振腔），也可以比其谐振波长大若干个数量级（例如平面镜谐振腔），或比其谐振波长小若干个数量级（例如金属纳米球）。图 6.0-2 列举了若干类电磁谐振腔的尺度与谐振波长的关系。图中将尺寸与谐振波长的比例分为三种情况：$a/\lambda_0>1$（无阴影区），$a/\lambda_0\approx1$（虚对角线），$a/\lambda_0<1$（阴影区）。金属纳米球和谐振电路都位于阴影区（$a/\lambda_0<1$）。

描述光腔有两个关键参量，分别代表了光腔对光的时域限制能力和空域限制能力。

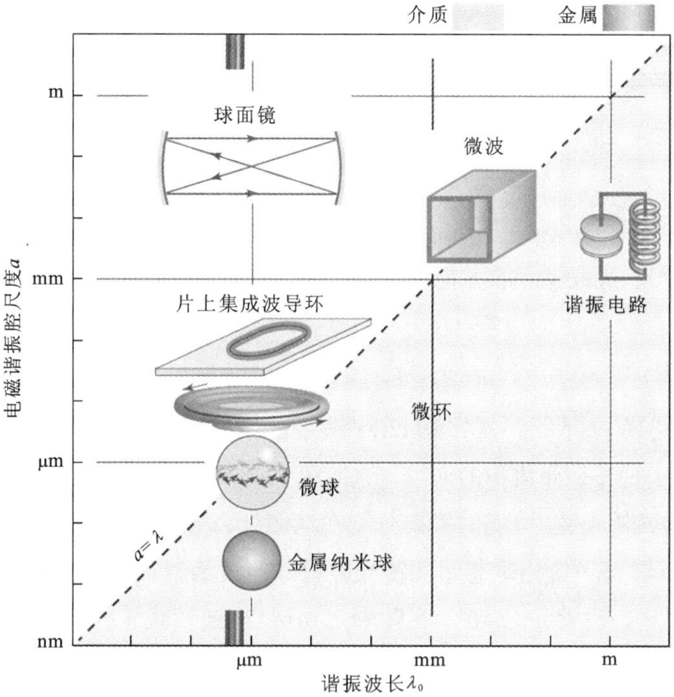

图 6.0-2　各种介质和金属电磁谐振腔的尺度 a 与谐振波长 λ_0 的关系

（1）品质因子 Q，它与光在腔内的存储时间成正比，这里存储时间的单位是光的振荡周期。较高的品质因子 Q 意味着腔对光的时域限制能力较强。

（2）模式体积 V，它是被光腔模式所占据的空间尺度。对于微腔而言这个参量尤其重要，因为较小的模式体积 V 意味着腔对光的空域限制能力较强。

由于光腔具有频率选择性，光腔也可以用作滤波器或者频谱分析仪。但是它们最重要的作用是为激光的产生与放大提供“容器”。激光器的增益物质将光腔中的光放大，而光腔则参与塑造激光光束的空间分布和频率。由于光腔可以存储光能量，它们也可用于产生激光的能量脉冲。

6.1　平行平面镜谐振腔

6.1.1　谐振腔模式

本小节考察间距为 d 的两个平行平面高反镜构成的光腔中的模式（图 6.1-1）。这种简单的一维光腔被称为法布里-珀罗谐振腔。首先研究镜面无损的理想情况，然后再研究镜面存在损耗的情况。

1. 用驻波的形式求解光腔模式

在 2.2 节、5.3 节和 5.4 节中讨论过，频率为 ν 的单频波的波函数为

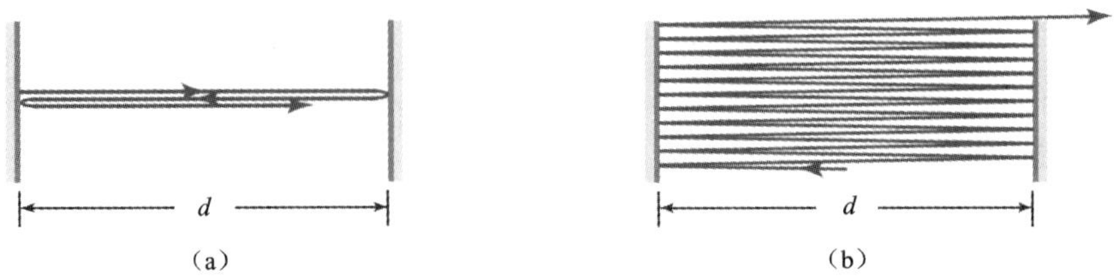

图 6.1-1　双平面镜谐振腔（法布里-珀罗谐振腔）

（a）与反射镜垂直的光线来回反射而不会溢出腔外；（b）与反射镜不完全垂直的光线最终会溢出腔外，如果反射镜不完全平行，光线也会溢出腔外

$$u(\boldsymbol{r},t)=\mathrm{Re}\{U(\boldsymbol{r})\exp(\mathrm{j}2\pi\nu t)\} \tag{6.1-1}$$

它代表了波的电场横向分量。复振幅 $U(\boldsymbol{r})$ 满足亥姆霍兹方程 $\nabla^2U(\boldsymbol{r})+k^2U(\boldsymbol{r})=0$，其中 $k=2\pi\nu/c$ 是波数，而 c 是介质中的光速。光腔模式是亥姆霍兹方程在特定边界条件下的解。对于无损平面镜构成的光腔，电场的横向分量在镜面处为 0，即复振幅 $U(\boldsymbol{r})$ 在 $z=0$ 和 $z=d$ 处的取值为 0。图 6.1-2（a）给出理想平面镜光腔模式的波函数 $u(\boldsymbol{r},t)$ 在几个不同的时间点处沿 z 方向的分布图，此处假设 $x=y=0$。在图中，14 个半波长与光腔长度匹配，因此模式数为 $q=d/(\lambda/2)=14$。图 6.1-2（b）则给出场的振幅 $|u(\boldsymbol{r},t)|$ 在给定的时间点沿 x 方向和 z 方向的分布，场的振幅用颜色的强弱来表示，红色表示振幅很强而白色表示振幅为零。

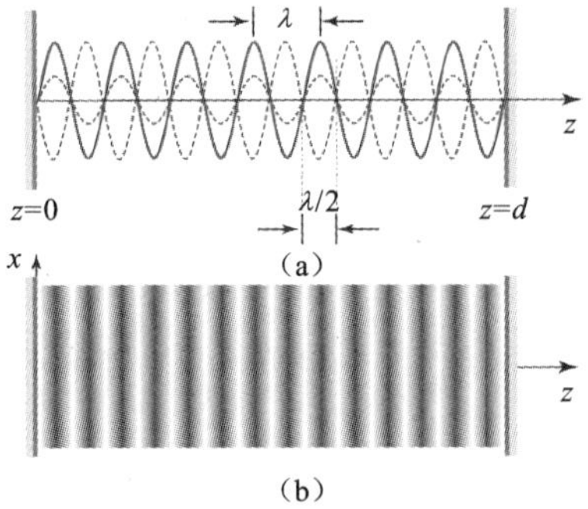

图 6.1-2　用驻波的形式求解光腔模式

（a）理想平面镜光腔模式的波函数 $u(\boldsymbol{r},t)$ 在几个不同的时间点处沿 z 方向的分布图；

（b）场的振幅 $|u(\boldsymbol{r},t)|$ 在给定的时间点沿 x 方向和 z 方向的分布

驻波 $U(\boldsymbol{r})=A\sin kz$ 是亥姆霍兹方程的解，而 $U(\boldsymbol{r})$ 在 $z=0$ 和 $z=d$ 处的取值为 0 的条件是 k 满足 $kd=q\pi$，这里 A 是一个常数，q 是一个整数，因此 k 的取值为

$$k_q=q\frac{\pi}{d},\quad q=1,2,\cdots \tag{6.1-2}$$

所以模式场的复振幅表达式为

$$U(\boldsymbol{r})=A_q\sin k_q z \tag{6.1-3}$$

式中，A_q 为常数。q 取负值的那些解不对应独立的模式，这是因为 $\sin k_{-q}z=-\sin k_q z$。$q=0$ 对应的模式不携带能量，这是因为 $k_0=0$，而 $\sin k_0 z=0$。因此平面镜光腔的模式是一组驻

波 $A_q \sin k_q z$ ，其中的 $q=1,2,\cdots$ 为正数，称为**模式数**。一般情况下光腔中的场总可以写为光腔模式的叠加：

$$U(\boldsymbol{r})=\sum_q A_q \sin k_q z \tag{6.1-4}$$

从式（6.1-2）可以推出，每个模式的频率 $\nu=ck/2\pi$ 也取离散的值，被称为谐振频率：

$$\nu_q = q\frac{c}{2d},\quad q=1,2,\cdots \tag{6.1-5}$$

如图 6.1-3 所示，相邻模式谐振频率之间的间隔为一个常数，被称为自由频谱范围：

$$\nu_F=\frac{c}{2d}=\frac{c_0}{2nd} \tag{6.1-6}$$

图 6.1-3 给出了平行平面镜光腔中相邻模式的谐振频率间隔的两个具体例子：（a）一个腔长为 30 cm 的平行平面镜光腔，两镜之间的介质为空气($n=1$)，其相邻模式的谐振频率间隔为 $\nu_F=500\ \text{MHz}$；（b）一个腔长为 3 μm 的平行平面镜光腔的模式谐振频率间隔为 $\nu_F=50\ \text{THz}$，因此第一个模式的波长为 6 μm，而在 700～900 nm 的光谱区间，只存在两个模式，它们占据了 95 THz 的频率范围。

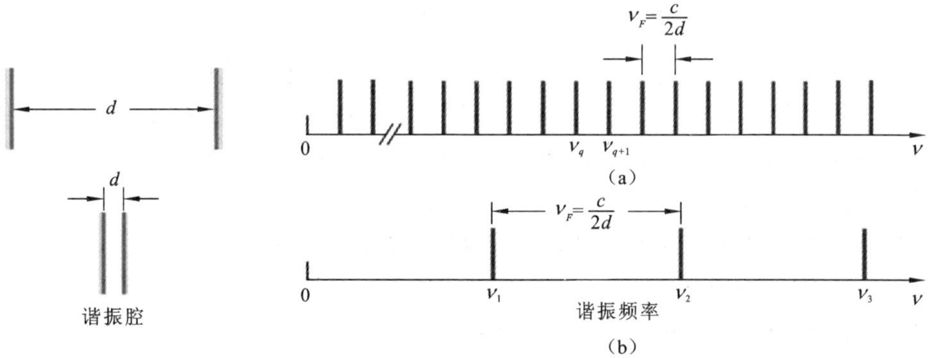

图 6.1-3　平行平面镜光腔中相邻模式的谐振频率间隔

（a）一个腔长为 30 cm 的平行平面镜光腔，两镜之间的介质为空气（$n=1$）；

（b）一个腔长为 3 μm 的平行平面镜光腔

与模式谐振频率对应的波长为 $\lambda_q=c/\nu_q=2d/q$ 。在谐振频率处，光波在腔内往返渡越一周的光程长度必须等于波长的整数倍：

$$2d=q\lambda_q,\quad q=1,2,\cdots \tag{6.1-7}$$

式中，$c=c_0/q$ 为光在两镜面之间的介质中的速度；λ_q 为光在该介质中的波长。

2. 用行波的形式求解光腔模式

除了用驻波的形式求解光腔模式之外，也可以通过追踪一列行波在两反射镜之间来回渡越的方式来求解光腔模式[图 6.1-4（a）]。光腔模式可以理解为一列在光腔内往返一周后复现自身的行波（自再现模式）。波往返一周经历的距离为 $2d$ ，引入的相移为 $\varphi=k2d=4\pi\nu d/c$ ，根据自再现条件，φ 必须等于 2π 的整数倍：

$$\varphi=k2d=q2\pi,\quad q=1,2,\cdots \tag{6.1-8}$$

该式没有计入在镜面处的两次反射引入的附加相移 2π。从式（6.1-8）出发，可以得出 $kd = q\pi$，这个结果与式（6.1-2）一致，而相应的谐振频率结果与式（6.1-5）一致。式（6.1-8）可以理解为图 6.1-4（b）中给出的系统的正反馈条件。正反馈要求系统的输出信号在反馈回系统的输入端时，与系统的输入信号相位相同。

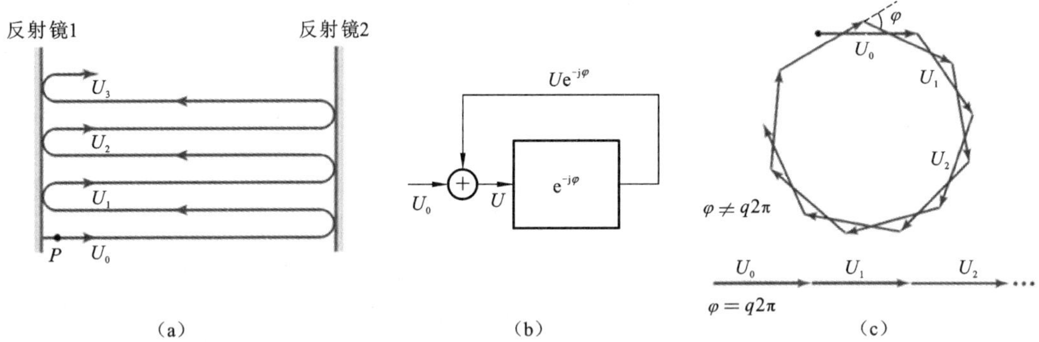

图 6.1-4　用行波的形式求解光腔模式

（a）一列波在两反射镜之间来回反射，每轮渡越引入相移 φ；（b）一个相位延迟为 φ 的光学反馈系统的框架图；（c）光腔内的总场 $U = U_0 + U_1 + \cdots$ 在 $\varphi \neq q2\pi$ 和 $\varphi = q2\pi$ 时的相量图

下面证明只有自再现模式或者自再现模式的叠加，才能稳定地存在于光腔中。考虑一列复振幅为 U_0 的单频平面波，从 P 点处沿光腔的轴线向右传播[图 6.1-4（a）]，它被反射镜 2 反射后向反射镜 1 传播，然后又被反射镜 1 反射，此时其复振幅变为 U_1。再经过这样一轮往返渡越后波的复振幅变为 U_2，如此往复以至无穷。因为初始的波 U_0 是单频正弦波，所以它可以永远在腔内传播下去，而所有反射产生的次级波 $U_0, U_1, U_2, \cdots$ 都是单频正弦波，也都可以永远在腔内共存并传播下去。并且，它们的幅值都是相等的，因为这里假设波在反射和传播的过程中没有损耗。如图 6.1-4（b）和（c）所示，腔内的总场 U 可以表达为无穷多且幅值相等的相量之和：

$$U = U_0 + U_1 + U_2 + \cdots \tag{6.1-9}$$

单次往返一周给两相邻相量引入的相位差为 $\varphi = k2d$。如果初始相量的幅值是无穷小量，则通过反射产生的各相量的幅值也是无穷小量。如图 6.1-4（c）所示，无穷多个无穷小量之和的幅值取有限值的条件是这些相量在相量图上都是平行的。所以，当且仅当 $\varphi = q2\pi$ 时，一个幅值无穷小的初始波可以在腔内建立起功率为有限值的场。

3. 行波谐振腔

在行波谐振腔中，光波模式围绕一个封闭的路径作单向传播而不改变方向。具体的例子有环形谐振腔和领结型谐振腔，如图 6.1-5 所示。要求解这类光腔的模式频率，只需令光在腔内绕行一周的相移等于 2π。每一个沿顺时针方向在腔内绕行的模式，都对应了一个沿逆时针方向绕行的模式，而这两个对应的模式频率相同，因此它们被称为简并模。

【练习 6.1-1】　行波谐振腔的谐振频率

试推导图 6.1-5 中给出的三镜环形腔和四镜领结型腔的谐振频率 ν_q 以及它们之间的频率间隔 ν_F。假设每面镜子引入的相移为 π。

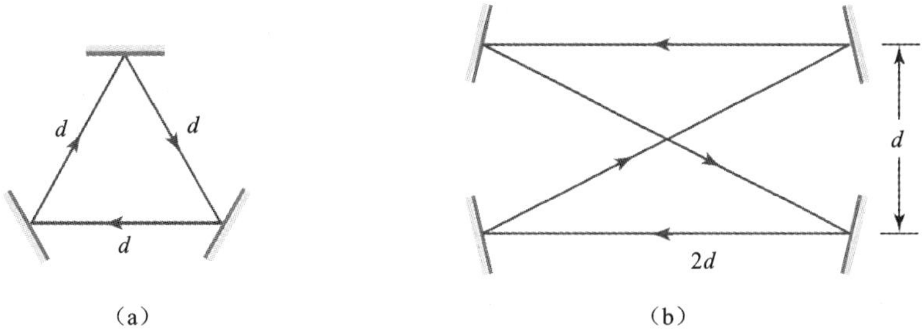

图 6.1-5　行波谐振腔

（a）三镜环形腔；（b）四镜领结型腔

4. 模式密度

对于给定的偏振态，单位频率区间内的模式数等于模式间频率间隔的倒数，即$1/\nu_F = 2d/c$。因此，平面镜光腔的模式密度$M(\nu)$，即单位频率区间、单位光腔长度内两个正交偏振态的模式数目为

$$M(\nu) = \frac{4}{c} \tag{6.1-10}$$

那么长度为d的光腔，在频率区间$\Delta\nu$中的模式数为$(4/c)d\Delta\nu$。这也是光波在腔内的自由度，即光波在腔中可能存在的分布形式数目。

5. 损耗与谐振谱宽

当腔内存在损耗时，光波在腔内存在所需要满足的频率条件就放宽了。考察图 6.1-4（a），腔内的初始波U_0在两反射镜之间多次往返的结果为无穷多相量之和，如图 6.1-4（c）所示，而单次往返引入的相移是

$$\varphi = 2kd = 4\pi\nu d/c \tag{6.1-11}$$

在两反射镜处反射引入的附加相移通常是2π。

但是，当腔内存在损耗时，各相量的幅值并不相等。相邻两相量的比值为往返一周导致的振幅衰减因子$h = |r|\mathrm{e}^{-\mathrm{j}\varphi}$，由于镜面处的反射损耗和腔内填充材料对光的吸收，振幅衰减因子是一个复数。相应地，往返一周的强度衰减因子为$|r|^2$，并且$|r|<1$。所以，$U_1 = hU_0$，而U_2和U_1之间，以及所有其他的相邻相量之间都服从同样的比例关系，即腔中每列波相对于往返一周之前的波存在一个固定的相移和振幅衰减量，而所有这些波叠加在一起的结果为$U = U_0 + U_1 + U_2 + \cdots = U_0 + hU_0 + h^2U_0 + \cdots = U_0(1+h+h^2+\cdots) = U_0(1-h)$。最后的结果$U_0(1-h)$，可以简单地理解为图 6.1-4（b）中的反馈结构。

腔内的光强表达式为

$$I = |U|^2 = \frac{|U_0|^2}{|1-|r|\mathrm{e}^{-\mathrm{j}\varphi}|^2} = \frac{I_0}{1+|r|^2-2|r|\cos\varphi} \tag{6.1-12}$$

上式也可以写为

$$I = \frac{I_{\max}}{1+(2F/\pi)^2\sin^2(\varphi/2)},\quad I_{\max} = \frac{I_0}{(1-|r|)^2} \tag{6.1-13}$$

式中，$I_0 = |U_0|^2$ 为初始波的强度；F 是腔的精细度（finesse），其表达式为

$$F = \frac{\pi\sqrt{|r|}}{1-|r|} \tag{6.1-14}$$

式中，$|r|$ 为光在腔内往返一周的衰减因子的幅值。

上述推导过程与 2.5 节中的推导几乎一样，只不过在 2.5 节中，往返一周的衰减因子为 $h=|h|\mathrm{e}^{+\mathrm{j}\varphi}$，而在这里往返一周的衰减因子被设定为 $h=|r|\mathrm{e}^{-\mathrm{j}k2d}=|r|\mathrm{e}^{-\mathrm{j}\varphi}$，这是因为初始波 U_0 之后的各相量是由于初始波在两面反射镜之间来回反射过程中经历了延迟而产生的。

当精细度 F 的取值较大时，$I(\varphi)$ 在 $\varphi = q2\pi$ 处有着尖锐的谐振峰，这些谐振峰对应于所有的相量都平行的情况。谐振峰的半峰全宽约等于 $\Delta\varphi \approx 2\pi/F$ [1]。

运用式（6.1-11）给出的关系 $\varphi = 4\pi\nu d/c$ 可以证明，式（6.1-13）中的腔内强度 $I(\varphi)$ 也可以写为关于内部单频波的频率 ν 的函数 $I(\nu)$：

$$I = \frac{I_{\max}}{1+(2F/\pi)^2\sin^2(\pi\nu/\nu_F)},\quad I_{\max} = \frac{I_0}{(1-|r|)^2} \tag{6.1-15}$$

式中，$\nu_F = c/2d$。该结果由图 6.1-6 给出，显然它与图 3.1-5 是一致的。当上式的分母中第二项为 0，即位于谐振频率处时，腔内光强有最大值 $I = I_{\max}$，且有

$$\nu = \nu_q = q\nu_F,\quad q = 1,2,\cdots \tag{6.1-16}$$

在相邻的两谐振频率之间的中点处，腔内光腔有最小值：

$$I_{\min} = \frac{I_{\max}}{1+(2F/\pi)^2} \tag{6.1-17}$$

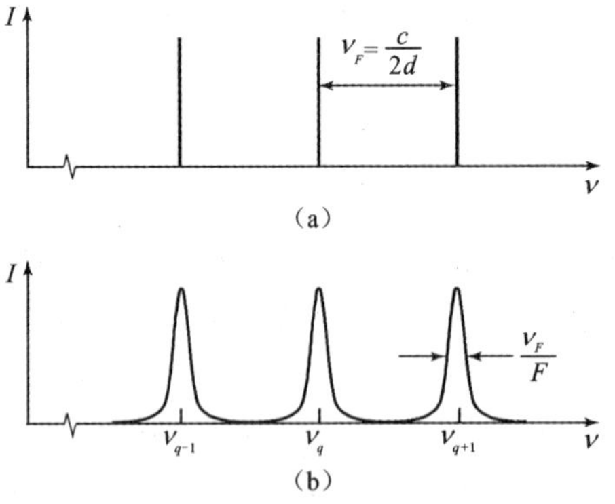

图 6.1-6　谐振腔内光强与频率的关系曲线

（a）在稳态下，一个无损耗的光腔（$F=\infty$）只支持频率与 ν_q 严格相等的那些光波在其中振荡；（b）一个有损耗的光腔既支持频率与 ν_q 相等的那些光波在其中振荡，也支持其他频率的光波在其中振荡，并且频率与 ν_q 相等的那些光波的振幅达到最大

当精细度 F 取值非常大的时候（$F \gg 1$），显然光腔的频率响应在谐振频率处有着极为尖锐的谐振峰，而 $I_{\min}/I_{\max}$ 很小。在这种情况下，谐振峰的半峰全宽约等于 $\delta\nu \approx \nu_F/F$，这里 $\delta\nu = (c/4\pi d)\Delta\varphi$，而 $\Delta\varphi \approx 2\pi/F$。这个简单而直观的结论也就是将式（6.1-14）所定义的参量 F 称为精细度的理由。

总之，法布里-珀罗光腔的频率响应由两个参量表征。

（1）相邻模式的谐振频率间隔 ν_F：

$$\nu_F = \frac{c}{2d} \tag{6.1-18}$$

（2）单一光腔模式的频谱宽度 $\delta\nu$：

$$\delta\nu \approx \frac{\nu_F}{F} \tag{6.1-19}$$

式（6.1-19）在 $F \gg 1$ 的情况下都成立。频谱宽度 $\delta\nu$ 与精细度 F 成反比，当损耗增加时，F 减小而 $\delta\nu$ 增大。

6. 光腔损耗的来源

光腔中两种主要的损耗来源如下。

（1）因为反射镜的不完全反射导致的损耗。造成反射不完全的两种原因：①为了让腔内产生的激光有部分能量输出腔外，激光器的光腔会有意使用部分透射的反射镜；②反射镜尺寸有限导致一部分光从反射镜边缘溢出并造成损耗。后面这种效应使得光在腔内往返的过程中，只有与镜面匹配的那部分光场可以被反射（截断），因而重塑了反射波的空间分布。反射波传播至另一镜面处形成的衍射图案再次被镜面截断并重塑。这种因衍射导致的损耗可被等效为镜面反射率的降低。

（2）由镜面之间的介质中的光吸收和光散射导致的损耗。与该效应相关的往返一周功率衰减因子为 $\exp(-2\alpha_s d)$，其中的 α_s 是与介质的光吸收和光散射相关的损耗系数。

假设光腔两镜面的反射率分别为 $R_1 = |r_1|^2$ 和 $R_2 = |r_2|^2$，则光在腔内往返一周，因为反射损耗造成的强度衰减因子为 R_1R_2。这种损耗被称为“集总损耗”，因为它们只产生于一些离散的位置（镜面处）。而由介质中的光吸收和光散射导致的损耗称为“分布损耗”，因为它在光经过的介质中处处存在。那么，光往返一周的总强度衰减因子为

$$|r|^2 = R_1R_2\exp(-2\alpha_s d) \tag{6.1-20}$$

上式又可以写为

$$|r|^2 = \exp(-2\alpha_r d) \tag{6.1-21}$$

其中 α_r 是将镜面的集总损耗合并至分布损耗以后的等效总分布损耗因子。令式（6.1-20）和式（6.1-21）相等，并对等式两边取自然对数，可以得到 α_r 关于 α_s 和 R_1R_2 的表达式。

$$\alpha_r = \alpha_s + \frac{1}{2d}\ln\frac{1}{R_1R_2} \tag{6.1-22}$$

上式也可以写为

$$\alpha_r = \alpha_s + \alpha_{m1} + \alpha_{m2} \tag{6.1-23}$$

式中

$$\alpha_{m1} = \frac{1}{2d}\ln\frac{1}{R_1},\quad \alpha_{m2} = \frac{1}{2d}\ln\frac{1}{R_2} \tag{6.1-24}$$

α_{m1} 和 α_{m2} 分别代表了镜面 1 和镜面 2 的等效分布损耗系数。

对于反射率较高的反射镜，其损耗系数可以写成更简单的形式。假设 $R_1 \approx 1$，则

$$\ln\left(\frac{1}{R_1}\right) = -\ln(R_1) = -\ln[1-(1-R_1)] \approx 1-R_1$$

这里应用了泰勒级数展开，以及在$|\Delta|$为小量条件下的近似式：$\ln(1-\Delta) \approx -\Delta$。所以式（6.1-24）可以近似为

$$\alpha_{\mathrm{m1}} \approx \frac{1-R_1}{2d} \tag{6.1-25}$$

类似地，如果$R_2 \approx 1$，则$\alpha_{\mathrm{m2}} \approx (1-R_2)/2d$。而如果$R_1 = R_2 = R \approx 1$，则有

$$\alpha_r \approx \alpha_{\mathrm{s}} + \frac{1-R}{d} \tag{6.1-26}$$

将式（6.1-21）代入式（6.1-14），可以将精细度F表示为关于等效总分布损耗系数α_r的函数（参见图 6.1-7）。

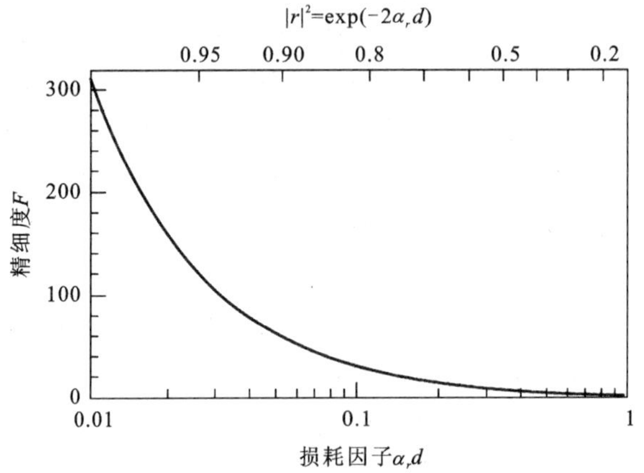

图 6.1-7　光腔的精细度F与其损耗因子$\alpha_r d$之间的关系曲线

其函数表达式为

$$F = \frac{\pi\exp(-\alpha_r d/2)}{1-\exp(-\alpha_r d)} \tag{6.1-27}$$

显然，当损耗增大时，精细度随之减小。如果损耗因子$\alpha_r d \ll 1$，则有$\exp(-\alpha_r d) \approx 1-\alpha_r d$，此时式（6.1-27）可近似写为

$$F \approx \frac{\pi}{\alpha_r d} \tag{6.1-28}$$

所以在这种条件下，精细度F与损耗因子$\alpha_r d$成反比。图 6.1-7 给出了光腔的精细度F与其损耗因子$\alpha_r d$之间的关系曲线。往返一周的强度衰减因子$|r|^2 = \exp(-2\alpha_s d)$被标注在图的副横坐标上方。

【练习 6.1-2】　光腔模式与频谱宽度

考察一法布里-珀罗谐振腔，其反射镜的功率反射率为0.98和0.99，镜面间距$d = 100\ \mathrm{cm}$。假设镜面之间的介质折射率$n=1$，损耗可以忽略不计。问：在这种情况下，推导式（6.1-28）过程中采用的近似是否还适用？

7. 光子寿命

接下来证明，谐振腔损耗与谐振的线宽之间的关系可以理解为时间与频率的测不准关系。将式（6.1-18）和式（6.1-28）代入式（6.1-19）可得

$$\delta\nu \approx \frac{c/2d}{\pi/\alpha_r d} = \frac{c\alpha_r}{2\pi} \tag{6.1-29}$$

因为 α_r 是单位长度内的损耗，那么 $c\alpha_r$ 代表了单位时间内的损耗，进而可以定义一个光腔的特征衰减时间常数：

$$\tau_{\mathrm{p}} = \frac{1}{c\alpha_r} \tag{6.1-30}$$

该时间常数即为光腔的寿命，或者光子寿命，而与之相关联的谐振线宽为

$$\delta\nu \approx \frac{1}{2\pi\tau_{\mathrm{p}}} \tag{6.1-31}$$

所以，时间–频率的测不准关系表达式为 $\delta\nu\cdot\tau_{\mathrm{p}} = 1/2\pi$。谐振线宽的展宽可以理解为谐振腔损耗导致的光能量衰减的结果。假设电场的振幅衰减因子为 $\exp(-t/2\tau_{\mathrm{p}})$，对应的能量衰减因子为 $\exp(-t/\tau_{\mathrm{p}})$，则其傅里叶变换的结果与 $1/(1+\mathrm{j}4\pi\nu\tau_{\mathrm{p}})$ 成正比，而光谱的半峰全宽为 $\delta\nu = 1/2\pi\tau_{\mathrm{p}}$。

8. 品质因数

品质因数 Q 常被用于表征谐振电路和微波谐振腔，该参数的定义是

$$Q = 2\pi\frac{E}{c\alpha_r E/\nu_0} \tag{6.1-32}$$

较大的 Q 值存在于低损耗的谐振腔中。一组电阻–电感–电容电路的谐振频率 $\nu_0 \approx 1/2\pi\sqrt{LC}$，品质因数 $Q = 2\pi\nu_0 L/R$，其中 R、L 和 C 分别是谐振电路的电阻、电感和电容。

对光腔而言，其中存储的能量 E 在单位时间内的衰减速率为 $c\alpha_r E$，那么在一个光场振荡周期内的能量衰减速率为 $c\alpha_r E/\nu_0$，因此光腔的品质因数为

$$Q = \frac{2\pi\nu_0}{c\alpha_r} \tag{6.1-33}$$

根据式（6.1-29），$\delta\nu \approx c\alpha_r/2\pi$，那么

$$Q \approx \frac{\nu_0}{\delta\nu} \tag{6.1-34}$$

根据式（6.1-33），品质因数 Q 与光腔寿命（光子寿命）$\tau_{\mathrm{p}} = 1/c\alpha_r$ 之间的关系式为

$$Q = 2\pi\nu_0\tau_{\mathrm{p}} \tag{6.1-35}$$

所以品质因数也可以理解为光在腔内的存储时间，单位是光场振荡周期 $T = 1/\nu_0$。

最后，将式（6.1-19）和式（6.1-34）联立，可以导出 Q 与光腔精细度 F 的关系式：

$$Q \approx \frac{\nu_0}{\nu_F}F \tag{6.1-36}$$

因为光腔的谐振频率 ν_0 通常远大于相邻模式的谐振频率间隔 ν_F，所以有 $Q \gg F$。此外，光

腔的品质因数通常要远大于微波腔的品质因数。

总结以上分析，可得以下结论：

（1）常用的两个表征光腔中损耗的参量是：损耗系数 $\alpha_r(\text{cm}^{-1})$ 和光子寿命 $\tau_p = 1/c\alpha_r(\text{s})$；

（2）腔长为 d、谐振频率为 ν_0 的光腔可以用两个不带量纲的参数来表征其品质：精细度 $F \approx \alpha_r d$ 和品质因数 $Q \approx 2\pi\nu_0\tau_p$；

（3）光腔的频率特性可以用两个频率来表征：相邻模式的谐振频率间隔 $\nu_F = c/2d$（自由频谱范围），以及谐振的频谱宽度 $\delta\nu \approx \nu_F/F$。

6.1.2　离轴谐振腔模式

无限大平行平面镜光腔也可以倾斜（离轴）的模式。如图 6.1-8（a）所示，一列传播方向与光腔的光轴（z 方向）夹角为 θ 的平面波在两无损反射镜之间来回反射并形成沿横向（x 方向）的导波。这样的导波在 5.1 节中介绍过。

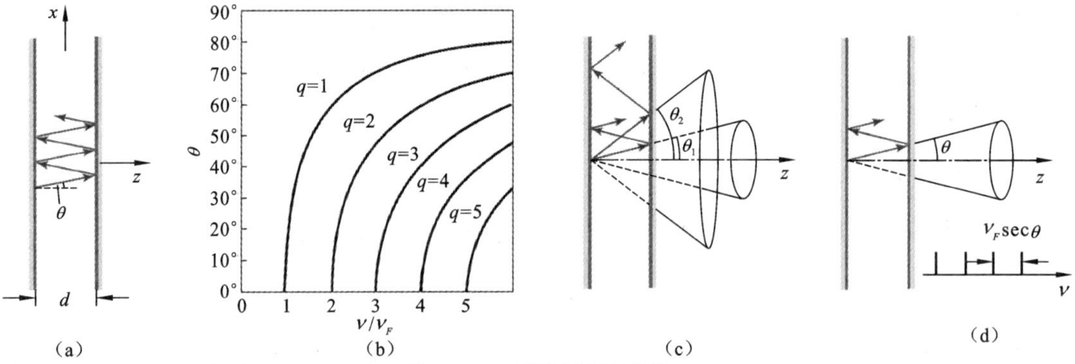

图 6.1-8　离轴谐振腔模式

（a）平面镜波导中的离轴模式；（b）模式的入射角和谐振频率之间的关系；（c）频率为 ν 的离轴模式（$\nu > \nu_F$）；（d）倾斜角为 θ 的离轴模式的谐振频率

反射镜处的边界条件决定了波矢沿光轴方向的分量 $k_z = k\cos\theta$ 是 π/d 的整数倍。但是波矢的横向分量 k_x 并不受这样的约束，这是因为光腔在 x 方向上是开放的。因为 $k = 2\pi\nu/c$，那么波矢的轴向分量的约束条件 $k\cos\theta = q\pi/d$ 可以写为

$$\nu = q\nu_F \sec\theta, \quad q = 1, 2, \cdots \tag{6.1-37}$$

式中，q 为一个整数；$\nu_F = c/2d$。如图 6.1-8（b）所示，式（6.1-37）所设定的约束条件与平面镜波导中导模的自再现条件是等价的，它与一列倾斜入射的波穿过法布里–珀罗标准具时达到最大透射率的条件式（3.1-37）也是一致的。如图 6.1-8（c）所示，在给定的频率 ν 处，存在一组离散的倾斜角 θ_q 可以满足 $\cos\theta_q = q\nu_F/\nu$。这些倾斜角是波导中导模的反射角的补角。同样，对于给定的倾斜角 θ，模式的谐振频率为 $\nu_q = q\nu_F\sec\theta$，如图 6.1-8（d）所示。倾斜角越大，相邻模式的谐振频率间隔也越大。

6.2　二维与三维谐振腔

6.2.1　二维方形谐振腔

二维平面镜谐振腔由互相垂直的两对平行平面镜构成。如图 6.2-1（a）所示，一对平行平面镜垂直于 z 轴，另一对平行平面镜垂直于 y 轴，光通过多次反射被限制在 z-y 平面内。

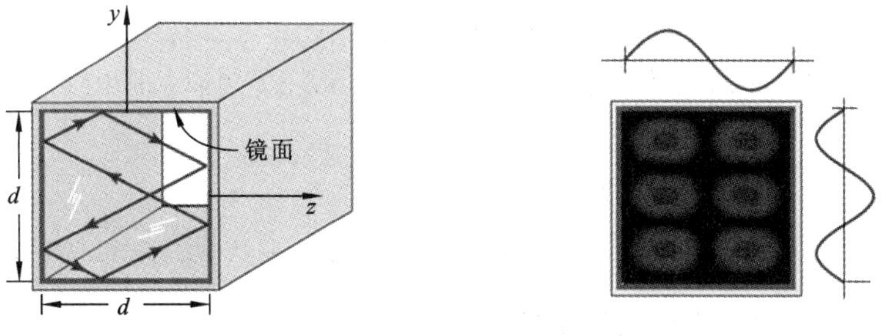

图 6.2-1　二维平面镜谐振腔

（a）光线在腔内多次反射的图案；（b）光波在腔内多次反射形成的二维驻波图案，驻波的模式数 $q_y=3$，$q_z=2$

与一维法布里-珀罗谐振腔一样，二维谐振腔的模式由光腔的边界条件决定。假设平面镜的间距为 d，则腔内的驻波波矢 $\boldsymbol{k}=(k_y,k_z)$ 的取值为一组离散的值：

$$k_y=q_y\frac{\pi}{d},\ \ k_z=q_z\frac{\pi}{d},\ \ q_y=1,2,\cdots,\ \ q_z=1,2,\cdots \tag{6.2-1}$$

式中，q_y 和 q_z 分别为 y 方向和 z 方向的模式数。式（6.2-1）给出的约束条件是式（6.1-2）的拓展。如图 6.2-1（b）所示，每对整数 (q_y,q_z) 代表了一个光腔模式 $U(\boldsymbol{r})\propto\sin(q_y\pi y/d)\sin(q_z\pi z/d)$，图中上方和右方的曲线分别代表模式在横向和纵向的振幅，而二维分布图的明暗程度代表光场的强度。最低阶的模式是(1，1)模，这是因为 $(q_y,0)$ 模和 $(0,q_z)$ 模的振幅都等于 0，即 $U(\boldsymbol{r})=0$。如图 6.2-2 所示，通过构建一个间距为 π/d 的周期性点阵，就可以用其中的每个点 (k_y,k_z) 来代表光腔模式。

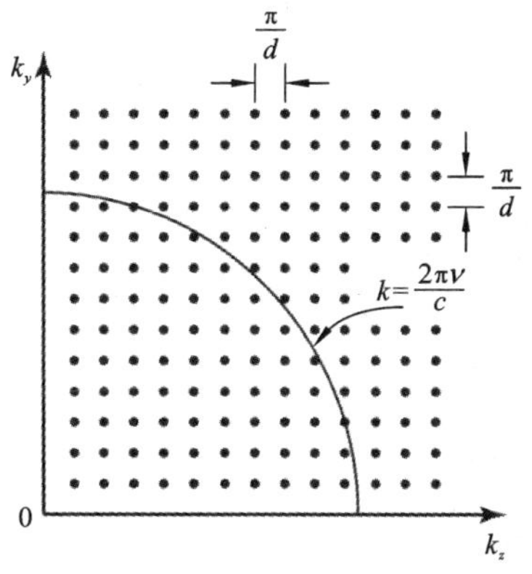

图 6.2-2　二维光腔中的模式波矢

一个模式的波数 k 是点阵中与其对应的点与坐标原点的距离，而对应的模式频率为 $\nu = ck/2\pi$ 。因此，光腔模式的频率与模式数之间的关系为

$$k^2 = k_y^2 + k_z^2 = \left(\frac{2\pi\nu}{c}\right)^2 \tag{6.2-2}$$

所以

$$\nu_{\boldsymbol{q}} = \nu_F\sqrt{q_y^2 + q_z^2},\quad q_y, q_z = 1, 2, \cdots,\quad \nu_F = \frac{c}{2d} \tag{6.2-3}$$

式中，$\boldsymbol{q} = (q_y, q_z)$ 。

要求解给定频段 $\nu_1 < \nu < \nu_2$ 内的模式数，只需在图 6.2-2 中画半径为 $k_1 = 2\pi\nu_1/c$ 和 $k_2 = 2\pi\nu_2/c$ 的两个圆，然后数环带中的点数。从式（6.2-3）可以从腔内允许存在的波矢 $\boldsymbol{k}$ 反推模式频率 ν 。

【练习 6.2-1】　二维光腔中的模式密度

（1）求解二维光腔在频率区间 $(0,\nu)$ 内模式数的近似表达式，这里假设 $\frac{2\pi\nu_1}{c} \gg \pi/d$ ，即 $d \gg \lambda/2$ ，并且假设每个模式存在两种偏振态。

（2）证明在频率区间 $(\nu, \nu + \mathrm{d}\nu)$ 内，单位面积中的模式数为 $M(\nu)\mathrm{d}\nu$ ，其中的 $M(\nu)$ 是模式密度，即单位面积单位频率内的模式数。频率 ν 处的模式密度 $M(\nu)$ 为

$$M(\nu) = \frac{4\pi\nu}{c^2} \tag{6.2-4}$$

到现在为止讨论的模式都是**面内模式**，即模式在二维谐振腔的平面内（ y-z 平面）传播。而**面外模式**的波矢在垂直方向（ x 方向）有一个不为 0 的分量。这种面外模式也就是二维波导中的传播模式（见 5.3 节）。对于面外模式而言，其波矢 $\boldsymbol{k}$ 的 k_y 和 k_z 分量的取值为离散值（由边界条件决定），而 k_x 分量的取值为连续值，这是因为二维谐振腔在 x 方向是开放的。

6.2.2　圆形谐振腔与回音壁模式

在圆形谐振腔中，光可以沿着圆形边界不断反射而被局限在腔内。如图 6.2-3 所示，光线在 N 次反射后能够再现自身的条件是光经过的闭环长度为 Nd ，这里 $d = 2a\sin(\pi/N)$ ，而 a 是圆形腔的半径。从式（6.1-7）可知，要求解行波模式的谐振频率，只需令闭环长度等于波长的整数倍。假设每次反射引入的相移为 0，可得 $Nd = q\lambda = qc/\nu$ ，因而有 $\nu_q = qc/Nd$ ，其中 $q = 1, 2, \cdots$ ，而相邻谐振频率的间隔为 $\nu_F = c/Nd$ 。

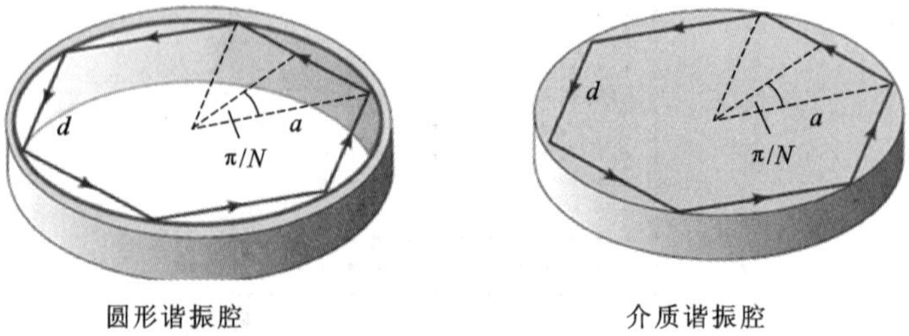

图 6.2-3　圆形谐振腔中的光反射[1]

当 $N=2$ 时，$\nu_F=\dfrac{c}{2d}=\dfrac{c}{4a}$，这个结果与式（6.1-6）一致。当 $N=3$ 时，$\nu_F=\dfrac{c}{3d}=\dfrac{c}{3\sqrt{3}a}$，这个结果与三镜谐振腔（练习 6.1-1）一致。当 $N\to\infty$ 时，闭环长度 Nd 趋近于圆柱的周长 $2\pi a$，对应的谐振频率间隔为

$$\nu_F=\frac{c}{2\pi a} \tag{6.2-5}$$

此时光线的反射角接近 90°，传播轨迹与光腔的内壁贴合，如图 6.2-3 所示。这种光腔模式的传播特性与声波围绕教堂的穹顶和回廊内壁（声学回音壁）反射前进的特性类似，所以被称为回音壁模式。

二维谐振腔也会采用其他的横截面形状。例如，圆形的横截面可以被压缩成运动场跑道的形状。这种长条形的光腔支持领带结型的模式，光线在腔内壁的四个位置处反射并形成闭环。

6.2.3　三维方形谐振腔

如图 6.2-4（a）所示，将三对平行平面镜组成一个封闭的长方体，边长为 d_x、d_y 和 d_z，这样的结构就是一个三维谐振腔。在腔内形成驻波场的要求是波矢 $\boldsymbol{k}=(k_x,k_y,k_z)$ 的三个分量都取离散值：

$$k_x=q_x\frac{\pi}{d_x},\quad k_y=q_y\frac{\pi}{d_y},\quad k_z=q_z\frac{\pi}{d_z},\quad q_x,q_y,q_z=1,2,\cdots \tag{6.2-6}$$

式中，q_x、q_y 和 q_z 都是正整数，为三个维度的模式数。每一个模式 $\boldsymbol{q}$ 由三个整数 (q_x,q_y,q_z) 标志，可以在由 (k_x,k_y,k_z) 构建的波矢空间中找到一个点来代表，在给定方向上相邻点的间距与该方向上光腔的边长成反比。图 6.2-4（b）绘制了边长为 $d_x=d_y=d_z=d$ 的正方体谐振腔的 k 空间。其中模式的波矢 (k_x,k_y,k_z) 的矢量终端用实心点表示。模式的波数 k 等于坐标原点到实心点的距离。

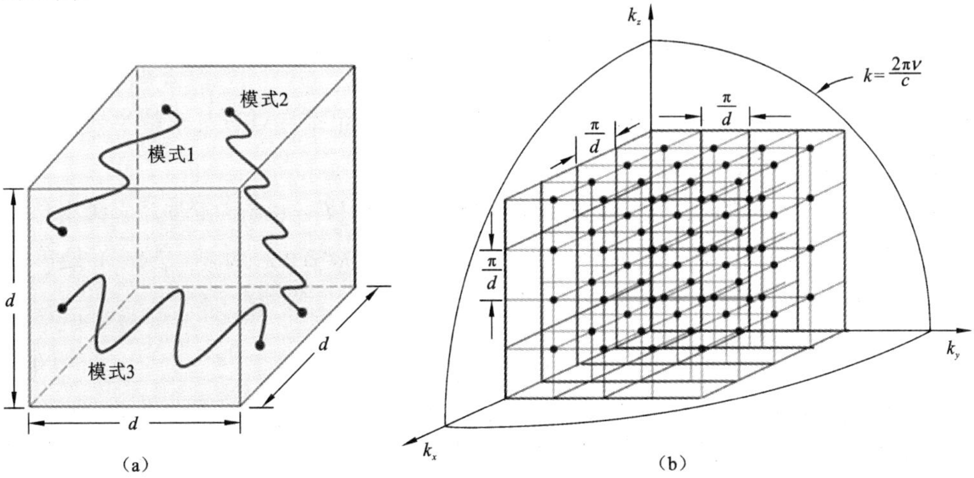

图 6.2-4　三维方形谐振腔

（a）正方体型三维谐振腔（$d_x=d_y=d_z=d$）中的波；（b）正方体型三维谐振腔的 k 空间

波数 k 的取值与谐振频率 ν 之间的关系为

$$k^2 = k_x^2 + k_y^2 + k_z^2 = \left(\frac{2\pi\nu}{c}\right)^2 \tag{6.2-7}$$

在 k 空间中，所有谐振频率相等的构成一个半径为 $k = 2\pi\nu/c$ 的球面，而谐振频率可由式（6.2-6）和式（6.2-7）求出。

$$\nu_q = \sqrt{q_x^2\nu_{Fx}^2 + q_y^2\nu_{Fy}^2 + q_z^2\nu_{Fz}^2},\quad q_x, q_y, q_z = 1, 2, \cdots \tag{6.2-8}$$

式中

$$\nu_{Fx} = \frac{c}{2d_x},\ \nu_{Fy} = \frac{c}{2d_y},\ \nu_{Fz} = \frac{c}{2d_z} \tag{6.2-9}$$

ν_{Fx}，ν_{Fy}，ν_{Fz} 分别是 x, y, z 方向上的相邻模式谐振频率间隔，它们与谐振腔的边长成反比。对于边长远大于波长的谐振腔，谐振频率的间隔远小于谐振频率本身。例如，当边长 $d = 1\,\text{cm}$，而折射率 $n = 1$ 时，谐振频率间隔 $\nu_F = 15\,\text{GHz}$。然而，在 6.3 节会看到，微纳谐振腔的谐振频率间隔与谐振频率之间的差别就没有那么大。

当谐振腔在所有维度上的尺度都远大于光的波长时，相邻模式谐振频率的间隔 $\nu_F = c/2d$ 非常小，也很难用于列举模式。此时，可以将腔内模式的谐振频率近似看作连续的，并引入模式密度的概念。这个概念的适用性取决于感兴趣的频谱宽度与相邻模式的频率间隔的相对大小。

如图 6.2-4（b）所示，频率在 0 到 ν 之间的模式数量等于 k 空间中半径为 $k = 2\pi\nu/c$ 的八分之一球中的实心点数量。k 空间中的每个实心点占据的体积为 $(\pi/d)^3$。半径为 k 的八分之一球内的实心点数量为

$$2\left(\frac{1}{8}\right)\left(\frac{4}{3}\pi k^3\right)\Big/(\pi/d)^3 = (k^3/3\pi^2)d^3$$

式中，因子“2”为每个模式中可能存在的两个偏振态；分母 $(\pi/d)^3$ 为 k 空间中每个实心点占据的体积。因此，单位体积内波数在 k 和 $k + \Delta k$ 之间的模式数目为

$$\rho(k)\Delta k = [(d/dk)(k^3/3\pi^2)]\Delta k = (k^2/\pi^2)\Delta k$$

而 k 空间内的模式密度为 $\rho(k) = k^2/\pi^2$。值得一提的是，这个推导过程与求解半导体材料中电子的波函数可能存在的状态密度是一样的。

因为 $k = 2\pi\nu/c$，0 到 ν 之间的模式数为 $[(2\pi\nu/c)^3/3\pi^2]d^3 = (8\pi\nu^3/3c^3)d^3$。频率位于 ν 和 $\nu + \Delta\nu$ 之间的模式数为 $(d/d\nu)[(8\pi\nu^3/3c^3)d^3]\Delta\nu = (8\pi\nu^3/c^3)d^3\Delta\nu$。所以，频率 ν 处单位频率区间内的模式密度 $M(\nu)$ 为

$$M(\nu) = \frac{8\pi\nu^2}{c^3} \tag{6.2-10}$$

模式密度是单位体积内的模式的数目，即模式的体密度。这个式被瑞利（Rayleigh）和金斯（Jeans）用于推导黑体辐射的光谱。因为 $M(\nu)$ 与 ν 的平方成正比，在给定频率区间 $\Delta\nu$ 的模式数随频率 ν 变化的规律由图 6.2-5 给出。例如，当 $\nu = 3\times10^{14}(\lambda_0 = 1\,\mu\text{m})$，$M(\nu) = 0.08\,\text{modes/cm}^3\text{-Hz}$，那么在 $1\,\text{GHz}$ 的频率区间内，模式密度约为 $8\times10^7\,\text{modes}/\text{cm}^3$。

而在任意频率区间 $\nu_1 < \nu < \nu_2$ 内，模式密度为一个积分值：$\int_{\nu_1}^{\nu_2} M(\nu)\mathrm{d}\nu$。

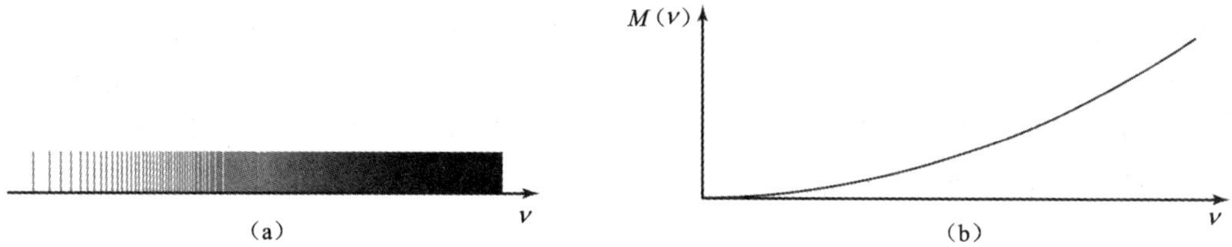

图 6.2-5　模式密度

（a）相邻模式之间的谐振频率间隔随着频率的增大而减小；（b）三维谐振腔的模式密度 $M(\nu)$ 与 ν 的平方成正比

在推导二维和三维谐振腔的模式密度表达式的过程中，谐振腔假设为正方形和正方体。但是只要谐振腔的尺度远大于光波长，那么这些式就适用于任意形状的谐振腔。

6.3　微纳谐振腔

微纳谐振腔通常是指那些尺度与光的波长可比拟或者比波长更小的谐振腔。这类光腔中的模式在 k 空间中所有维度上的频率间隔都很大，因此谐振频率的分布很稀疏。当光腔在很宽的频段内都没有谐振模式时，位于其中的光源辐射出的光将被抑制。而如果光源辐射出的光能够与 Q 值高、体积小的微纳谐振腔中的模式耦合，则其辐射强度将被增强（相对于光源向自由空间辐射的情况）。这种效应对于谐振腔增强的发光二极管和微腔激光器都很重要。

微纳谐振腔可用介质材料制成，可能的结构有：①包含布拉格光栅反射镜的微柱；②微盘和微球，光在其中沿内壁不断反射前进，形成回音壁模式；③微环芯腔，它类似于很小的光纤环；④含有缺陷的光子晶体，其中的缺陷可实现光场的局限，即起到光腔的作用。这些光腔结构有两个主要的设计目标。

（1）减小模式体积 V，即模式的光能密度 $1/2\varepsilon E^2$ 的空间积分除以模式的最大光能密度。

（2）增大品质因数 Q。

要增强光场在空间域的局域化程度，可以对微纳谐振腔的结构进行特殊设计；而如果要增强光场在时间域的局域化程度，可以使用低损耗的材料和并采用模式场泄漏低的结构。表 6.3-1 列举了典型微纳谐振腔的模式体积和品质因数。

表 6.3-1　典型微纳谐振腔的归一化模式体积 V/λ^3 和品质因数 Q

指标	微柱	微盘	微环芯	微球	光子晶体
V/λ^3	5	5	10^3	10^3	1
Q	10^3	10^4	10^8	10^{10}	10^4

对微纳谐振腔的模式进行严格分析需要用到完整的电磁波理论，在与谐振腔结构匹配的坐标系中求解亥姆霍兹方程，并对谐振腔的界面（平面、柱面或者球面）处的电场和磁场施加恰当的边界条件。上述求解过程可以得到各模式的谐振频率和场的空间分布，而后者可以用于求解各模式的体积。对于实用的光腔结构而言，严格的电磁分析一般来说是很复杂的，

因此通常要用到数值解。

下一小节研究一个简单的立方体（盒型）微纳谐振腔，它的六个壁都是完美反射镜。这种谐振腔的模式谐振频率和场的空间分布都较容易求解。需要指出的是，因为光频段的反射镜损耗较高，所以一般不用于高Q值的谐振腔，而实用的微纳光腔一般也不采用立方体结构。但是，对立方体微纳谐振腔的分析结果有助于说明谐振频率与光腔尺寸的关系，以及模式密度在不同长宽比条件下的频域特性。

6.3.1 方形微纳谐振腔

最简单的微纳谐振腔是由平行平面镜组成的立方体（盒型）谐振腔，其中的模式由三个方向的正弦驻波叠加而成，模式谐振频率由式（6.2-8）给出。当立方体的尺寸很小时，只有最低阶的模式频率位于光频段。对于立方体谐振腔而言，谐振频率由表 6.3-2 给出，单位是 $\nu_F = c/2d$。例如，假设 $d = 1\ \mu\text{m}$，光腔材料的折射率 $n = 1.5$，则 $\nu_F = 100\ \text{THz}$。最低阶的模式谐振频率对应于自由空间波长 $\lambda_0 = 2.13, 1.73, 1.34, 1.22, 1.06, 1.00$ 和 $0.87\ \mu\text{m}$，这些波长之间的间隔都比较大。

表 6.3-2 立方体微纳谐振腔的最低阶模式谐振频率

模式 (q_x, q_y, q_z) [a]	$(011)^{(3)}$	$(111)^{(1)}$	$(012)^{(6)}$	$(112)^{(3)}$	$(022)^{(3)}$	$(122)^{(3)}$	$(222)^{(1)}$
谐振频率 ν_F	1.41	1.73	2.24	2.45	2.83	3	3.46

注：a 带括号的上标代表模式的简并数，即具有相同频率的模式数量。例如，有三个模式的频率都是 $1.41\nu_F$: (011),(101),(110)。

如果谐振腔的边长有长有短（长方体），且长宽相差悬殊时，则腔内的模式可由k空间中不对称的格点代表，如图 6.2-4（b）所示。沿长边方向的格点间隔较密集，沿短边方向的格点间隔较稀疏，因此只有沿长边方向的模式可以近似为在频域上是连续的。图 6.3-1 给出了

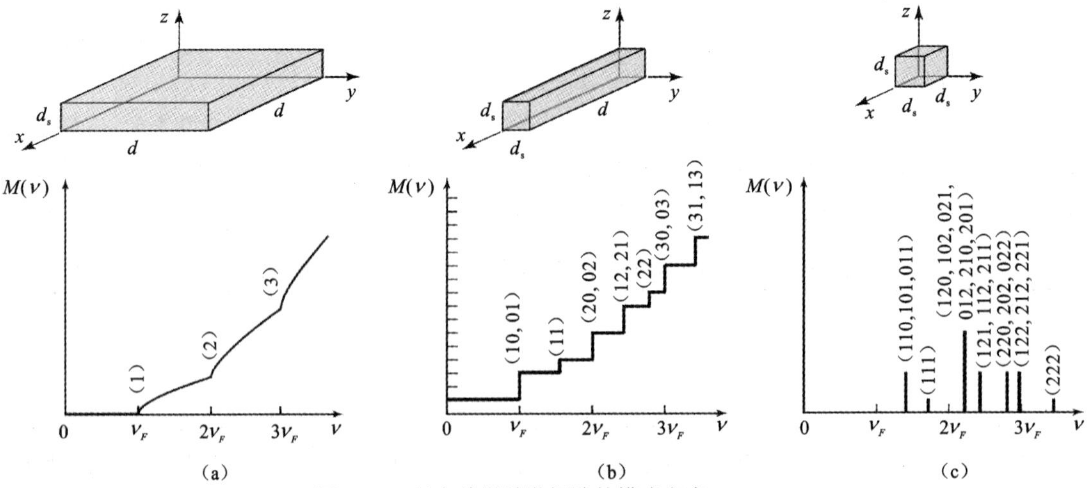

图 6.3-1 长方体微纳谐振腔的模式密度 $M(\nu)$

（a）腔的一条边长为 $d_s \ll d$；（b）腔的两条边长为 $d_s \ll d$；（c）腔的三条边长为 $d_s \ll d$

各种情况下的模式密度，其中短边方向的模式频率间隔$\nu_F = c/2d_s$。当所有的边长都像情况（c）那样很短时，谐振频率的取值是离散的，由表 6.3-2 给出。情况（b）代表了二维微纳谐振腔中模式离散分布和一维大谐振腔中模式连续分布（模式密度为一常数）的混合状态[参见式（6.1-10）]。情况（a）代表了一维微纳谐振腔中模式离散分布和二维大谐振腔中模式连续分布（模式密度与频率成正比）的混合状态[参见式（6.2-4）]。

6.3.2　微柱、微盘与微环芯谐振腔

如图 6.3-2 所示，介质微纳谐振腔的典型结构有微柱、微盘和微环芯。光以全内反射的方式被局限在这些结构中（参见图 6.2-3）。微柱谐振腔由夹在两个布拉格光栅反射镜之间的介质圆柱构成[图 6.3-2（a）]。在圆柱的轴向上，光被两端的布拉格光栅反射镜来回反射，类似于法布里-珀罗谐振腔的情况；在圆柱的横截面方向上，光在圆柱的侧壁处发生全反射。微柱谐振腔通常由化合物半导体材料经过标准的光刻与刻蚀工艺加工而成，布拉格光栅反射镜的典型材料为 AlAs/GaAs 或 AlGaAs/GaAs。微柱本身可以包含有源层，例如多量子阱，它在被泵浦时可以提供增益。

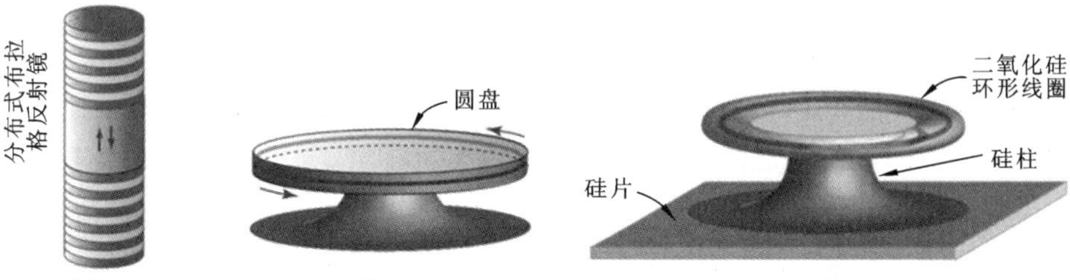

图 6.3-2　介质微纳谐振腔的典型结构

（a）微柱；（b）微盘；（c）微环芯

图 6.3-2（b）中的微盘谐振腔是一个圆形谐振腔，光在其中以接近 90° 的入射角（掠入射）在圆盘内壁不断发生全反射并形成回音壁模式（参见 6.2.2 小节）。微柱和微盘的典型直径范围从1 μm 到几十 μm，它们的品质因数Q比平面镜谐振腔的要大很多，这是因为它们的损耗比平面镜谐振腔要低很多（参考表 6.3-1）。基于这些优良特性，用半导体材料制成的微盘谐振腔被广泛用作激光器。

图 6.3-2（c）中的微环芯介质谐振腔与光纤环谐振腔类似，腔内的模式为绕环前进的导模。这种谐振腔通常由氧化硅制成，被硅柱支撑在硅衬底上。微环芯这种特殊结构是由材料在熔融状态下的表面张力导致，它的外表面有接近原子级的光滑程度，所以其散射损耗也显著低于微盘谐振腔。片上氧化硅微环芯谐振腔可以达到极高的品质因数（$Q > 10^8$）（参见表 6.3-1）。

6.3.3　微球谐振腔

介质微球可用作三维光腔，腔内的光场集中在赤道处的界面附近绕行前进，形成回音壁

模式。在适当的边界条件下求解亥姆霍兹方程式（2.3-16），得到电场矢量和磁场矢量的表达式，即可确定介质微球的模式。微球中的光波模式与氢原子中电子的波函数都具有球对称性，因此二者具有数学上的相似性；但由于电磁场本质上是矢量场，因此二者也有差别。

电场矢量和磁场矢量都可以与满足亥姆霍兹方程的一个标量势函数U联系起来。考虑一个位于空气中的微球，其半径为a，折射率为n，在球坐标系(r,θ,ϕ)中运用分离变量法，可以求得势函数U的表达式：

$$U(r,\theta,\phi)\propto\begin{cases}\sqrt{r}\mathrm{J}_{l+\frac{1}{2}}(nk_0r)\mathrm{P}_l^m(\cos\theta)\exp(\pm\mathrm{j}m\phi), & r\leqslant a \quad (6.3\text{-}1)\\ \sqrt{r}\mathbf{H}^{(1)}_{l+\frac{1}{2}}(nk_0r)\mathrm{P}_l^m(\cos\theta)\exp(\pm\mathrm{j}m\phi), & r>a \quad (6.3\text{-}2)\end{cases}$$

式中，$\mathrm{J}_l(\cdot)$为l阶第一类贝塞尔函数；$\mathrm{H}_l^{(1)}(\cdot)$为$l$阶第一类汉开尔函数；$\mathrm{P}_l^m(\cdot)$为关联勒让德函数；$m$和$l$为非负整数。在界面$r=a$处应用边界条件，可得一个特征方程，从中可求解出$k_0$的离散取值，这些取值用第三个整数$n$来排序，它们对应了光腔的谐振频率。此外，每个$k_0$有两个正交的偏振态：一个$H_r=0$的$E$模式和一个$E_r=0$的$H$模式。

一般而言，模式的表达式是r,θ,ϕ的振荡函数，模式的阶数由半径r、极角θ和方位角ϕ三个维度的模式序号n,l和m来确定。模式在半径的方向上有n个极大值，在方位角的方向上有$2l$个极大值，在极角的方向上有$l-m+1$个极大值。

$n=1$，$m=l$的基模在半径方向只有一个极大值，在极角方向上也只有一个极大值（出现在$\theta=\pi/2$处）。对于模式序号$m=l$且l的取值比较大的模式，其光场高度集中于赤道处。这是因为当极角偏离$\theta=\pi/2$时，函数$\mathrm{P}_l^m(\cos\theta)\approx\sin^l\theta$的取值迅速减小，而$\mathrm{J}_l(nk_0r)$只在$r=a$处有一个尖锐的峰值，在球内其他位置处取值都很小。所以，如图 6.3-3（a）所示，微球谐振腔中的基模代表了一束沿赤道绕行的光束，其场分布类似于微盘谐振腔中的回音壁模式（参见图 6.3-3）。当模式序号$m=l$且l的取值足够大时，这些模式的谐振频率近似为$\nu_l\approx lc/2\pi a$，这是因为模式序号l约等于赤道的光程长度与光波长的比值。

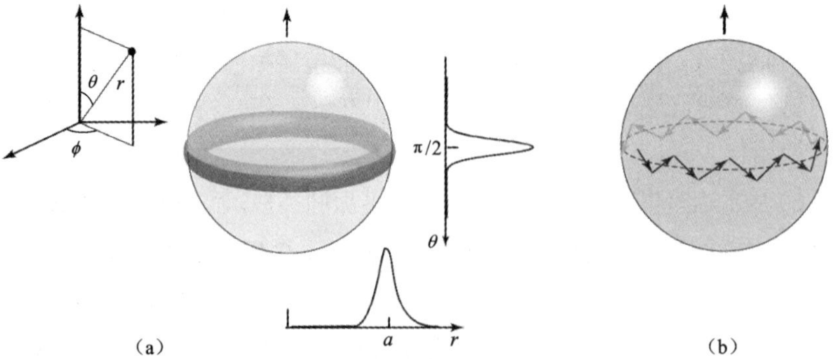

（a）　　　　　　　　　　　　　　　　（b）

图 6.3-3　微球谐振腔

（a）微球谐振腔中的回音壁模式；（b）回音壁模式的几何光学模型

从几何光学的角度，回音壁模式可以理解为准平面波沿赤道反射前进而成的模式，准平面波的波矢平行于该位置处的光线［参见图 6.3-3（b）］。波矢$\boldsymbol{k}$的幅值为$k=\sqrt{(l(l+1))}/a$，其

方位角分量为 $k_\phi = m/a$ 。基模 $(m=l)$ 中光线的倾斜角最小（$\approx 1/\sqrt{l}$），并且 $m=0$ 的模式中光线的倾斜角约等于 90°。

用低损耗熔融石英制成的微球已经被用作具有超高 Q 值的光学谐振腔。与图 6.3-2（c）给出的微环芯谐振腔类似，微球的形状与表面平整度由制造过程中熔融状态下的表面张力决定，因此其平整度可达原子级。显著降低的表面散射损耗导致微球谐振腔具有极高的品质因数（典型 Q 值可大于 10^{10}，参见表 6.3-1）。如图 6.3-4 所示，将光纤的一部分包层去除，就可以用于将光耦合进微球谐振腔。

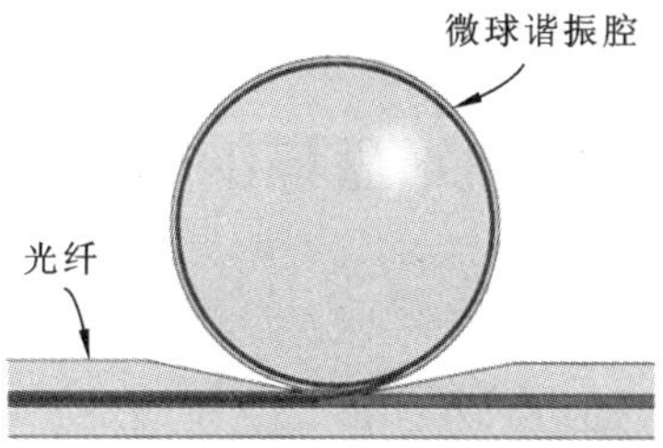

图 6.3-4　用一段光纤将光耦合进微球谐振腔

6.3.4　光子晶体微腔

在第 3 章介绍过，光子晶体是周期性的介质结构，其具有光子带隙，即光无法传播的频率区间。布拉格光栅反射镜就是一维光子晶体的例子，对于其带隙内的光而言，它是一个反射镜。图 6.3-2（a）中给出的微柱谐振腔就采用了布拉格光栅反射镜作为谐振腔的反射镜。如果微柱谐振腔的高度等于布拉格光栅反射镜的一个或几个周期[图 6.3-5（a）]，则该结构也可以理解为含有缺陷的光子晶体，而其中的缺陷就成为光腔，因此这种光腔也就被称为光子晶体微腔。

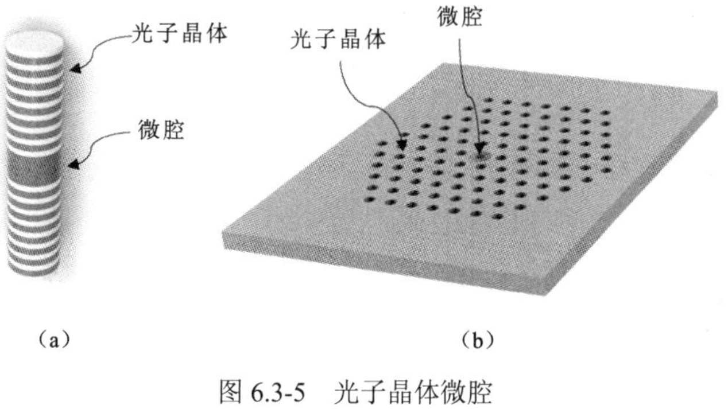

图 6.3-5　光子晶体微腔

（a）由含有缺陷的一维光子晶体构建的微柱谐振腔；（b）在介质平板中制造具有六方晶格的二维孔阵列，并去除阵列中的一个孔，就得到二维光子晶体微腔

这种思路也适用于二维光子晶体。如图 6.3-5（b）所示，在二维平板中制造出周期性的空气孔阵列，就得到二维光子晶体，而如果其中一个空气孔有缺失，则形成一个缺陷。频率

位于带隙内的光无法在缺陷周围的光子晶体中传播，只能被局限在缺陷中（这种情况与电子或空穴被局限在半导体晶格中的缺陷内类似），因此这种缺陷可以用作光学微腔。换句话说，缺陷赋予了光子晶体在带隙内的一个新的谐振频率，与该谐振频率对应的模式场分布集中在缺陷处，并且模式场在缺陷周围的光子晶体区域快速衰减。

二维光子晶体可以用半导体材料通过电子束光刻和反应离子刻蚀两步工艺制造。光子晶体的周期与光的波长可比拟，而这个尺寸的微腔所支持的模式体积可以小至λ^3。因此，光子晶体微腔在各类微腔中具有最小的模式体积（表 6.3-1），而其品质因数可高达10^4，所以光子晶体微腔经常被用于构建光子晶体微腔激光器。

6.3.5 等离激元微腔：金属纳米盘与纳米球

金属电磁谐振腔在微波和射频波段是很常见的器件。如图 6.0-2 所示，微波谐振腔的尺度与谐振波长（厘米级）接近，而组成射频谐振电路的金属电容和电感的尺度则远小于谐振波长（米级）。

等离激元谐振腔由亚波长的金属结构组成，这些亚波长金属结构的界面处支持表面 SPP 波或 LSP 振荡（参见 4.2.2 小节和 4.2.3 小节）。它们的具体结构可以是纳米盘、纳米球或者其他纳米结构，而它们的尺度（～10 nm）可以远小于谐振波长（微米量级），而这种尺度和波长的比例与射频谐振电路的尺度-波长比类似（见图 6.0-2）。

在光学领域的文献中，对尺度远大于谐振波长的结构（例如大型反射镜）进行数学建模，通常的做法是运用电磁光学求解电场和磁场，因此电场和磁场是模型的核心。而对于尺度远小于谐振波长的金属结构而言，电子工程领域的文献中采用的成熟建模方法是求解电压和电流，因此电感和电容等集总元件是模型的核心。举例而言，图 6.0-2 中给出的电学谐振腔的谐振频率为$\omega_0 = 1/\sqrt{LC}$。而当金属结构的尺度与谐振波长可比拟时，建模的难度就更大一些，这是因为此时必须同时分析电压电流和电场磁场。

1. 金属纳米盘

考察图 6.3-6（a）给出的一个内部为介质材料的金属圆柱，光可以在金属内壁反射前进，因此该谐振腔支持**回音壁光学模式**。而这种谐振腔的金属内壁界面处也支持 SPP 波，因此它同时也支持**等离激元模式**[参见图 6.3-6（b）]。与光学模式相比，等离激元模式的场更加集中地局限在金属的界面处。并且，因为 SPP 波在金属层中的穿透深度更大，因此其损耗更大，Q值也较低。作为比较，图 6.3-6（c）给出了介质圆盘谐振腔的例子，它支持的回音壁模式场在外部介质层中以倏逝场的形式分布。

直径为100 nm的金属-介质圆盘谐振腔中的等离激元模式所具有的归一化模式体积和品质因数大体为$V/\lambda^3 \sim 10^{-4}$和$Q \sim 10$。与光学微腔相比，等离激元微腔的模式体积更小，但Q值也更低（参见表 6.3-1）。这类谐振腔可被用于构建等离激元圆盘和圆环激光器。

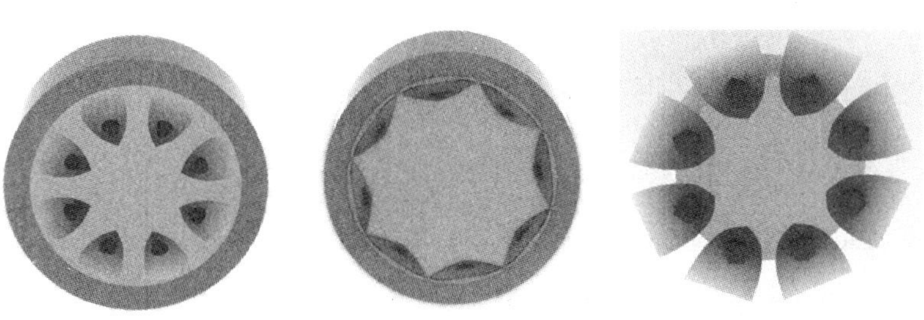

（a）　　（b）　　（c）

图 6.3-6　圆盘谐振腔中的光场分布

（a）金属-介质谐振腔中的光学模式：光在金属界面处以多次反射的方式被局限在腔内；（b）金属-介质圆盘中的等离激元模式：SPP 沿金属内壁的界面传播；（c）介质-介质圆盘谐振腔中的光学模式：光在界面处以全反射的方式被局限在腔内

2. 金属纳米球

在 4.2.3 小节中讨论过，嵌入介质材料的金属纳米球支持局域表面等离子体共振。在光的照射下，纳米球的散射场和内部场在谐振频率处得到显著增强，与之相伴的是光场能量被局限在纳米尺度的空间内，因此纳米球可用作纳米尺度的谐振腔。但是，因为金属的损耗较大，因此金属纳米球谐振腔的品质因数比介质谐振腔的品质因数低很多。但是嵌入在特殊介质材料中的金属纳米球可以用于构建等离激元纳米激光器。

参考文献

[1] SALEH B E A, TEICH M C. Fundamentals of Photonics[M]. 3rd. New York: Wiley, 2019.

[2] 李景镇. 光学手册[M]. 西安: 陕西科学技术出版社, 2010.

[3] 陈抗生. 电磁场与电磁波[M]. 北京: 高等教育出版社, 2003.

[4] JACKSON J D. Classical electrodynamics[M]. 3rd ed. New York: Wiley, 1999.

[5] ZHAN Q. Vectorial Optical Fields: Fundamentals and Applications[M]. Singaporean: World Scientific, 2014.

[6] PALIK E D. Handbook of Optical Constants of Solids[M]. New York: Academic Press, 1997.

[7] CHUANG S L. Physics of Photonic Devices[M]. New York: Wiley, 2009.

[8] YEH P. Optical waves in layered media[M]. New York: Wiley, 1988.

[9] VESELAGO V G. The electrodynamics of substances with simultaneously negative values of ε and μ[J]. Soviet Physics Uspekhi, 1968, 10(4): 509-514.

[10] PENDRY J B. Negative refraction makes a perfect lens[J]. Physical Review Letters, 2000, 85(18): 3966-3969.

[11] MAIER S A. Plasmonics: Fundamentals and Applications[M]. New York: Springer US, 2007.

[12] NOVOTNY L, VAN HULST N. Antennas for light[J]. Nature Photonics, 2011, 5: 83-90.

[13] CROZIER K B, SUNDARAMURTHY A, KINO G S, et al. Optical antennas: Resonators for local field enhancement[J]. Journal of Applied Physics, 2003, 94(7): 4632-4642.

[14] MÜHLSCHLEGEL P, EISLER H J, MARTIN O J F, et al. Resonant optical antennas[J]. Science, 2005, 308(5728): 1607-1609.

[15] MONTICONE F, ARGYROPOULOS C, ALU A. Optical antennas: Controlling electromagnetic scattering, radiation, and emission at the nanoscale[J]. IEEE Antennas and Propagation Magazine, 2017, 59(6): 43-61.

[16] PENDRY J B, SMITH D R. Reversing light with negative refraction[J]. Physics Today, 2004, 57(6): 37-43.

[17] YU N F, GENEVET P, AIETA F, et al. Flat optics: Controlling wavefronts with optical antenna metasurfaces[J]. IEEE Journal of Selected Topics in Quantum Electronics, 2013, 19(3): 4700423.

[18] BLANCHARD R, AOUST G, GENEVET P, et al. Modeling nanoscale V-shaped antennas for the design of optical phased arrays[J]. Physical Review B, 2012, 85(15): 155457.

[19] YU N F, GENEVET P, KATS M A, et al. Light propagation with phase discontinuities: Generalized laws of reflection and refraction[J]. Science, 2011, 334(6054): 333-337.

[20] YU N F, CAPASSO F. Flat optics with designer metasurfaces[J]. Nature Materials, 2014, 13(2): 139-150.

[21] AIETA F, GENEVET P, YU N F, et al. Out-of-plane reflection and refraction of light by anisotropic optical antenna metasurfaces with phase discontinuities[J]. Nano Letters, 2012, 12(3): 1702-1706.

[22] HUANG L L, ZHANG S, ZENTGRAF T. Metasurface holography: From fundamentals to applications[J]. Nanophotonics, 2018, 7(6): 1169-1190.